Festigkeit der Schiffe

Von

Dr. phil. W. Dahlmann

Dipl.-Ing., Dozent an den Technischen Staatslehranstalten und am Technischen Vorlesungswesen Hamburg

Mit 129 Abbildungen im Text
und 28 Tabellen

Springer-Verlag Berlin Heidelberg GmbH
1925

ISBN 978-3-662-39212-6 ISBN 978-3-662-40224-5 (eBook)
DOI 10.1007/978-3-662-40224-5

Ursprünglich erschienen bei Julius Springer in Berlin 1925
Softcover reprint of the hardcover 1st edition 1925

Vorwort.

Die zunehmende Anwendung von Festigkeitsrechnungen gehört zu den Kennzeichen der Entwicklung der Schiffbautechnik während der letzten Jahrzehnte. Wie überall in der Technik ist hierbei die treibende Kraft das unablässige Streben nach Material- und Arbeitsökonomie sowohl in der Herstellung des Bauobjektes als auch in seinem Betriebe.

In anderen Zweigen der Technik, insbesondere im Brückenbau, hat sich die Anwendung der Festigkeitslehre als Konstruktionsgrundlage schon lange mit bekanntem Erfolg durchgesetzt. Der Schiffbau hält noch heute an vielen althergebrachten, empirisch gewonnenen Formeln, Faustregeln und Konstruktionsdaten fest, die keineswegs als falsch, wohl aber als für Qualitätsarbeit nicht mehr ausreichend zu bezeichnen sind. Sie liefern entweder Ergebnisse, die derart auf der sicheren Seite liegen, daß von Materialvergeudung gesprochen werden muß, oder sie lassen Unklarheiten in der Konstruktion, denen auch nur durch einen gewissen gefühlsmäßigen Mehraufwand an Material Rechnung getragen werden kann. Wirtschaftlich betrachtet ist aber eine zu starke Konstruktion ebenso unvollkommen wie eine zu schwache.

Ein Grund für die nur langsame Einführung von Festigkeitsrechnungen im Schiffbau sind die Bauvorschriften der Klassifikationsgesellschaften, die den Schiffbauingenieur für die meisten und wichtigsten Konstruktionsteile besonderer Rechnung entheben. So zweifellos die Klassifikationsgesellschaften als vermittelnde Instanz zwischen den sich oft widerstreitenden Interessen von Reeder, Versicherer und Bauwerft erforderlich sind, so wünschenswert ist die Umstellung ihrer Bauvorschriften auf wissenschaftliche Grundlage. Der bisherige empirische Aufbau der Vorschriften steht auch in offensichtlichem Gegensatz zu der heutigen Vorbildung und Leistungsfähigkeit des Schiffbauingenieurs. Es würde genügen, wenn die Klassifikationsgesellschaften ihre wertvollen Erfahrungen, die jetzt nicht erkennbar sind, in kurzer wissenschaftlicher Darstellung dem Konstrukteur als Richtlinien übermitteln würden und ihre Forderungen bezüglich der Festigkeit der einzelnen Bauteile grundsätzlich auf zulässige Beanspruchungen — evtl. bei bestimmtem Rechnungsansatz — beschränken würden.

Ein weiterer Grund für die langsame Entwicklung von rechnerischen Konstruktionsgrundlagen, der auch die bisherige Entwicklung der Bauvorschriften der Klassifikationsgesellschaften verständlich macht, ist die Schwierigkeit, ja Unmöglichkeit der exakten rechnerischen Erfassung vieler Festigkeitsprobleme, welche die Schiffskonstruktion sowohl als Ganzes als auch in Einzelheiten aufwirft. Diese Schwierigkeiten rühren vor allem von dynamischen Fragen her, die kein anderer Zweig der Technik in gleichem Umfange aufweist. An die Stelle der mathematischen Behandlung muß daher oft die auf Erfahrung oder Versuch aufgebaute Annäherungsrechnung mit den berüchtigten Koeffizienten treten. Jedoch können auch hierbei nur exakte theoretische Grundlagen die Annäherung stetig verbessern.

Außer den Annäherungsrechnungen spielt das sogenannte Konstruktionsgefühl besonders im Schiffbau eine große Rolle, das jedoch als sichere Konstruktionsgrundlage für schwierigere Probleme auch wieder nur an Hand von Versuch und theoretischen Betrachtungen entwickelt werden kann.

Für hochwertige Konstruktionsarbeit ist daher auch im Schiffbau neben und mit der Erfahrung die Rechnung je nach der Schwierigkeit des Ansatzes in exakter oder überschläglicher Form heranzuziehen. Die bekannten einseitigen Ansichten über Theorie und Praxis als etwas Gegensätzlichem sind auch im Schiffbau nicht mehr aufrechtzuerhalten. Der fortschrittlich arbeitende Schiffbauingenieur muß mehr als bisher versuchen, den ihm entgegentretenden Konstruktionsfragen rechnerisch beizukommen. Dazu soll ihm das vorliegende Buch behilflich sein.

Die Grundlage der Festigkeitslehre ist neben der Erfahrung aus dem Versuch die Mathematik. Da heute selbst auf den mittleren technischen Fachschulen die höhere Mathematik gelehrt wird, hat sich der Verfasser hinsichtlich der mathematischen Behandlung des Stoffes keinerlei Beschränkung auferlegt.

Zum Schlusse möchte der Verfasser nicht unterlassen, Herrn Schiffbauingenieur W. Boccius für seine wertvolle umfangreiche und selbständige Mitarbeit seinen Dank auszusprechen, ebenso Herrn Dr.-Ing. Waldmann für seinen Beitrag über Festigkeit und Freibord.

Oldenfelde b. Hamburg,
im April 1925.

W. Dahlmann.

Inhaltsverzeichnis.

I. Die Grundlagen der Festigkeitslehre.

II. Grundlegende Fragen der Schiffbaukonstruktionen.

III. Längsfestigkeit.

IV. Querfestigkeit.

V. Festigkeit von Einzelkonstruktionen.

I. Die Grundlagen der Festigkeitslehre.

Wird bei einem belasteten Stabe unter der Dehnung ε das Verhältnis der Verlängerung Δl zur ursprünglichen, unbelasteten Länge l verstanden und unter E der Elastizitätsmodul des Materials, d. h. diejenige gedachte Spannung σ, welche mit $\Delta l = l$ die Dehnung $\varepsilon = 1$ hervorruft, so lehrt die Erfahrung, daß für eine große Anzahl Materialien bis zu einer gewissen Spannung Proportionalität zwischen Spannung und Dehnung herrscht, entsprechend der Gleichung

$$\varepsilon = \frac{\Delta l}{l} = \frac{\sigma}{E} \quad \text{(Gesetz von Hooke).}$$

Insbesondere gilt diese Gleichung für Schiffbaustahl.

Jede Normalspannung erzeugt außer der Dehnung in ihrer Richtung senkrecht hierzu eine Querzusammenziehung. Für die meisten Materialien ist das Verhältnis $m = \frac{\text{Längsdehnung}}{\text{Querzusammenziehung}}$ im Bereich des Hookeschen Gesetzes unabhängig von der Größe der Spannung. Für Flußeisen wird allgemein gesetzt $m = \frac{10}{3}$.

Für die Schubspannung τ gilt analog

$$\gamma = \frac{\tau}{G},$$

γ = Schiebung, G = Schubelastizitätsmodul,

Wird ein Spannungszustand durch mehrere Kräfte hervorgerufen, so lagern sich die Spannungen entsprechend ihren Werten aus den Einzelbelastungen übereinander (Gesetz von der Superposition der Spannungen).

1. Der ursprünglich gerade Stab.

Ist entsprechend Abb. 1 ein beliebiger Träger mit beliebiger Belastung gegeben und werden die aufwärts gerichteten Kräfte positiv, die abwärts gerichteten negativ gerechnet, so wird für den beliebigen Schnitt mit der Abszisse x die Scherkraft

$$S_x = A - \sum_{x=0}^{x=x} P$$

und das Biegungsmoment

$$M_x = M_0 + A \cdot x - \sum_{x=0}^{x=x} P \cdot (x - a),$$

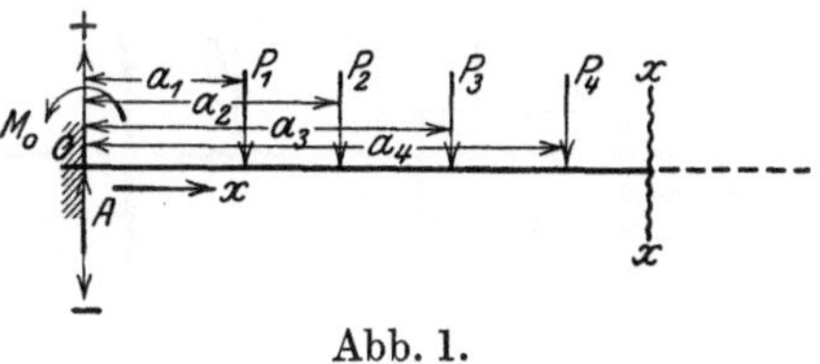

Abb. 1.

wo M_0 das Einspannmoment am linken Auflager ist.

Aus dieser Gleichung folgt durch Differentiation

$$\frac{d\,M_x}{d\,x} = A - \sum_{x=0}^{x=x} P = S_x \,.$$

Mithin wird allgemein

$$M_x = \int_{x=0}^{x=x} S_x \cdot d\,x \,.$$

Werden daher die Scherkräfte S_x als Funktion von x graphisch dargestellt, so liefert die Integralkurve des Scherkraftdiagramms den Verlauf der Biegungsmomente. Da die Tangentenrichtung der Biegungsmomentenkurve bei Streckenbelastung im Bereich der frei tragenden Länge für den Größtwert horizontal ist, folgt für diese Stelle x'

$$\left[\frac{d\,M_x}{d\,x}\right]_{x=x'} = S_{x'} = 0 \,,$$

womit x' gegeben ist.

Beispiel. Dem Belastungsfall von Abb. 2 entsprechend folgt aus der statischen Gleichgewichtsbedingung

$$A = \frac{P}{3} \quad \text{also} \quad B = \frac{2}{3}\,P \,.$$

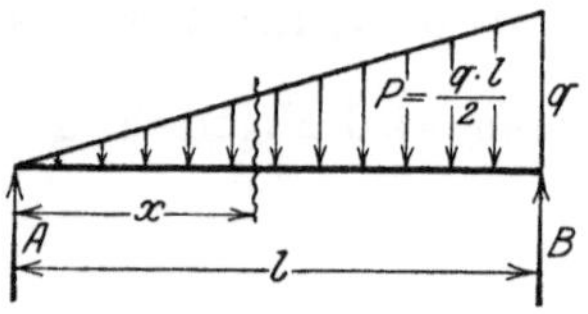

Damit wird

$$S_x = \frac{P}{3} - \frac{P \cdot x^2}{l^2}$$

also nach

$$S_{x'} = 0 = \frac{P}{3} - \frac{P\,x'^2}{l^2}$$

$$x' = l \cdot \sqrt{\tfrac{1}{3}} \,.$$

Abb. 2.

Das Biegungsmoment wird

$$M_x = \frac{P}{3} \cdot x - \frac{P\,x^3}{3\,l^2}$$

und für $x = x'$ folgt das Maximum zu

$$M_{x'} = M_{\max} = \frac{P \cdot l}{7{,}8} \,.$$

Ist ein Träger an einem Auflager eingespannt, so verbreitet sich dieses Einspannmoment in konstanter Größe über den ganzen Träger.

Beweis: In Abb. 3 sei ein beliebiger Belastungsfall bis zu einem beliebigen Schnitt f—f angedeutet. Das Einspannmoment sei $M_0 = -K \cdot a$. Da das Biegungsmoment für jeden Schnitt gleich dem statischen Moment aller einseitig von dem Schnitt angreifenden Kräfte in bezug auf diesen Schnitt ist, folgt

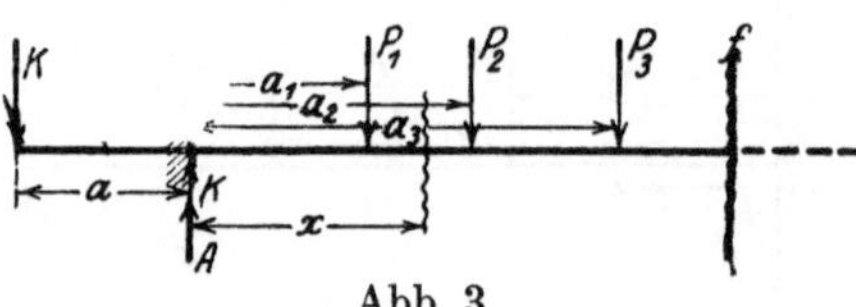

Abb. 3.

$$M_x = -K\,(a + x) + K \cdot x + A \cdot x - \sum_{x=0}^{x=x} P\,(x - a)$$

oder

$$M_x = -K\,a + A \cdot x - \sum_{x=0}^{x=x} P\,(x - a) \,.$$

Da diese Gleichung für jedes beliebige x gilt, tritt M_0 überall in der konstanten Größe $-K \cdot a$ auf.

Das Einspannmoment gehört zu den statisch unbestimmten Größen und kann nur mit Hilfe des elastischen Verhaltens des Trägers bestimmt werden (vgl. S. 6).

Streng genommen wird eine vollkommene Einspannung, bei welcher durch die Belastung die Tangentenrichtung an die elastische Linie an der betreffenden Stelle unverändert bleibt, in den seltensten Fällen erreicht, da alle Materialien bis zu einem gewissen Grade elastisch sind.

Setzt man für den in Abb. 4 angegebenen Belastungsfall für das Einspannmoment $M_0' = \alpha M_0$, wo M_0 das Einspannmoment bei vollkommener Einspannung angibt, und ist α (< 1) der Nachgiebigkeitsfaktor der Einspannung, der z. B. mit 0,9 besagt, daß das Einspannmoment um 10 % gefallen ist, so folgt für das Biegungsmoment an beliebiger Stelle

$$M_x = \alpha M_0 + A \cdot x - \frac{P x^2}{2 l}$$

und da

$$M_0 = -\frac{P l}{12} \quad \text{und} \quad A = \frac{P}{2}, \text{ so wird}$$

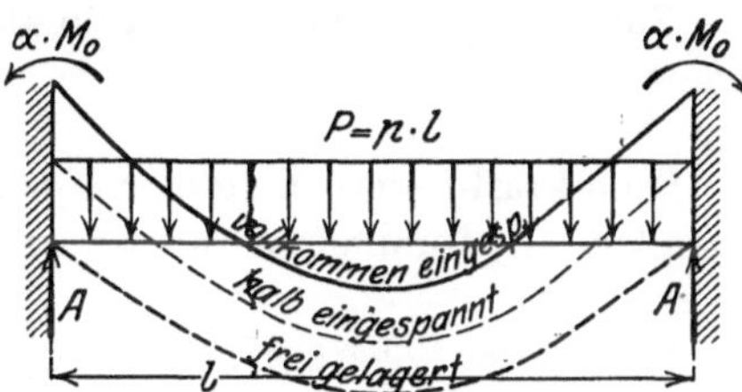

Abb. 4.

$$M_x = -\alpha \frac{P l}{12} + \frac{P x}{2} - \frac{P x^2}{2 l}.$$

Für das relative Maximum im Bereich der frei tragenden Länge bei $x = \frac{l}{2}$ folgt

$$M_{l/2} = -\alpha \frac{P l}{12} + \frac{P l}{8}.$$

Aus dieser Gleichung ergibt sich, daß $M_{l/2}$ um so mehr anwächst, je mehr α fällt (vgl. Abb. 4). Wird $\alpha = 0$, d. h. die Einspannung vollkommen aufgehoben, ist

$$M_{l/2} = \frac{P l}{8}.$$

Ebenfalls folgt richtig für $\alpha = 1$, also vollkommene Einspannung,

$$M_{l/2} = -\frac{P l}{12} + \frac{P l}{8} = \frac{P l}{24}.$$

In dem Maße, wie die Einspannmomente an beiden Enden fallen, wachsen die Biegungsmomente im Bereich der frei tragenden Länge. Werden sie beide der Größe nach gleich, so ist

$$+\alpha \frac{P l}{12} = -\alpha \frac{P l}{12} + \frac{P l}{8}$$

oder

$$\alpha = 0{,}75.$$

In diesem für die Beanspruchung günstigsten Fall ist somit das größte Biegungsmoment gegenüber der vollkommenen Einspannung um 25% gefallen.

Der in einem bestimmten Fall auftretende Wert von α kann nur bestimmt werden mittels Messung der tatsächlich auftretenden Durchbiegungen.

Bei vollkommener Einspannung wird die Durchbiegung in der Mitte des Trägers

$$y_{l/2} = \frac{P \cdot l^3}{384\, E \cdot J} .$$

Bei Berücksichtigung von α folgt aus der Gleichung der elastischen Linie hierfür

$$y'_{l/2} = \frac{5 - 4\,\alpha}{384\, E \cdot J}\, P\, l^3 .$$

Wird der aufgemessene Weit y' in diese Gleichung eingesetzt, so folgt sofort das zugehörige α.

Für $\alpha = 0{,}75$ wird die maximale Einsenkung beispielsweise doppelt so groß wie für $\alpha = 1$.

Scherkräfte und Biegungsmomente erzeugen in den verschiedenen Querschnitten Spannungen, deren größte für die Festigkeit des Trägers maßgebend ist.

Infolge der Scherkraft S erhält jeder Schnitt x—x Schubbeanspruchungen τ_x, die in erster Annäherung als über den Querschnitt gleichmäßig verteilt angenommen werden können. Dann wird

$$\tau_x = \frac{S_x}{F_x} .$$

Die gesamte, im Querschnitt wirkende Scherkraft erreicht ihren größten Wert an den Auflagerstellen, denn

$$S_x = A - \sum_{x=0}^{x=x} P$$

wird am größten mit

$$S_x = A ,$$

also für

$$\sum_{x=0}^{x=x} P = 0 ,$$

d. h. bei $x = 0$.

Die Scherkraft verteilt sich tatsächlich nicht gleichmäßig über die Querschnittsfläche, sondern nach dem Gesetz

$$\tau_u = \frac{S \cdot St}{b \cdot J} ,$$

wo St das statische Moment des Teiles des Querschnittes ist, der im Abstande u von der neutralen Achse angeschlossen wird, bezogen auf die neutrale Achse des Querschnittes. J ist das Trägheitsmoment des ganzen Querschnittes und b seine Breite im Abstand u von der neutralen Faser, in der die gesuchte Schubspannung τ_u auftritt. τ erhält in jedem Querschnitt seinen Größwert für den größten Wert von St. Dieser ergibt sich für u gleich Null, d. h. $\tau_{\max}$ liegt in der neutralen Faser des Querschnittes.

Für die gebräuchlichsten Querschnittsformen ergeben sich folgende Werte für τ_{max}:

Rechteckiger Querschnitt:

$$\tau_{max} = \frac{3\,S}{2\,F},$$

Kreisquerschnitt:

$$\tau_{max} = \frac{4\,S}{3\,F},$$

Kreisring von geringer Stärke im Vergleich zum Durchmesser:

$$\tau_{max} = \frac{2\,S}{F}$$

I-Querschnitt nach Abb. 5:

$$\tau_{max} = \frac{3}{4}\,\frac{S}{a}\cdot\frac{b\,e^2 - (b-a)\,f^2}{b\,e^3 - (b-a)\,f^3}.$$

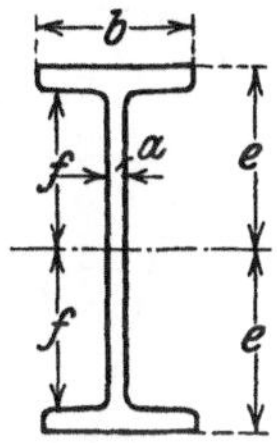

Abb. 5.

Das Biegungsmoment M_x im Schnitt x—x erzeugt die Normalspannungen σ, die als Zug- bzw. Druckspannungen auftreten. σ errechnet sich für Flußeisen wie folgt:

$$\frac{M\cdot y}{J} = \sigma,$$

wo J das Trägheitsmoment des Querschnittes und y den Abstand der Spannungsfläche von der neutralen Faser bedeutet. Der Spannungsverlauf ist also eine Gerade mit dem Werte 0 in Höhe der neutralen Faser.

Die größte Spannung im Schnitt x—x wird $\sigma = \frac{M\cdot y_{max}}{J}$. $\frac{J}{y_{max}}$ ist das Widerstandsmoment W.

$$\sigma_{max} = \frac{M}{W}.$$

Das größte Biegungsmoment M_{max}, das bei konstantem Widerstandsmoment bestimmend für die Konstruktion ist, ruft die größte über die Trägerlänge auftretende Biegungsspannung k_b hervor.

$$k_b = \frac{M_{max}}{W}.$$

Greifen an einem Träger statisch unbestimmte Kräfte an, d. h. solche, die aus statischen Gleichgewichtsbedingungen gegen Verschiebungen und Drehungen nicht zu ermitteln sind, wie Einspannmomente, Auflagerdrücke bei Einspannung und unsymmetrischer Belastung, Stützkräfte bei mehr als zweifacher Lagerung des Trägers, so muß aus der eintretenden Formänderung die jeweilige Bedingung zur Bestimmung dieser unbestimmten Größen abgeleitet werden.

Die wichtigste Formänderung ist die Durchbiegung senkrecht zur ursprünglichen neutralen Längsfaser. Sie wird um so größer, je elastischer das Material ist, also entsprechend dem Hookeschen Elastizitätsgesetz $\varepsilon = \frac{\sigma}{E}$ proportional dem Dehnungskoeffizienten oder umgekehrt proportional dem Elastizitätsmodul und je kleiner das Trägheitsmoment des Querschnittes ist. Da die Größe der Durchbiegung ferner von der Belastung abhängig ist, wird somit die Gleichung für die Durchbiegung von der Form sein

$$y_s = \frac{1}{E_s \cdot J_s} \cdot f(P, s) .$$

Der Index s gibt, im allgemeinsten Fall als laufende Koordinate auf der unbelasteten neutralen Achse von einem beliebigen Ausgangspunkt O gemessen, die betrachtete Stelle mit der zur ursprünglichen Achse senkrecht gemessenen Durchbiegung y_s an (Abb. 6). Der Elastizitätsmodul E und das Trägheitsmoment des Querschnittes können im allgemeinsten, allerdings praktisch kaum eintretenden Falle ebenfalls beliebige Funktionen von s sein.

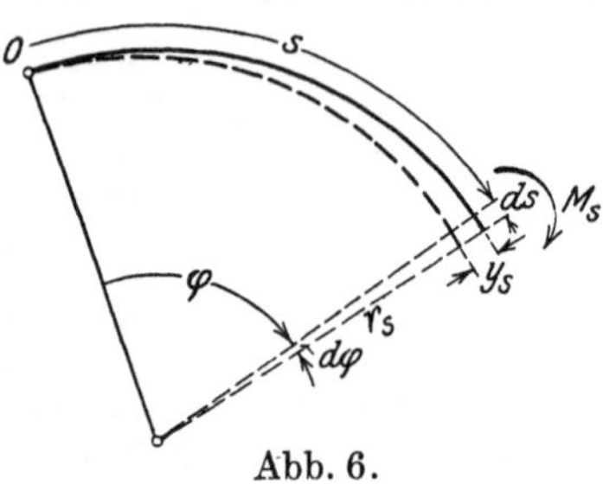

Abb. 6.

Die unbestimmte Funktion $f(P, s)$, die den Einfluß der Belastung angibt, wird mit Hilfe der Differentialgleichung der elastischen Linie bestimmt, die für den Fall, daß die Durchbiegungen y im Verhältnis zu den Querschnittsabmessungen gering sind und daß die neutrale Faser im unbelasteten Zustande einen Kreisbogen bildet, lautet

$$E_s J_s \left(\frac{d^2 y}{d s^2} + \frac{y_s}{r^2}\right) = M_s .$$

M_s ist das Biegungsmoment, J_s das Trägheitsmoment des Querschnittes an der Stelle s und r der Radius des Kreisbogens. Ist der Stab vor der Belastung gerade, so wird $r = \infty$ und die y- und s-Achsen stehen aufeinander senkrecht. Führt man dann statt s die Abszisse x ein, so folgt als Differentialgleichung der elastischen Linie

$$E_x J_x \frac{d^2 y}{d x^2} = M_x .$$

In dieser allgemeineren Form ist die Gleichung nur zu lösen für bestimmte einfache Funktionen von E und J. In den praktisch vorkommenden Fällen sind aber E und J konstant oder mit hinreichender Genauigkeit als konstant anzusehen. Dann folgt

$$y = \frac{1}{E J} \iint M_x \, dx \, dx .$$

Ist das Trägheitsmoment veränderlich, so hängt die Lösung ab von der Integrationsmöglichkeit des Ausdrucks $\frac{M_x}{J_x}$. Nur in sehr wenig Fällen wird diese Integration rechnerisch durchführbar sein. An ihre Stelle muß daher meist die graphische Methode treten. Diese ergibt sich ohne weiteres aus der Gleichung

$$y = \frac{1}{E} \iint \frac{M_x}{J_x} \, dx \, dx .$$

Man trägt den Ausdruck $\frac{M_x}{J_x}$ als Funktion von x in einer Kurve auf und integriert die entstandene Fläche zweimal. Die Lage der beiden Integralkurven ist wie die Integrationskonstanten aus Grenzbedingungen bestimmt.

Die Integration erfolgt entweder rechnerisch oder mit Hilfe eines Planimeters.

Außer den Biegemomenten haben die Scherkräfte einen Einfluß auf die Gestalt der elastischen Linie. Dieser ist aber nur bei kurzen Stäben von großem Querschnitt von Bedeutung und kann daher in den weitaus meisten Fällen vernachlässigt werden.

Die Anwendung der Gleichung der elastischen Linie sei für die charakteristischen Fälle an einigen Beispielen gezeigt.

Beispiel 1: Gesucht sind Biegungsmomente und Durchbiegungen für den beiderseits eingespannten Balken von konstantem Trägheitsmoment J auf 2 Stützen mit Dreieckslast P (Abb. 7).

Die Aufgabe ist mit dem Einspannmoment M_0 und dem Auflagerdruck A über dem linken Auflager zweifach statisch unbestimmt. Das Biegungsmoment wird im Bereich der freien Länge

$$M_x = M_0 + A\,x - \frac{P\,x^3}{3\,l^2}$$

und damit die Differentialgleichung der elastischen Linie

$$E\,J\,\frac{d^2 y}{d\,x^2} = M_0 + A\,x - \frac{P\,x^3}{3\,l^2}\,.$$

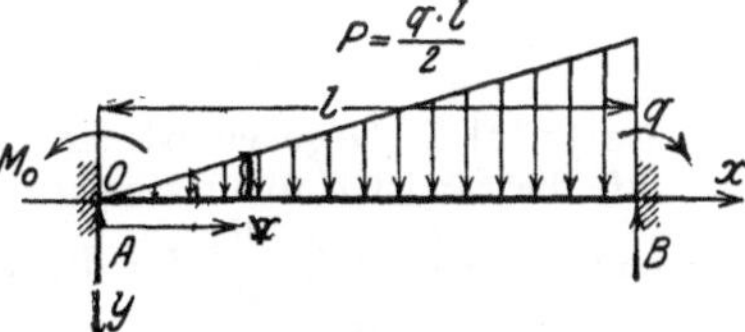

Abb. 7.

Die erste Integration dieser Gleichung liefert:

$$E \cdot J\,\frac{d\,y}{d\,x} = M_0 \cdot x + \frac{A\,x^2}{2} - \frac{P\,x^4}{12\,l^2} + C_1\,.$$

Die Integrationskonstante C_1 muß Null werden, da wegen der Einspannung die Tangente an die elastische Linie über dem Auflager A horizontal liegt, also $\left(\frac{d\,y}{d\,x}\right)_{x=0} = 0$ wird. Aus gleichem Grunde wird $\frac{d\,y}{d\,x} = 0$ an der Stelle $x = l$, womit folgt

$$0 = M_0\,l + \frac{A\,l^2}{2} - \frac{P\,l^2}{12}\,. \tag{1}$$

Die zweite Integration ergibt

$$E\,J\,y = \frac{M_0\,x^2}{2} + \frac{A\,x^3}{6} - \frac{P\,x^5}{60\,l^2} + C_2\,.$$

Die hierbei auftretende zweite Integrationskonstante wird ebenfalls Null, da y für $x = 0$ Null werden muß. Da y auch für $x = l$ Null wird, folgt

$$0 = \frac{M_0\,l^2}{2} + \frac{A\,l^3}{6} - \frac{P\,l^3}{60}\,. \tag{2}$$

Gleichungen (1) und (2) sind die Bestimmungsgleichungen für die statisch Unbestimmten M_0 und A. Aus ihnen folgt

$$A = \frac{3}{10}\,P \qquad \text{und} \qquad M_0 = -\frac{P\,l}{15}\,,$$

womit das Biegungsmoment

$$M_x = -\frac{P\,l}{15} + \frac{3}{10}\,P \cdot x - \frac{P\,x^3}{3\,l^2}$$

wird.

Der Größtwert im Bereich der frei tragenden Länge, das sog. relative Maximum, liegt nach

$$\frac{d\,M_x}{d\,x} = 0 = \frac{3}{10}\,P - \frac{P\,x^2}{l^2}$$

an der Stelle

$$x' = l \cdot \sqrt{0{,}3} = 0{,}548\, l\,.$$

Damit wird das Moment an dieser Stelle

$$M' = 0{,}0429\, P \cdot l\,.$$

Das absolut größte Biegungsmoment liegt an der rechten Einspannstelle und wird

$$M_{\max} = -\frac{P\,l}{10}\,.$$

Mit den für M_0 und A gefundenen Werten folgt für die Durchbiegungen

$$y = \frac{P}{E\,J}\left\{\frac{3\,l^2 x^3 - 2\,l^3 x^2 - x^5}{60\,l^2}\right\}.$$

Die größte Durchbiegung liegt nach

$$\frac{dy}{dx} = 0 = \frac{P}{60\,E\,J\,l^2}\{9\,l^2 x^2 - 4\,l^3 x - 5\,x^4\}$$

bei

$$x = 0{,}526\, l$$

und wird

$$y_{\max} = \frac{0{,}00261\, P\, l^3}{E\,J}\,.$$

Beispiel 2: Gegeben ist die gleiche Belastung wie vorher. Der Träger liegt jedoch frei auf. Ferner ist J nicht konstant, sondern an jeder Stelle proportional dem zugehörigen Biegungsmoment, d. h. $\frac{M_x}{J_x}$ für die Trägerlänge konstant (vgl. Abb. 2).

Setzt man $\frac{M_x}{E \cdot J_x} = \frac{1}{E} \cdot \text{konst.} = c$, so folgt als Gleichung der elastischen Linie

$$\frac{d^2 y}{dx^2} = \frac{M_x}{E\,J_x} = c$$

und damit

$$\frac{dy}{dx} = c \cdot x + C_1$$

und

$$y = \frac{c\,x^2}{2} + C_1 x + C_2\,.$$

Für $x = 0$ und $x = l$ muß $y = 0$ werden, also folgt für die Integrationskonstanten

$$C_2 = 0 \qquad \text{und} \qquad C_1 = -\frac{c \cdot l}{2}\,,$$

und damit

$$y = \frac{c}{2}(x^2 - l \cdot x)\,.$$

Die größte Durchbiegung liegt nach $\frac{dy}{dx} = 0$ bei $x = \frac{l}{2}$ und wird

$$y_{\max} = \frac{c \cdot l^2}{8} \quad \text{und da} \quad c = \frac{M_x}{E\,J_x}\,,$$

$$y_{\max} = \frac{M_x \cdot l^2}{8 \cdot E \cdot J_x}\,.$$

Für $x = \frac{l}{2}$ folgt

$$M_x = \frac{P\,l}{6} - \frac{P\,l}{24} = \frac{P\,l}{8} \qquad \text{(vgl. Seite 2).}$$

Also wird

$$y_{\max} = \frac{P\,l^3}{64\,E\,J_{l/2}}\,.$$

Der Träger mit konstantem $J = J_{l/2}$ hat die größte Durchbiegung

$$y_{\max} = \frac{P\,l^3}{76{,}7\,E\,J}.$$

Infolge der Veränderlichkeit des Trägheitsmomentes gemäß Annahme wird somit die maximale Einsenkung etwa 20% größer als beim Träger mit konstantem Trägheitsmoment.

Ist an der Stelle $x = \frac{\;}{2}$ das Trägheitsmoment aus dem Widerstandsmoment mit Hilfe der zulässigen Beanspruchung nach Gleichung $k_b = \frac{M}{W}$ bestimmt, folgt für c

$$c = \frac{M_{l/2}}{E \cdot J_{l/2}}$$

und somit wird für jede beliebige Stelle x

$$J_x = \frac{M_x}{E \cdot c},$$

womit der Träger in seinem Querschnittsverlauf entsprechend der Bedingung $\frac{M_x}{J_x} = \text{konst.}$ bestimmt ist. Hiernach würde für die Enden, also $x = 0$ und $x = l$ folgen

$$J_{x=0} = J_{x=l} = 0\,.$$

Wegen der Scherkräfte, die über den Auflagern ihre Größtwerte $\frac{P}{3}$ und $\frac{2}{3}\,P$ erreichen, ist jedoch ein bestimmter Querschnitt entsprechend der zulässigen Schubbeanspruchung erforderlich.

Beispiel 3: Gegeben der in Abb. 8 dargestellte Belastungsfall. Das Trägheitsmoment des Trägers ist nur im Bereich der Teilstrecken l_1 und l_2 konstant (J_1 und J_2).

Infolge der symmetrischen Belastung sind die Auflagerkräfte je gleich P, und das Einspannmoment M_0 ist die einzige statisch unbestimmte Größe.

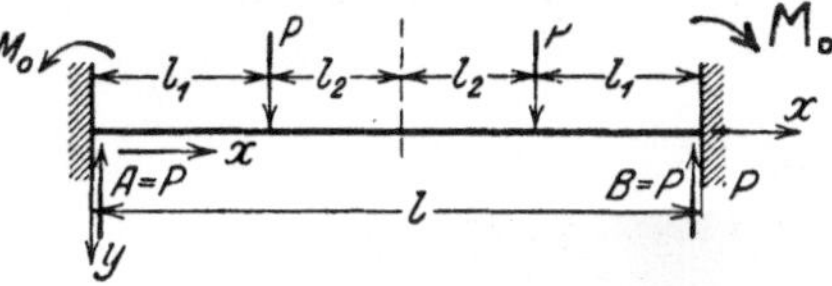

Abb. 8.

Wegen der Unstetigkeit der Trägheitsmomente müssen die Formänderungen in jedem Stetigkeitsbereich für sich betrachtet werden.

Für den Bereich A—P, also von $x = 0$ bis $x = l_1$, wird

$$\frac{d^2y}{dx^2} = \frac{1}{E\,J_1}\,\{M_0 + P \cdot x\}\,,$$

also, da J_1 konstant,

$$\frac{dy}{dx} = \frac{1}{E\,J_1}\left\{M_0\,x + \frac{P\,x^2}{2}\right\} + C_1\,.$$

Die Integrationskonstante wird aber gleich Null, da für $x = 0$ wegen der Einspannung auch $\frac{dy}{dx} = 0$ werden muß.

Für $x = l_1$ wird

$$\left(\frac{dy}{dx}\right)_{x=l_1} = \frac{1}{E\,J_1}\left\{M_0\,l_1 + \frac{P\,l_1^2}{2}\right\}.$$

und für die Durchbiegung folgt

$$y = \frac{1}{E\,J_1}\left\{\frac{M_0\,x^2}{2} + \frac{P\,x^3}{6}\right\} + C_2\,.$$

Wegen $y = 0$ für $x = 0$ wird auch diese Integrationskonstante gleich Null, und für $x =$ folgt

$$y_{x=l_1} = \frac{1}{E\,J_1}\left\{\frac{M_0\,l_1^2}{2} + \frac{P\,l_1^3}{6}\right\}.$$

Für den Bereich l_2 wird

$$\frac{d^2y}{dx^2} = \frac{1}{E\,J_2} \cdot \{M_0 + P\,l_1\},$$

woraus folgt

$$\frac{dy}{dx} = \frac{1}{E J_2} \{M_0 x + P l_1 \cdot x + C_1\}.$$

Da aber wegen der symmetrischen Belastung für $x = \frac{l}{2}$ $\frac{dy}{dx} = 0$ werden muß, folgt

$$0 = \frac{1}{E J_2} \left\{M_0 \frac{l}{2} + \frac{P l_1 l}{2} + C_1\right\}$$

und damit für die Integrationskonstante

$$C_1 = -\frac{M_0 l}{2} - \frac{P l_1 l}{2}.$$

Mithin wird

$$\frac{dy}{dx} = \frac{1}{E J_2} \left\{M_0 x + P l_1 x - \frac{M_0 l}{2} - \frac{P l_1 l}{2}\right\}.$$

Für die Stelle $x = l_1$ ergibt sich

$$\frac{dy}{dx}_{x=l_1} = \frac{1}{E J_2} \left\{M_0 l_1 + P l_1^2 - \frac{M_0 l}{2} - \frac{P l_1 l}{2}\right\}.$$

Da die Tangentenwerte $\frac{dy}{dx}$ an die elastische Linie beim Übergang von J_1 zu J_2 gleich sein müssen, wird

$$\frac{1}{E J_1} \left\{M_0 l_1 + \frac{P l_1^2}{2}\right\} = \frac{1}{E J_2} \left\{M_0 l_1 + P l_1^2 - \frac{M_0 l}{2} - \frac{P l_1 l}{2}\right\},$$

woraus mit $\frac{l}{2} - l_1 = l_2$ folgt

$$M_0 = -\frac{P}{2} \cdot \frac{2 J_1 l_1 l_2 + J_2 l_1^2}{J_1 l_2 + J_2 l_1}$$

oder

$$M_0 = -P l_1 \left\{\frac{\frac{J_2}{J_1} \frac{l_1}{2} + l_2}{\frac{J_2}{J_1} l_1 + l_2}\right\}.$$

Zur Bestimmung von M_0 braucht also nur das Verhältnis $\frac{J_2}{J_1}$ gegeben zu sein.

Für die Durchbiegung im Bereich l_2 folgt

$$y = \frac{1}{E J_2} \left\{\frac{M_0 x^2}{2} + \frac{P l_1 x^2}{2} - \frac{M_0 l x}{2} - \frac{P l_1 l x}{2} + C_2\right\},$$

also für $x = l_1$

$$y_{x=l_1} = \frac{1}{E J_2} \left\{\frac{M_0 l_1^2}{2} + \frac{P l_1^3}{2} - \frac{M_0 l l_1}{2} - \frac{P l_1^2 l}{2} + C_2\right\}.$$

Da die Durchbiegungen an der Übergangsstelle von J_1 zu J_2 für beide Bereiche gleich sein müssen, folgt

$$\frac{1}{E J_1} \left\{\frac{M_0 l_1^2}{2} + \frac{P l_1^3}{6}\right\} = \frac{1}{E J_2} \left\{\frac{M_0 l_1^2}{2} + \frac{P l_1^3}{2} - \frac{M_0 l l_1}{2} - \frac{P l_1^2 l}{2} + C_2\right\}$$

und damit

$$C_2 = \frac{J_2}{J_1} \left\{\frac{M_0 l_1^2}{2} + \frac{P l_1^3}{6}\right\} - \frac{M_0 l_1^2}{2} - \frac{P l_1^3}{2} + \frac{M_0 l l_1}{2} + \frac{P l_1^2 l}{2}.$$

Mit C_2 ist y nach der vorher entwickelten Gleichung bestimmbar.

Der Einfluß des wachsenden Trägheitsmomentes auf die Größe des Einspannmomentes ergibt sich zahlenmäßig wie folgt:

Für ein konstantes

$$J = \frac{b h^3}{12} = \frac{1 \cdot 4^3}{12} = 5{,}33 \text{ cm}^4$$

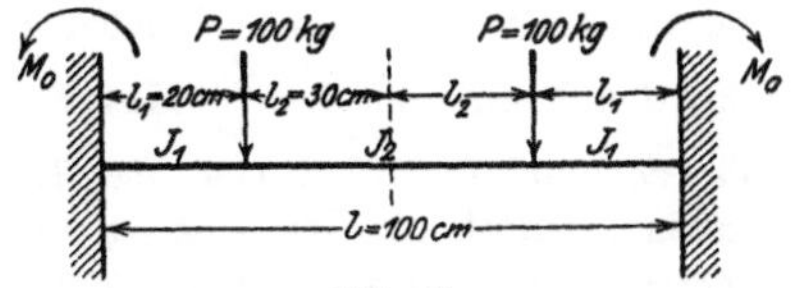

und der Belastung entsprechend Abb. 9 wird

$$M_0 = -1600 \text{ cmkg}.$$

Wird $J_1 = J$ und $J_2 = 100 \cdot J$, so folgt

$$M_0 = -1015 \text{ cmkg}.$$

Abb. 9.

Für $J_2 = \infty$ folgt

$$M_0 = -\frac{P\,l_1}{2} = -1000 \text{ cmkg}.$$

Trägt man die Biegungsmomente als Funktion des Verhältnisses $\frac{J_2}{J_1}$ graphisch auf, so zeigt sich, daß schon bei kleinen Werten von $\frac{J_2}{J_1}$ eine schnelle Annäherung an den Mindestwert von M_0 für $J_2 = \infty$ erfolgt.

Beispiel 4: Es ist der Belastungsfall entsprechend Abb. 10 gegeben. Der Verlauf der Trägheitsmomente des Trägers ist so unregelmäßig, daß eine mathematische Lösung der

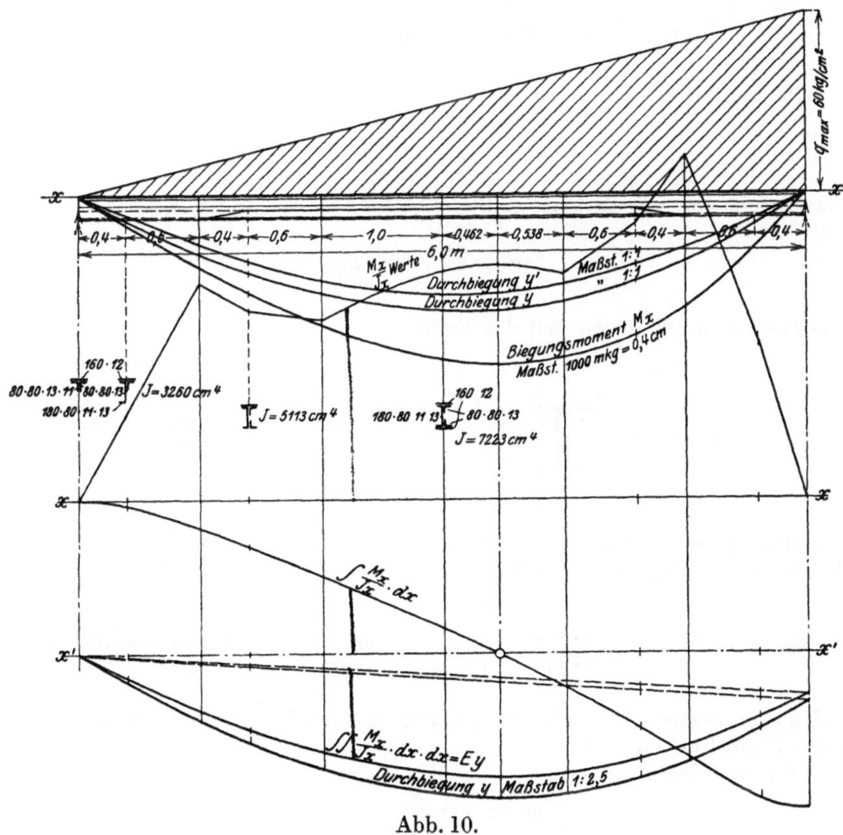

Abb. 10.

Differentialgleichung schwer möglich ist. Die alsdann erforderliche graphische Behandlung der Differentialgleichung ist in Abb. 10 durchgeführt. Es ist die Kurve der $\frac{M_x}{J_x}$-Werte gezeichnet und diese zweimal integriert. Die erste Integralkurve gibt den Verlauf der Werte

$$\int \frac{M_x}{J_x}\,dx = E \cdot \frac{dy}{dx}.$$

Die Integrationskonstante hierbei berücksichtigt man in erster Annahme dadurch, daß man den Nullpunkt der $\frac{dy}{dx}$-Kurve an die Stelle des größten Biegungsmomentes setzt. Die nochmalige Integration der Kurve mit der neuen Basis, von einem Auflager beginnend, liefert die Werte $E \cdot y$ und damit auch die Durchbiegungen selbst. Die Werte müssen aber von einer Basis gemessen werden, die durch die Schnittpunkte der Kurve mit den Richtungen der Auflagekräfte geht, entsprechend der Bedingung $y = 0$ für $x = 0$ und $x = l$.

Zahlenmäßig ergibt sich folgender Verlauf der Rechnung:

Elastizitätsmodul. . . . . $E = 2\,150\,000$ kg/cm²,
zulässige Biegungsbeanspruchung . . $k_b = 2000$ kg/cm².

Die Gesamtlast wird

$$Q = \frac{q \cdot l}{2} = \frac{60 \cdot 600}{2} = 18\,000 \text{ kg}.$$

Damit ergibt sich für die Auflagedrücke

$$A = \frac{1}{3} Q = 6000 \text{ kg}; \qquad B = \frac{2}{3} Q = 12\,000 \text{ kg}.$$

Das größte Biegungsmoment wird mit

$$M_{max} = \frac{Q \cdot l}{7{,}8} = 1\,382\,400 \text{ cmkg}.$$

Daraus folgt für das erforderliche größte Widerstandsmoment im Bereich der Mitte des Trägers

$$W = \frac{M}{k_b} = 690 \text{ cm}^3.$$

Gewählt werde für diesen Teil das Profil:

160×12
[180×80×11×13 — 80×80×13
160×12

mit $J = 7220$ cm⁴ und $W = 708$ cm³.

Die Abstufung der Querschnitte erfolge:

1. über den Auflagern A und B.

Querschnitt: 160×12 — 80×80×13 mit $f = 57$ cm² und $J = 330$ cm⁴.

Die auf diesen Querschnitt wirkenden größten Scherkräfte erzeugen demnach Beanspruchungen von rd. 100 bzw. 200 kg/cm².

2. 0,4 m von den Auflagern.

Querschnitt:

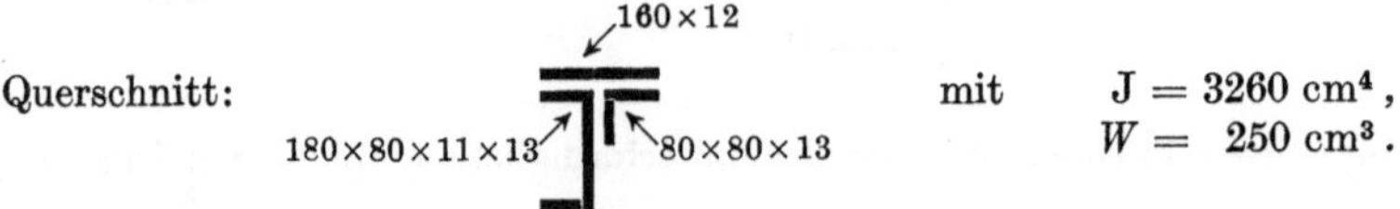

mit J = 3260 cm⁴, $W = 250$ cm³.

3. 1,4 m von den Auflagern.

Querschnitt: mit $J = 5110$ cm⁴, $W = 460$ cm³.

Die Übergänge der Trägheitsmomente sind durch Abschrägung der freien Flanschen abgeschwächt. Die Ordinaten der Kurven ergeben sich nach Tab. 1.
Das Biegungsmoment wird:

$$M_x = \frac{Q\,x}{3} - \frac{Q\,x^3}{3\,l^2},$$

M_{max} liegt an der Stelle $x = 0{,}577 \cdot l = 3{,}462$ m .

Zum Vergleich sind die Durchbiegungswerte y' angegeben, welche folgen, wenn J = konst. $= 7220$ cm⁴.

Tabelle 1.

x	M_x	J_x	$\frac{M_x}{J_x}$	$\int \frac{M_x}{J_x} dx$	$\iint \frac{M_x}{J_x} dx\,dx$	Durchbiegung y	y'
cm	mkg	cm⁴	kg/cm³	kg/cm²	kg/cm	cm	cm
0	0	330	0	0	0	0	0
40	2 370	3260	73	1 438	2 000 000	0,82	0,65
100	5 833	3260	180	9 250	4 775 000	1,96	1,56
140	7 950	5110	156	16 380	6 330 000	2,57	2,13
200	10 670	7220	147	25 740	8 175 000	3,27	2,75
300	13 500	7220	187	42 750	9 875 000	3,80	3,26
346	13 820	7220	192	51 600	10 120 000	3,81	3,22
400	13 330	7220	185	62 000	9 830 000	3,52	2,93
460	11 500	5110	225	74 500	8 750 000	2,86	2,30
500	9 170	3260	281	85 100	7 550 000	2,20	1,74
560	4 300	3260	132	98 500	5 380 000	1,02	0,75
600	0	330	0	101 500	3 400 000	0	0

Außer der Gleichung für die elastische Linie liefert die Drehung der Stabquerschnitte bei der Belastung eine Bedingungsgleichung für das Einspannmoment.

Die Winkeländerung β_x eines Querschnittes ist für den Balken, dessen Durchbiegungen im Verhältnis zu den Querschnittsabmessungen klein sind

$$\beta_x = \int_{x=0}^{x=x} \frac{M_x}{E\,J_x}\,dx\,.$$

Ist ein Stab zwischen zwei Auflagestellen vom Abstande l eingespannt, so muß für $x = l$ β_x Null werden. Es besteht demnach die Bedingung

$$0 = \int_{x=0}^{x=l} \frac{M_x}{E\,J_x}\,dx$$

oder, da E meist konstant ist,

$$0 = \int_{x=0}^{x=l} \frac{M_x}{J_x}\,dx\,.$$

Läßt sich der Ausdruck $\frac{M_x}{J_x}$ nicht als leicht integrierbare Funktion von x entwickeln, so muß die Auswertung des Integrals graphisch erfolgen. Das allgemeine Biegungsmoment M_x läßt sich, falls, wie angenommen, M_0 die einzige statisch Unbestimmte ist, zerlegen in M_0 und das Moment M_b aus der gegebenen Belastung. Also lautet die vorige Gleichung

$$\int_{x=0}^{x=l} \frac{M_0}{J_x} dx + \int_{x=0}^{x=l} \frac{M_b}{J_x} dx = 0 .$$

Da M_0 über den ganzen Träger konstant ist, folgt

$$M_0 \int_{x=0}^{x=l} \frac{1}{J_x} dx + \int_{x=0}^{x=l} \frac{M_b}{J_x} dx = 0$$

oder

$$M_0 = - \frac{\int_{x=0}^{x=l} \frac{M_b}{J_x} dx}{\int_{x=0}^{x=l} \frac{1}{J_x} dx} .$$

Es sind daher die Kurven der $\frac{M_b}{J_x}$ und $\frac{1}{J_x}$-Werte als Funktion von x zu zeichnen und zu integrieren (mittels Planimeter oder Annäherungsformeln).

Ist J_x über die frei tragende Länge konstant, wird

$$M_0 = - \frac{1}{l} \int_{x=0}^{x=l} M_b \, dx .$$

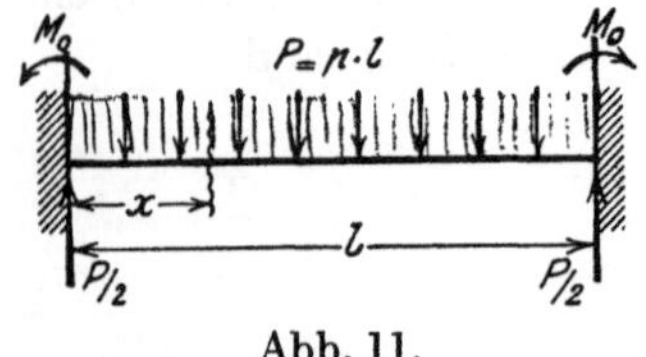

Abb. 11.

Beispiel: Für den Träger auf 2 Stützen mit gleichmäßig verteilter Last (Abb. 11) wird

$$M_b = \frac{P}{2} \cdot x - \frac{P x^2}{2 l}$$

also

$$M_0 = - \frac{1}{l} \left(\frac{P x^2}{4} - \frac{P x^3}{6 l} \right)_{x=0}^{x=l} = - \frac{P l}{12} .$$

Nach der Gleichung für die elastische Linie folgte für die Durchbiegungen des geraden Balkens

$$y = \iint_{x=0}^{x=x} \frac{M_x}{E J_x} dx \, dx .$$

Da nun

$$\int \frac{M_x}{E J_x} dx = \beta$$

ist, kann gesetzt werden

$$y = \int_{x=0}^{x=x} \beta \cdot dx .$$

Soll an irgendeiner Stelle des Balkens, etwa über einer starr gelagerten Stützstelle, $y = 0$ werden, so ergibt sich mit

$$\int_{x=0}^{x=x} \beta \, dx = 0$$

eine Bedingungsgleichung für die in β enthaltenen statisch Unbestimmten.

Ein weiteres Hilfsmittel zur Berechnung statisch unbestimmter Größen ist der Satz vom Minimum der Formänderungsarbeit.

Betrachtet man in einem unter Spannung stehenden Körper ein so klein wie möglich gedachtes Parallelepiped von der Länge dx und dem Querschnitt dF, in welchem die über die Länge dx als konstant angenommene Spannung σ herrscht, und sei ferner die Verlängerung in der x-Richtung Δl (vgl. Abb. 12), so leistet die Spannung in diesem Element des Körpers beim allmählichen Anwachsen von 0 auf den vollen Wert σ die Arbeit $\frac{1}{2} \sigma \cdot dF \cdot \Delta l$ und da nach dem Elastizitätsgesetz

$$\frac{\Delta l}{dx} = \frac{\sigma}{E} \qquad \text{also} \qquad \Delta l = \frac{\sigma}{E} \cdot dx ,$$

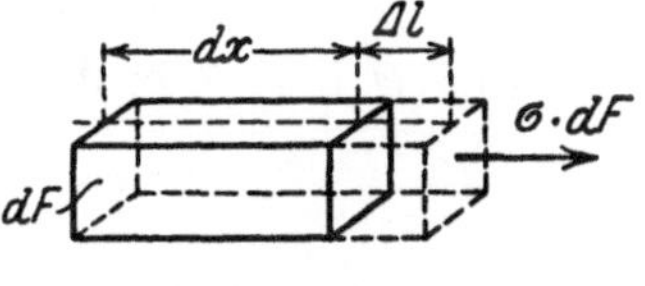

Abb. 12.

folgt

$$\frac{1}{2} \sigma \cdot dF \cdot \Delta l = \frac{1}{2} \cdot \frac{\sigma^2}{E} \cdot dF \cdot dx .$$

Hat dieses Element den Abstand y von der neutralen Achse des ganzen Stabquerschnittes und wirkt in diesem das Biegungsmoment M_x, so folgt nach dem Hookeschen Gesetz

$$\sigma = \frac{M_x}{J_x} \cdot y ,$$

wo J_x das Trägheitsmoment des gesamten Querschnittes ist. Unter Berücksichtigung dieser Gleichung folgt für die Formänderungsarbeit dA im Bereich der unendlich kleinen Stablänge dx

$$dA = \int_{y=-\frac{b}{2}}^{y=+\frac{b}{2}} \frac{1}{2} \frac{M_x^2}{E \cdot J_x^2} \cdot y^2 \cdot dF \cdot dx ,$$

wo $+\frac{b}{2}$ und $-\frac{b}{2}$ die Abstände der äußersten Fasern von der neutralen Achse des Querschnittes sind.

Da im Bereich von dx M_x, E und J_x konstant sind, folgt

$$dA = \frac{1}{2} \frac{M_x^2}{E J_x^2} dx \int_{y=-\frac{b}{2}}^{y=+\frac{b}{2}} y^2 \cdot dF$$

und weil

$$\int\limits_{y=-\frac{b}{2}}^{y=+\frac{b}{2}} y^2\, dF = J_x$$

$$dA = \frac{1}{2}\frac{M_x^2}{E J_x} dx\,.$$

Die gesamte Formänderungsarbeit des Stabes im Bereich der Länge $x = 0$ bis $x = l$ wird somit

$$A = \int\limits_{x=0}^{x=l} \frac{1}{2}\frac{M_x^2}{E J_x} dx\,.$$

Nach dem Satz vom Minimum der Formänderungsarbeit werden die partiellen Differentialquotienten der Formänderungsarbeit nach den statisch unbestimmten Größen gleich Null.

Sind also beispielsweise die statisch unbestimmten Größen das Einspannmoment M_0 und die Auflagereaktion, letztere mit den rechtwinkligen Komponenten H und K in den x- und y-Richtungen, so wird

$$\frac{\partial A}{\partial M_0} = \frac{\partial A}{\partial H} = \frac{\partial A}{\partial K} = 0\,.$$

Diese Bedingung liefert 3 Bestimmungsgleichungen für M_0, H und K, die lauten:

$$\frac{\partial A}{\partial M_0} = \int\limits_{x=0}^{x=l} \frac{M_x}{E J_x}\frac{\partial M_x}{\partial M_0} dx = 0\,,$$

$$\frac{\partial A}{\partial H} = \int\limits_{x=0}^{x=l} \frac{M_x}{E J_x}\frac{\partial M_x}{\partial H} dx = 0$$

und

$$\frac{\partial A}{\partial K} = \int\limits_{x=0}^{x=l} \frac{M_x}{E J_x}\frac{\partial M_x}{\partial K} dx = 0\,.$$

Für den in Abb. 13 dargestellten Belastungsfall von zweifacher statischer Unbestimmtheit wird beispielsweise

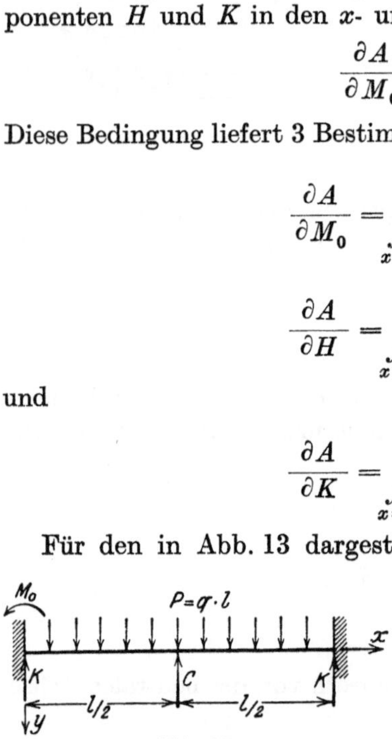

Abb. 13.

$$M_x = M_0 + K\cdot x - \frac{P x^2}{2 l} \quad \text{also} \quad \frac{\partial M_x}{\partial M_0} = 1$$

$$\text{und} \quad \frac{\partial M_x}{\partial K} = x\,.$$

Für konstante Werte von E und J ergeben sich somit für M_0 und K die Bestimmungsgleichungen

$$\int\limits_{x=0}^{x=\frac{l}{2}} \left(M_0 + K x - \frac{P x^2}{2 l}\right) dx = 0$$

und

$$\int\limits_{x=0}^{x=\frac{l}{2}} \left(M_0 x + K x^2 - \frac{P x^3}{2 l} \right) dx = 0 .$$

Die Integration liefert

$$M_0 \frac{l}{2} + \frac{K l^2}{8} - \frac{P l^2}{48} = 0$$

und

$$\frac{M_0 l^2}{8} + \frac{K l^3}{24} - \frac{P l^3}{128} = 0 ,$$

aus denen folgt

$$M_0 = -\frac{P l}{48} . \qquad K = \frac{P}{4} \quad \text{also} \quad C = \frac{P}{2} .$$

Der Satz vom Minimum der Formänderungsarbeit hat zwei Nachteile. Einmal ist er nicht anschaulich und zweitens ist er für eine graphische Behandlung, wenn also die Funktion $M_x \cdot \frac{\partial M_x}{\partial -}$ kompliziert und vor allem, wenn J nicht konstant ist, nicht zu gebrauchen.

In solchen komplizierteren Belastungsfällen muß wieder auf die Deformationen des Stabes zurückgegriffen werden und aus diesen die Bedingungsgleichungen für die statisch unbestimmten Größen abgeleitet werden, deren Lösung dann unter Umständen auf graphischem Wege zu erfolgen hat.

Ergibt sich dabei eine Bedingung für die Deformation Δx in der horizontalen X-Richtung, also senkrecht zu der Richtung der Durchbiegungen, so ist als weitere Gleichung zu verwenden:

$$\Delta x = \int \beta \cdot d y .$$

Außer den Gleichungen nach dem Satze vom Minimum der Formänderungsarbeit ergeben sich für die statisch Unbestimmten somit die Bedingungsgleichungen:

$$\beta = \int \frac{M}{E J} d x \quad \text{bzw.} \quad \int \frac{M}{E J} d y , \qquad \Delta y = \int \beta \, d x \qquad \text{und} \qquad \Delta x = \int \beta \, d y ,$$

die rechnerisch oder graphisch gelöst werden können. Der Einfluß der Schubkräfte auf die Deformationen kann dabei in den meisten Fällen vernachlässigt werden.

Die Anwendung dieser Gleichungen kommt besonders in Frage bei Rahmenkonstruktionen, die in ihren einzelnen Teilen aus geraden Stäben bestehen.

Abb. 14 a.

Für den Belastungsfall der Abb. 14 a ergibt sich beispielsweise folgende Entwicklung:

Die im Symmetrieschnitt im oberen Querriegel auftretenden statisch unbestimmten Größen sind das Einspannmoment M_0, die Horizontalkraft H

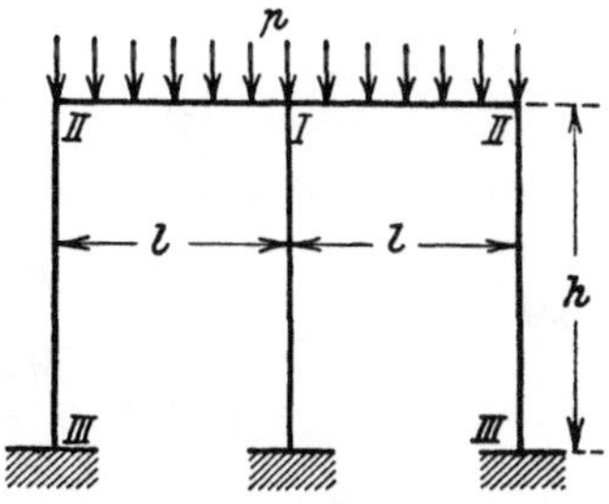

und der halbe Stützendruck K (vgl. Abb. 14b). Die Bedingungsgleichungen für diese Unbestimmten werden bei konstantem Trägheitsmoment der gesamten Rahmenkonstruktion

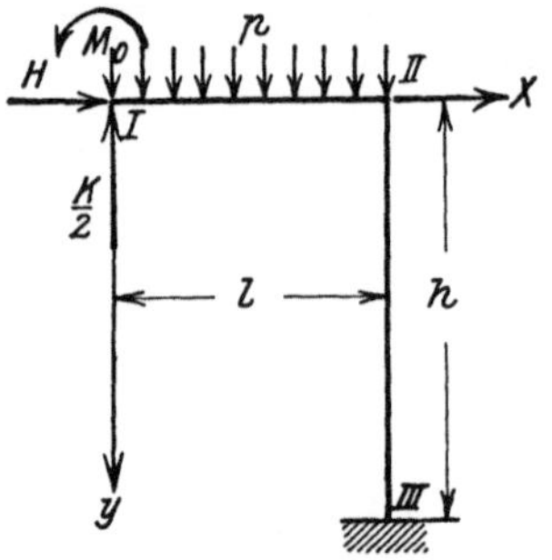

Abb. 14b.

$$1.\quad \beta = \int_{I}^{III} M\,ds = 0\,, \qquad 2.\quad \Delta y = \int_{I}^{III} \beta\,dx = 0$$

und

$$3.\quad \Delta x = \int_{I}^{III} \beta\,dy = 0\,.$$

Mit s ist dabei der Rahmenzug I, II, III bezeichnet.

Die erste Gleichung besagt, daß die Winkeländerung infolge der Belastung über die Strecke s gleich Null sein muß, die zweite, daß infolge der starren Stützung die Punkte I und II in vertikaler und die dritte, daß sie in horizontaler Richtung unverrückbar sind.

Der allgemeine Verlauf der Biegungsmomente über die Strecke s wird für die Stetigkeitsbereiche der Biegungsmomentengleichung:

$$\text{Bereich } I\text{—}II\colon\ M_x = M_0 + \frac{K}{2}\cdot x - \frac{p\cdot x^2}{2}\,,$$

$$\text{,,}\quad II\text{—}III\colon\ M_y = M_0 + \frac{K}{2}\cdot l - \frac{p\,l^2}{2} + H\cdot y\,.$$

Damit lauten die Bestimmungsgleichungen für M_0, K und H

$$0 = \int_{I}^{III} M_x\,ds = \int_{I}^{II}\left\{M_0 + \frac{K}{2}x - \frac{p\,x^2}{2}\right\}_{x=0}^{x=l} dx + \int_{II}^{III}\left\{M_0 + \frac{K}{2}l - \frac{p\,l^2}{2} + H\cdot y\right\}_{y=0}^{y=h} dy\,,$$

$$0 = M_0 l + \frac{K\,l^2}{4} - \frac{p\,l^3}{6} + M_0 h + \frac{K\,l\,h}{2} - \frac{p\,l^2 h}{2} + \frac{H h^2}{2}\,. \tag{1}$$

$$0 = \int_{I}^{III} \beta\,dx = \int_{I}^{II}\left\{M_0 x + \frac{K\,x^2}{4} - \frac{p\,x^3}{6}\right\}_{x=0}^{x=l} dx$$

oder

$$0 = \frac{M_0\,l^2}{2} + \frac{K\,l^3}{12} - \frac{p\,l^4}{24}\,. \tag{2}$$

$$0 = \int_{I}^{III} \beta\,dy = \int_{II}^{III}\left\{M_0 y + \frac{K\,l\,y}{2} - \frac{p\,l^2 y}{2} + \frac{H y^2}{2}\right\}_{y=0}^{y=h} dy$$

oder

$$0 = \frac{M_0\,h^2}{2} + \frac{K\,l\,h^2}{4} - \frac{p\,l^2 h^2}{4} + \frac{H h^3}{6}\,. \tag{3}$$

Mit den Gleichungen (1) bis (3) sind die statisch Unbestimmten gegeben.

Tabelle 2.

Formeln für die Berechnung von Trägern mit unveränderlichem Querschnitt.

Das Koordinatensystem ist bezogen auf das linke Auflager.

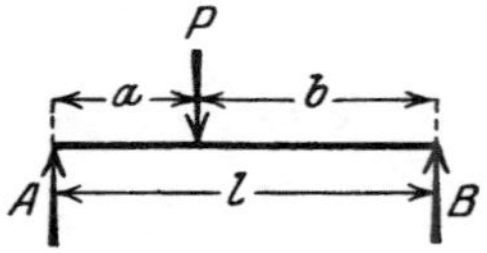	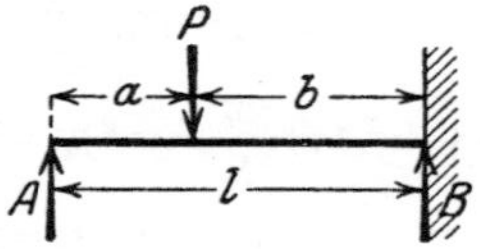	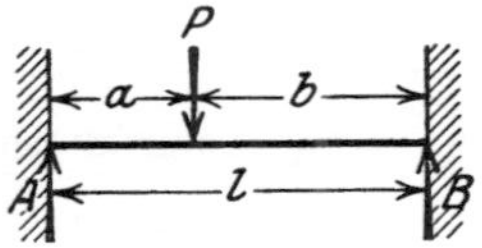	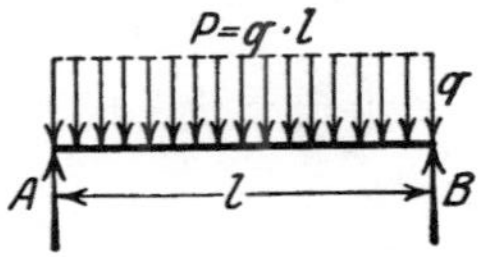
$A=\frac{P\cdot b}{l}$, $B=\frac{P\cdot a}{l}$ $y_{x=a}=\frac{P\,a^2 b^2}{3\,E\,J\cdot l}$	$A=\frac{P\,b^2}{2\,l^3}(a+2\,l)$ $B=\frac{P}{2\,l^3}(2\,l^3-a\,b^2-2\,b^2\,l)$ $y_{x=a}=\frac{P\,a^2 b^2}{12\,l^3\,E\,J}(a^2+2\,a\,l-3\,l^2)$	$A=\frac{P}{l^3}(l^3-3\,a^2 l+2\,a^3)$ $B=\frac{a^2 P}{l^3}(3\,l-2\,a)$ $M_A=-\frac{P\,a\,b^2}{l^2}$, $M_B=-\frac{P\,a^2\,b}{l^2}$ $y_{x=a}=\frac{P\,a^3}{E\,J}\left(\frac{l^3-3\,b^2 l-3\,a^2 l+2\,a^3}{6\,l^3}\right)$	$A=B=\frac{P}{2}$ $y=\frac{P}{24\,l\,E\,J}(l^3 x-2\,l\,x^3+x^4)$ $y_{x=\frac{l}{2}}=\frac{5\,P\,l^3}{384\,E\,J}$
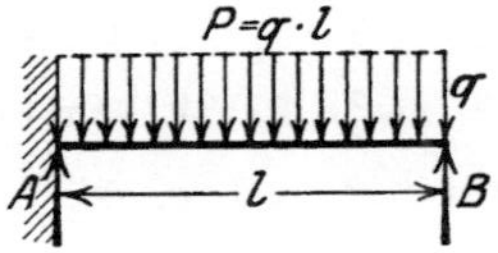	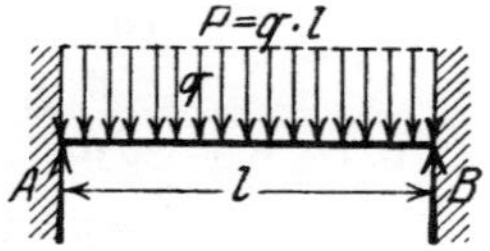	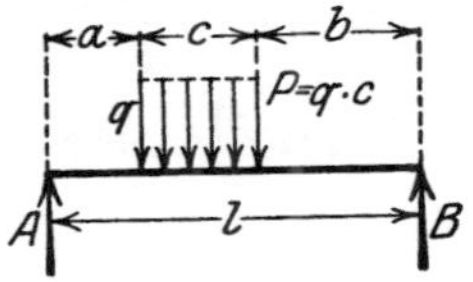	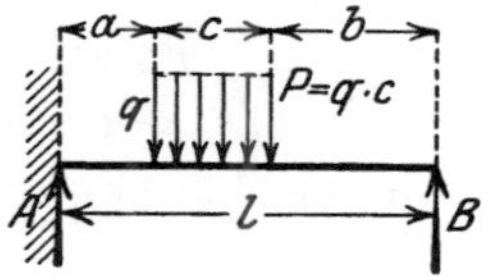
$A=\frac{5}{8}P$, $B=\frac{3}{8}P$ $M_A=-\frac{P\,l}{8}$ $y=\frac{P}{48\,E\,J}\left(5\,x^3-3\,l\,x^2-\frac{2\,x^4}{l}\right)$ $y_{\max}=\frac{P\,l^3}{185\,E\,J}$ bei $x=0{,}58\,l$	$A=B=\frac{P}{2}$ $M_A=M_B=-\frac{P\,l}{12}$ $y=\frac{P\,x^2}{24\,l\,E\,J}(l-x)^2$ $y_{x=\frac{l}{2}}=\frac{P\,l^3}{384\,E\,J}$	$A=P\cdot\frac{2\,b+c}{2\,l}$, $B=P\cdot\frac{2\,a+c}{2\,l}$ $y_{x=\frac{l}{2}}=\frac{P\,l}{384\,b\,E\,J}\cdot(3\,l^3-8\,b\,l^2$ $-16\,a\,l^2+24\,a^2 l-32\,a^3)$	$B=\frac{P}{8\,c\,l^3}[(b+c)^4$ $-b^4+2\,l^3 c+6\,a\,l^2 c-6\,b\,l^2 c]$ $A=P-B$ $M_A=-\frac{P}{8\,c\,l^2}[b^4-(b+c)^4$ $+2\,l^2 c(2\,b+c)]$

Tabelle 3.

Formeln für die Berechnung von Trägern mit unveränderlichem Querschnitt.

Das Koordinatensystem ist bezogen auf das linke Auflager.

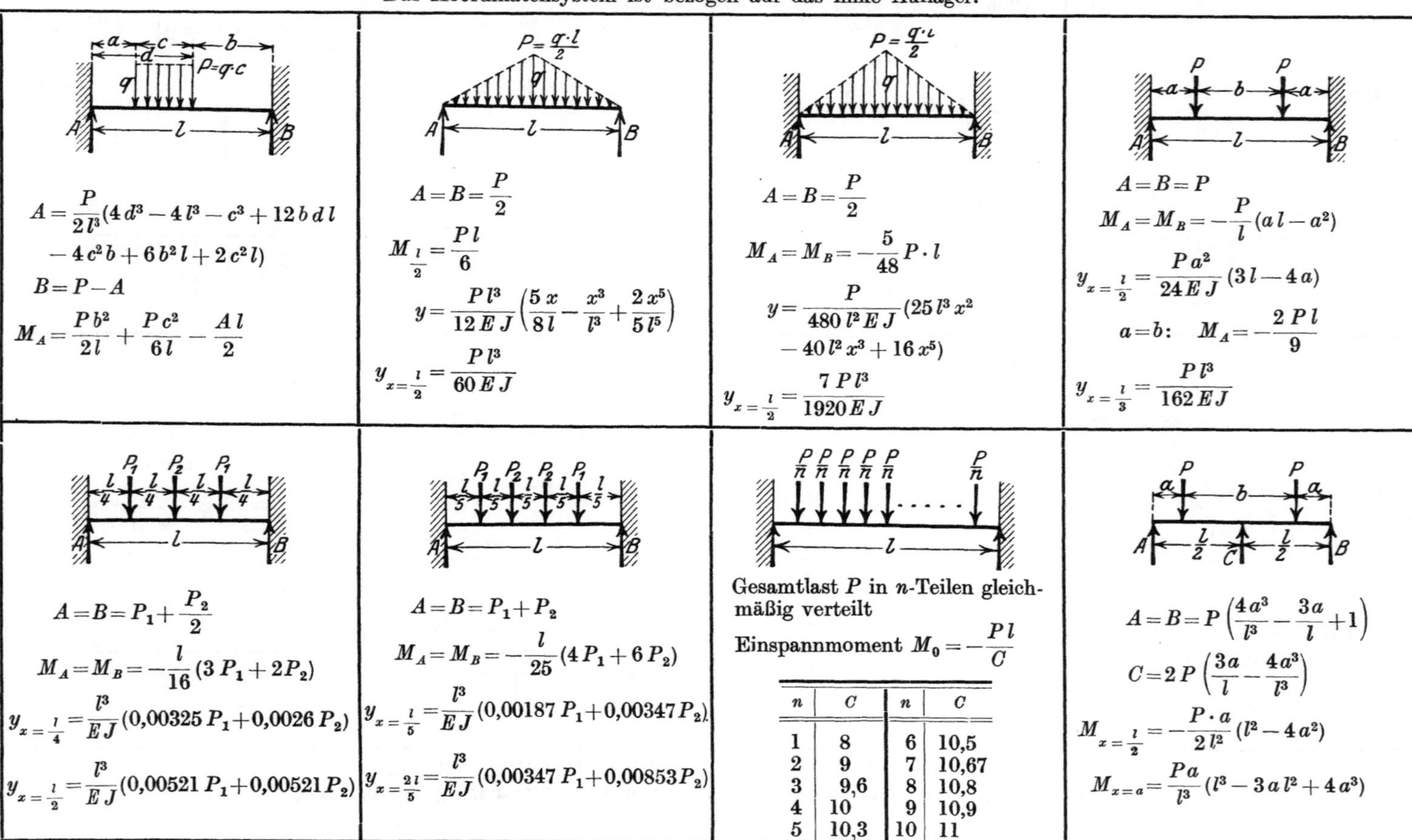

$$A = \frac{P}{2l^3}(4d^3 - 4l^3 - c^3 + 12bdl - 4c^2b + 6b^2l + 2c^2l)$$

$$B = P - A$$

$$M_A = \frac{Pb^2}{2l} + \frac{Pc^2}{6l} - \frac{Al}{2}$$

$$A = B = \frac{P}{2}$$

$$M_{\frac{l}{2}} = \frac{Pl}{6}$$

$$y = \frac{Pl^3}{12EJ}\left(\frac{5x}{8l} - \frac{x^3}{l^3} + \frac{2x^5}{5l^5}\right)$$

$$y_{x=\frac{l}{2}} = \frac{Pl^3}{60EJ}$$

$$A = B = \frac{P}{2}$$

$$M_A = M_B = -\frac{5}{48}P\cdot l$$

$$y = \frac{P}{480l^2EJ}(25l^3x^2 - 40l^2x^3 + 16x^5)$$

$$y_{x=\frac{l}{2}} = \frac{7Pl^3}{1920EJ}$$

$$A = B = P$$

$$M_A = M_B = -\frac{P}{l}(al - a^2)$$

$$y_{x=\frac{l}{2}} = \frac{Pa^2}{24EJ}(3l - 4a)$$

$$a = b: \quad M_A = -\frac{2Pl}{9}$$

$$y_{x=\frac{l}{3}} = \frac{Pl^3}{162EJ}$$

$$A = B = P_1 + \frac{P_2}{2}$$

$$M_A = M_B = -\frac{l}{16}(3P_1 + 2P_2)$$

$$y_{x=\frac{l}{4}} = \frac{l^3}{EJ}(0{,}00325\,P_1 + 0{,}0026\,P_2)$$

$$y_{x=\frac{l}{2}} = \frac{l^3}{EJ}(0{,}00521\,P_1 + 0{,}00521\,P_2)$$

$$A = B = P_1 + P_2$$

$$M_A = M_B = -\frac{l}{25}(4P_1 + 6P_2)$$

$$y_{x=\frac{l}{5}} = \frac{l^3}{EJ}(0{,}00187\,P_1 + 0{,}00347\,P_2)$$

$$y_{x=\frac{2l}{5}} = \frac{l^3}{EJ}(0{,}00347\,P_1 + 0{,}00853\,P_2)$$

Gesamtlast P in n-Teilen gleichmäßig verteilt

Einspannmoment $M_0 = -\frac{Pl}{C}$

n	C	n	C
1	8	6	10,5
2	9	7	10,67
3	9,6	8	10,8
4	10	9	10,9
5	10,3	10	11

$$A = B = P\left(\frac{4a^3}{l^3} - \frac{3a}{l} + 1\right)$$

$$C = 2P\left(\frac{3a}{l} - \frac{4a^3}{l^3}\right)$$

$$M_{x=\frac{l}{2}} = -\frac{P\cdot a}{2l^2}(l^2 - 4a^2)$$

$$M_{x=a} = \frac{Pa}{l^3}(l^3 - 3al^2 + 4a^3)$$

Tabelle 4.

Formeln für die Berechnung von Trägern mit unveränderlichem Querschnitt.

Das Koordinatensystem ist bezogen auf das linke Auflager.

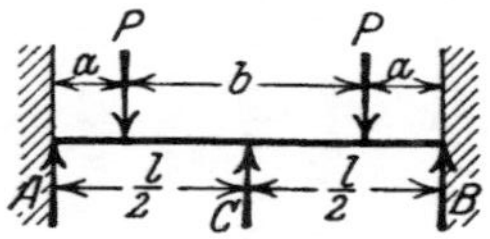 $A = B = \frac{P}{l^3}(l^3 - 12a^2l + 16a^3)$ $C = \frac{2Pa^2}{l^3}(12l - 16a)$ $M_A = M_B = \frac{Pa}{l^2}(4al - 4a^2 - l^2)$ $M_C = \frac{P}{l^2}(4a^3 - 2a^2l)$	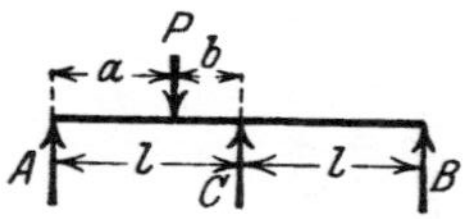 $A = \frac{Pb}{4l^3}(2l^2 + 3ab + 2b^2)$ $B = \frac{P}{2l^3}(2l^3 - 3ab^2 - 2b^3)$ $C = \frac{P}{4l^3}(2l^2 - 3ab - 2b^2)$	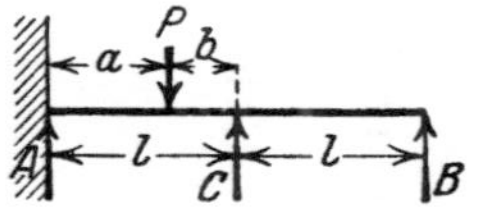 $A = P\left(1 - \frac{15}{7}\frac{a^2}{l^2} + \frac{8}{7}\frac{a^3}{l^3}\right)$ $B = \frac{3}{7}P\frac{a^2}{l^3}(a - l)$ $C = P\frac{a^2}{7l^3}(18l - 11a)$ $M_A = P\frac{a}{7l^2}(-7l^2 + 12al - 5a^2)$ $M_C = \frac{3}{7}P\frac{a^2}{l^2}(a - l)$	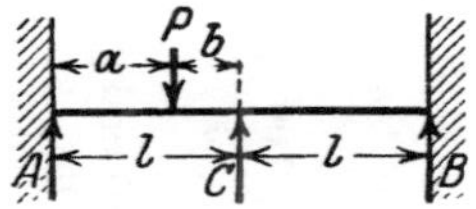 $A = P\left(1 - \frac{9}{4}\frac{a^2}{l^2} + \frac{5}{4}\frac{a^3}{l^3}\right)$ $B = \frac{3}{4}P\frac{a^2}{l^3}(a - l)$ $C = P\frac{a^2}{l^3}(3l - 2a)$ $M_A = P\frac{a}{4l^2}(-4l^2 + 7al - 3a^2)$ $M_B = \frac{1}{4}P\frac{a^2}{l^2}(l - a)$ $M_C = \frac{1}{2}P\frac{a^2}{l^2}(a - l)$
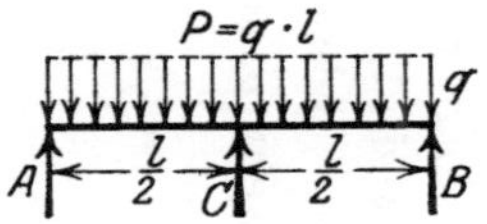 $P = q \cdot l$ $A = B = \frac{3}{16}P$ $C = \frac{5}{8}P$ $M_C = -\frac{Pl}{32}$	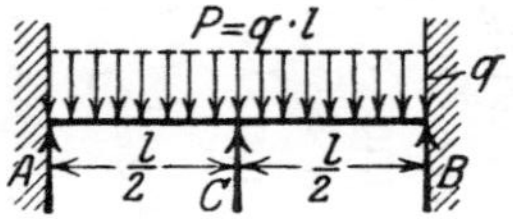 $P = q \cdot l$ $A = B = \frac{P}{4}$ $C = \frac{P}{2}$ $M_A = M_B = -\frac{Pl}{48}$ $M_C = -\frac{Pl}{48}$	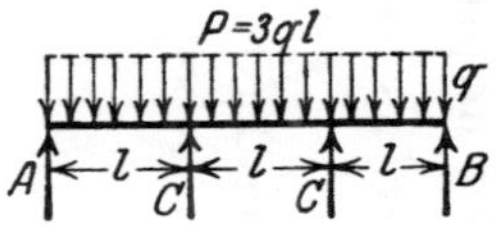 $P = 3ql$ $A = B = \frac{2}{15}P$ $C = \frac{11}{30}P$ $M_C = -\frac{Pl}{30}$	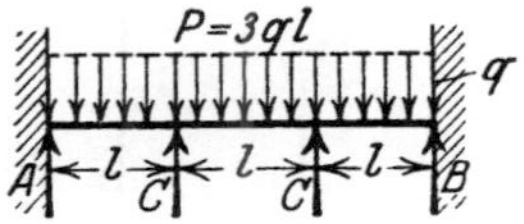 $P = 3ql$ $A = B = \frac{P}{6}$ $C = \frac{P}{3}$ $M_A = M_B = -\frac{Pl}{36}$ $M_C = -\frac{Pl}{36}$

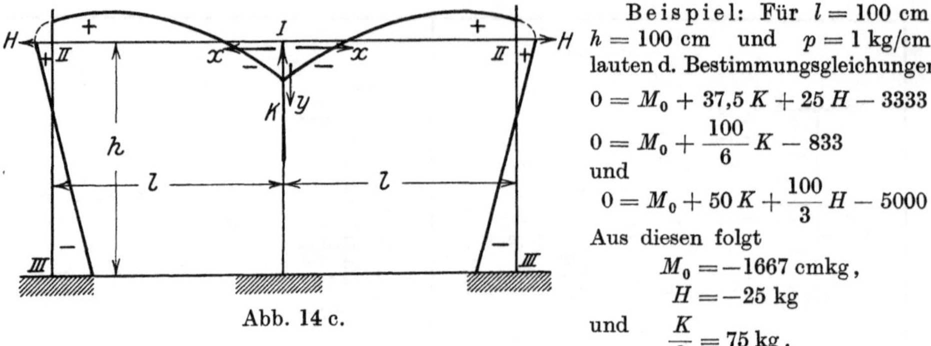

Abb. 14 c.

Beispiel: Für $l = 100$ cm, $h = 100$ cm und $p = 1$ kg/cm² lauten d. Bestimmungsgleichungen

$$0 = M_0 + 37{,}5\,K + 25\,H - 3333\,,$$

$$0 = M_0 + \frac{100}{6}\,K - 833$$

und

$$0 = M_0 + 50\,K + \frac{100}{3}\,H - 5000\,.$$

Aus diesen folgt

$$M_0 = -1667 \text{ cmkg}\,,$$

$$H = -25 \text{ kg}$$

und

$$\frac{K}{2} = 75 \text{ kg}\,.$$

Der Druck auf die mittlere Stütze wird somit $K = 150$ kg. Der Verlauf der Biegungsmomente ist aus Abb. 14 c ersichtlich.

2. Der ursprünglich gebogene Stab.

a) Der Krümmungsradius ist groß gegenüber den Querschnittsabmessungen.

Unter Vernachlässigung der Schubkräfte wird die Gleichung der elastischen Linie für den ursprünglich gebogenen Stab als Kreisbogen

$$E J_s \left(\frac{d^2 y}{d s^2} + \frac{y_s}{r^2}\right) = M_s\,.$$

Der Index $_s$ deutet an, daß sich die Veränderlichen auf eine Stelle beziehen, deren Abstand von einem beliebigen Anfangspunkt O auf dem Bogen der neutralen Achse im unbelasteten Zustand gemessen wird (vgl. Abb. 6). M_s ist das an dieser Stelle wirkende Biegungsmoment, J_s das Trägheitsmoment des Querschnittes, y_s die entstandene Durchbiegung, senkrecht zur ursprünglichen neutralen Achse gemessen, und r der Radius des Kreisbogens. Da für jedes Differential des Bogens die Beziehung $ds = r \cdot d\varphi$ gilt, kann die Gleichung der elastischen Linie auch in der Form geschrieben werden:

$$E J_\varphi \left(\frac{d^2 y}{d\varphi^2} + y_\varphi\right) = r^2 \cdot M_\varphi\,.$$

Das allgemeine Integral dieser Gleichung ist

$$y_\varphi = C_1 \cos\varphi + C_2 \sin\varphi - \cos\varphi \int \frac{M_\varphi r^2}{E J_\varphi} \sin\varphi\, d\varphi + \sin\varphi \int \frac{M_\varphi r^2}{E J_\varphi} \cos\varphi\, d\varphi\,.$$

Die Verwendung der Gleichung für die Bestimmung der in M steckenden statisch Unbestimmten erfolgt rechnerisch oder, wenn die zu integrierenden Funktionen zu kompliziert sind, graphisch.

Die rein mathematische Behandlung des obigen Integrals wird in erster Linie in Frage kommen, wenn J konstant ist[1]). Das Integral kann alsdann geschrieben werden

$$y_\varphi = C_1 \cos\varphi + C_2 \sin\varphi - \frac{r^2 \cos\varphi}{E J} \int M_\varphi \sin\varphi\, d\varphi + \frac{r^2 \sin\varphi}{E J} \int M_\varphi \cos\varphi\, d\varphi\,.$$

---

[1]) R. Mayer: Über Elastizität und Stabilität des geschlossenen und offenen Kreisbogens. Dissertation Karlsruhe 1911.

Die Unbekannten der Gleichung sind neben den statisch Unbestimmten, die in M_φ stecken, die Integrationskonstanten C_1 und C_2. Wie beim geraden Stab erfolgt die Ermittlung sämtlicher Unbekannten mit Hilfe von Grenzwerten, die durch die Art des jeweils vorliegenden Belastungsfalles bestimmt sind.

Dabei spielt neben der Durchbiegung die Tangentenrichtung an die elastische Linie eine Rolle. Diese ist gegeben durch den Wert $\frac{dy}{r \cdot d\varphi}$. Ferner kann als Bedingung vorkommen, daß zwischen zwei Punkten I und II des Stabes die Summe der (+ und —) Durchbieugngen gleich Null wird, der Stab also von gleicher Länge bleibt. Damit ergibt sich die Gleichung

$$\int_I^{II} y \cdot d\varphi = 0\,.$$

Die Berechnung der y, $\frac{dy}{r \cdot d\varphi}$ und $\int y\,d\varphi$-Werte kann schematisch nach Tab. 5 erfolgen, wenn sich M_φ, wie es meist der Fall ist, aus einfachen geometrischen Funktionen additiv aufbaut. Der Rechnungsgang ist alsdann folgender:

Das Integral der Differentialgleichung kann geschrieben werden:

$$\frac{EJ}{r^2}\,y_\varphi = \left\{\boldsymbol{\sin\varphi \int M_\varphi \cos\varphi\, d\varphi - \cos\varphi \int M_\varphi \sin\varphi\, d\varphi}\right\} + C_1 \cos\varphi + C_2 \sin\varphi\,,$$

wo C_1 und C_2 natürlich eine andere Größe haben wie vorher. Damit wird

$$\frac{EJ}{r^2}\,\frac{dy}{d\varphi} = \boldsymbol{\frac{d\{\ldots\}}{d\varphi}} - C_1 \sin\varphi + C_2 \cos\varphi$$

und

$$\frac{EJ}{r^2}\int_{\varphi=0}^{\varphi=\varphi} y\,d\varphi = \boldsymbol{\int_{\varphi=0}^{\varphi=\varphi} \{\ldots\}\, d\varphi} + C_1 \sin\varphi - C_2 \cos\varphi + C_2\,.$$

Die Tabelle gibt für die einzelnen Funktionen, aus denen sich M_φ zusammensetzt, die Werte des ersten, im Druck hervorgehobenen Gliedes jeder dieser drei Gleichungen.

1. Beispiel: Gegeben das Belastungsschema der Abb. 15. Wegen der Symmetrie genügt die Betrachtung eines Bogenviertels I—II. In II wirkt eine vertikale Stützkraft von der Größe $\frac{P}{2}$ und das Einspannmoment M_0, die Unbekannte der Aufgabe. Für den beliebigen Punkt R_φ im Bereich I—II wird das Biegungsmoment

$$M = M_0 - \frac{P}{2}(r - r\cos\varphi)$$

oder

$$M = M_0 - \frac{Pr}{2} + \frac{Pr\cos\varphi}{2}\,.$$

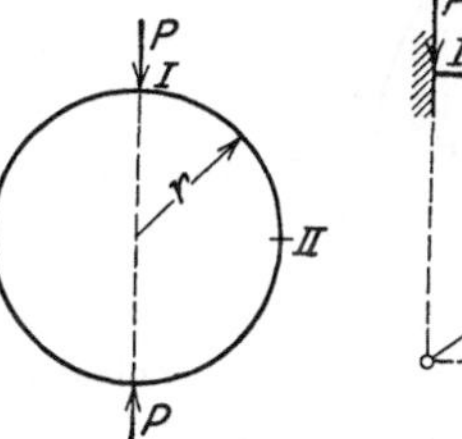

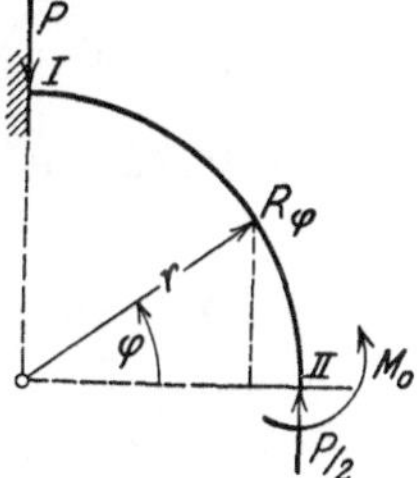

Abb. 15.

M_0 und $\frac{Pr}{2}$ haben die Variable φ in der Form $\varphi^0 = 1$, $\frac{Pr}{2}$ des dritten Gliedes in der Form $\cos\varphi$. Mithin folgt nach Tab. 5

$$\frac{EJ}{r^2}\,y_\varphi = M_0 - \frac{Pr}{2} + \frac{Pr}{2}\left(\frac{1}{2}\varphi\,\sin\varphi\right) + C_1\cos\varphi + C_2\sin\varphi\,,$$

$$\frac{EJ}{r^2}\frac{dy}{d\varphi} = \frac{Pr}{2}\left\{\frac{1}{2}(\varphi\cos\varphi + \sin\varphi)\right\} - C_1\sin\varphi + C_2\cos\varphi\,,$$

$$\frac{EJ}{r^2}\int\limits_{\varphi=0}^{\varphi=\varphi} y\,d\varphi = \left\{M_0\varphi - \frac{Pr\varphi}{2} + \frac{Pr}{2}\left\{\frac{1}{2}(\sin\varphi - \varphi\cos\varphi)\right\}\right\}_{\varphi=0}^{\varphi=\varphi} + C_1\sin\varphi - C_2\cos\varphi + C_2\,.$$

Nach der Aufgabe ergeben sich folgende Grenzwerte:

$$\text{Für } \varphi = 0 \text{ und } \varphi = \frac{\pi}{2} \text{ muß werden: } \frac{dy}{r\cdot d\varphi} = 0\,.$$

Damit folgt:

$$C_2 = 0 \qquad \text{und nach} \qquad 0 = \frac{Pr}{2}\left\{\frac{1}{2}(0+1)\right\} - C_1$$

$$C_1 = \frac{Pr}{4}\,.$$

Wird angenommen, daß die Länge des Viertelbogens konstant bleibt, müssen sich die y-Werte im Bereich des Bogenviertels wieder aufheben, d. h.

$$\int\limits_{\varphi=0}^{\varphi=\frac{\pi}{2}} y\cdot d\varphi = 0\,,$$

womit folgt

$$0 = \frac{M_0\pi}{2} - \frac{Pr\pi}{4} + \frac{Pr}{2}\left\{\frac{1}{2}(1-0)\right\} + \frac{Pr}{4}\cdot 1$$

oder

$$0 = \frac{M_0\pi}{2} - \frac{Pr\pi}{4} + \frac{Pr}{2}\,.$$

Damit wird $M_0 = P\cdot r\,\dfrac{\pi-2}{2\pi} = 0{,}182\,Pr$, womit der Momentverlauf gegeben ist.

Für die Durchbiegungen folgt

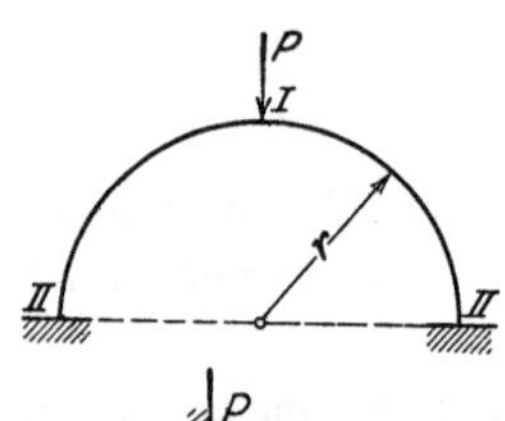

$$\frac{EJ}{r^2}y = 0{,}182\,Pr - \frac{Pr}{2} + \frac{Pr}{4}(\varphi\sin\varphi) + \frac{Pr}{4}\cos\varphi\,.$$

Für $\varphi = 0$ wird

$$\frac{EJ}{r^2}y = -0{,}068\,P\cdot r\,.$$

Die Vergrößerung des horizontalen Durchmessers wird also

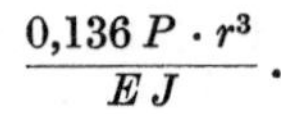

$$\frac{0{,}136\,P\cdot r^3}{EJ}\,.$$

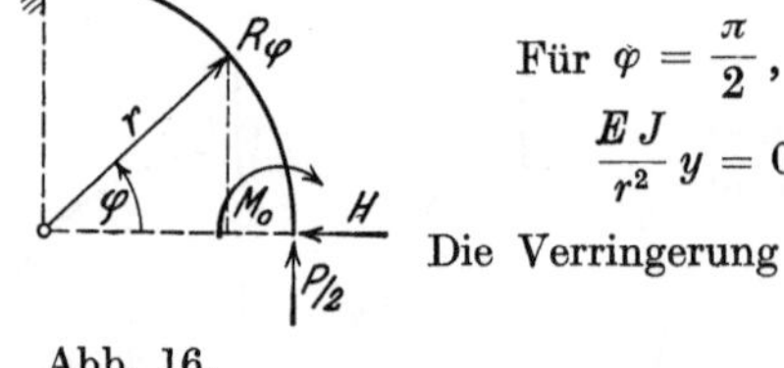

Für $\varphi = \dfrac{\pi}{2}$, also an der Stelle des Lastangriffs, wird

$$\frac{EJ}{r^2}y = 0{,}182\,Pr - \frac{Pr}{2} + \frac{Pr\pi}{8} = 0{,}075\,Pr\,.$$

Die Verringerung des vertikalen Durchmessers ist also

$$\frac{0{,}149\,Pr^3}{EJ}\,.$$

Abb. 16.

2. Beispiel: Gegeben das Belastungsschema der Abb. 16. Der Stab ist an seinen Auflagestellen unverrückbar eingespannt. Es wirkt somit in II die statisch unbestimmte Gegenkraft H, das statisch unbestimmte Moment M_0 und die Kraft $\dfrac{P}{2}$.

Der Symmetrie wegen genügt wiederum die Betrachtung nur einer Bogenhälfte. Das Biegungsmoment im beliebigen Schnitt R_φ wird:

$$M_\varphi = M_0 - \frac{Pr}{2} + \frac{Pr\cos\varphi}{2} + H\cdot r\sin\varphi\,.$$

Tabelle 5.

Integrale zur Berechnung kreisförmiger Stäbe von konstantem Querschnitt.

	$\frac{EJ}{r^2} \cdot y$	$\frac{EJ}{r^2} \cdot \frac{dy}{d\varphi}$	$\frac{EJ}{r^2} \cdot \int\limits_0^\varphi y\,d\varphi$
$\varphi^0 = 1$	1	0	φ
φ	φ	1	$\frac{\varphi^2}{2}$
$\sin\varphi$	$\frac{1}{2}(\sin\varphi - \varphi\cos\varphi)$	$\frac{1}{2}\varphi\sin\varphi$	$-\cos\varphi - \frac{1}{2}\varphi\sin\varphi$
$\cos\varphi$	$\frac{1}{2}\varphi\sin\varphi$	$\frac{1}{2}(\varphi\cos\varphi + \sin\varphi)$	$\frac{1}{2}(\sin\varphi - \varphi\cos\varphi)$
$\sin^2\varphi$	$\frac{1}{3}(1 + \cos^2\varphi)$	$-\frac{2}{3}\sin\varphi\cos\varphi$	$\frac{\varphi}{2} + \frac{1}{6}\sin\varphi\cos\varphi$
$\cos^2\varphi$	$\frac{1}{3}(1 + \sin^2\varphi)$	$\frac{2}{3}\sin\varphi\cos\varphi$	$\frac{\varphi}{2} - \frac{1}{6}\sin\varphi\cos\varphi$
$\sin\varphi\cos\varphi$	$\frac{1}{3}\sin\varphi - \frac{1}{3}\cos\varphi$	$\frac{1}{3}(\cos\varphi + \sin^2\varphi - \cos^2\varphi)$	$-\frac{1}{3}\cos\varphi - \frac{1}{6}\sin^2\varphi$
$\varphi\sin\varphi$	$\frac{1}{4}\left(-\varphi^2\cos\varphi + \varphi\sin\varphi + \frac{1}{2}\cos\varphi\right)$	$\frac{\varphi^2}{4}\sin\varphi - \frac{\varphi}{4}\cos\varphi + \frac{1}{8}\sin\varphi$	$-\frac{\varphi^2}{4}\sin\varphi - \frac{3}{4}\varphi\cos\varphi + \frac{7}{8}\sin\varphi$
$\varphi\cos\varphi$	$\frac{1}{4}\left(\varphi^2\sin\varphi + \varphi\cos\varphi - \frac{1}{2}\sin\varphi\right)$	$\frac{\varphi^2}{4}\cos\varphi + \frac{\varphi}{4}\sin\varphi + \frac{1}{8}\cos\varphi$	$-\frac{\varphi^2}{4}\cos\varphi + \frac{3}{4}\varphi\sin\varphi + \frac{7}{8}\cos\varphi$

Mit Hilfe der Tabelle folgt

$$\frac{EJ}{r^2} y = M_0 - \frac{Pr}{2} + \frac{Pr}{2}\left(\frac{1}{2}\varphi \sin\varphi\right) + Hr\frac{1}{2}(\sin\varphi - \varphi\cos\varphi) + C_1\cos\varphi + C_2\sin\varphi,$$

$$\frac{EJ}{r^2}\frac{dy}{d\varphi} = \frac{Pr}{2}\left\{\frac{1}{2}(\varphi\cos\varphi + \sin\varphi)\right\} + Hr\frac{1}{2}\varphi\sin\varphi - C_1\sin\varphi + C_2\cos\varphi,$$

$$\frac{EJ}{r^2}\int_{\varphi=0}^{\varphi=\varphi} y\,d\varphi = \left\{M_0\varphi - \frac{Pr\varphi}{2} + \frac{Pr}{2}\left\{\frac{1}{2}(\sin\varphi - \varphi\cos\varphi)\right\} + Hr\left(-\cos\varphi - \frac{1}{2}\varphi\sin\varphi\right)\right\}_{\varphi=0}^{\varphi=\varphi} + C_1\sin\varphi - C_2\cos\varphi + C_2.$$

Nach der Aufgabe ergeben sich folgende Grenzwerte:

1. Für $\varphi = 0$ und $\varphi = \frac{\pi}{2}$ wird $\frac{dy}{r\cdot d\varphi} = 0$ (Einspannung).

2. Für $\varphi = 0$ wird $y = 0$ (unverrückbare Lagerung).

3. $\int_{\varphi=0}^{\varphi=\frac{\pi}{2}} y\cdot d\varphi = 0$ (konstante Länge des Bogens I—II).

Aus der Bedingung 1. folgt

$$C_2 = 0, \quad C_1 = \frac{Pr}{4} + \frac{Hr\pi}{4}.$$

Bedingung 2 ergibt

$$0 = M_0 - \frac{Pr}{4} + \frac{Hr\pi}{4}$$

und Bedingung 3

$$0 = \frac{M_0\pi}{2} - \frac{Pr\pi}{4} + \frac{Pr}{2} + Hr.$$

Damit wird

$$H = P\frac{4-\pi}{\pi^2 - 8} = 0{,}46\,P$$

und

$$M_0 = -0{,}111\,P\cdot r.$$

Der Stab erhält somit an der Einspannstelle durch das Einspannmoment und den vertikalen Auflagedruck $\frac{P}{2}$ Normalspannung und durch die horizontale Stützkraft H Schubspannung. Unter dem Lastangriff wird das Biegungsmoment

$$M_{\frac{\pi}{2}} = -0{,}151\,P\cdot r.$$

Die Einsenkung an dieser Stelle wird

$$y_{\frac{\pi}{2}} = 0{,}0117\,\frac{Pr^3}{EJ}.$$

Ist der Stab nicht kreisförmig, so läßt sich die rechnerische Behandlung nur in ganz wenigen einfachen Fällen durchführen und die Integrale in den Bestimmungsgleichungen für die statisch Unbestimmten müssen graphisch gelöst werden[1]).

Als Beispiel sei das elliptisch gebogene Rohr von konstanter Wanddicke bei einer Belastung durch gleichförmig verteilten Außendruck gewählt (Abb. 17).

Wegen der Symmetrie der Belastung ist auch der Verlauf der Biegungsmomente und der Durchbiegungen symmetrisch. Es genügt daher die Betrach-

[1]) Hurlbrink: Festigkeitsberechnung von röhrenartigen Körpern. Schiffbau 1907/1908.

tung eines Bogenviertels, z. B. $A-B$. Wird dieser Teil bei A als eingespannt und bei B als aufgeschnitten betrachtet, so bleibt der Gleichgewichtszustand wie im Zusammenhang mit dem ganzen Querschnitt, wenn in B eine Auflagekraft $p \cdot a$ und ein (statisch unbestimmtes) Einspannmoment M_0 angreifen. Wäre das Rohr in Richtung der großen Achse durch eine starre Stange abgesteift, so würde als weitere statisch Unbestimmte die in der Stange wirkende Druckkraft hinzukommen.

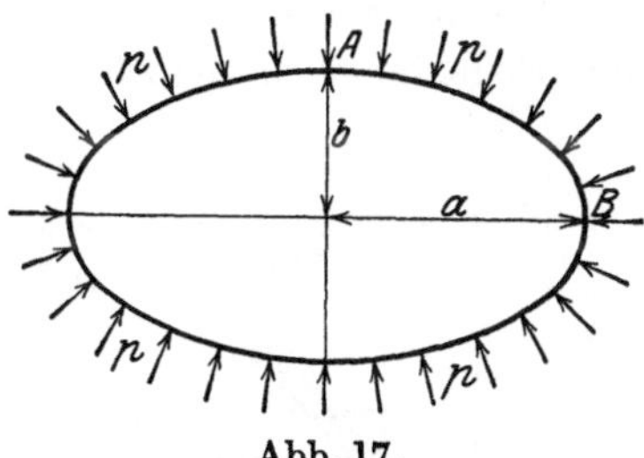

Abb. 17.

Die Bestimmung von M_0 geschieht mit Hilfe der Bedingung, daß trotz der Belastung die Tangenten an die elastische Linie in A und B senkrecht zu den Achsenrichtungen des Durchschnitts bleiben. Es treten somit in A und B keine Winkeländerungen der Querschnitte ein, d. h. die Summe der +- und —-Winkeländerungen zwischen A und B muß gleich Null werden.

Die Winkeländerung zweier um ds voneinander entfernter Querschnitte ist $d\beta = \frac{M}{EJ} ds$. Für konstante Werte von E und J folgt somit

$$\int_A^B d\beta = \int_A^B M\, ds = 0\,.$$

Das Biegungsmoment M an beliebiger Stelle P des Bogens setzt sich zusammen aus dem Einspannmoment M_0 und den Momenten M_b, welche durch die Belastung und die Auflagekraft bei A hervorgerufen werden. Es ist also:

$$\int_A^B M\, ds = \int_A^B (M_0 + M_b)\, ds = 0$$

und da M_0 konstant ist, folgt

$$M_0 = -\frac{1}{s}\int_A^B M_b \cdot ds\,.$$

Dieses Integral ist graphisch zu lösen.

Man zeichnet die Kurve der M_b-Werte als Funktion des abgewickelten Bogens und integriert diese, am einfachsten mittels Planimeter. Die Bogenlänge s wird aufgemessen. M_0 ist alsdann bestimmt und damit das Biegungsmoment an jeder Stelle des Bogens.

Für M_b ergibt sich entsprechend Abb. 18

$$M_b = -p\,a\,(a-x) + \frac{p\,(b-y)^2}{2} + \frac{p\,(a-x)^2}{2}$$

oder

$$M_b = \frac{p}{2}(x^2 + y^2 - 2\,b\,y + b^2 - a^2)\,.$$

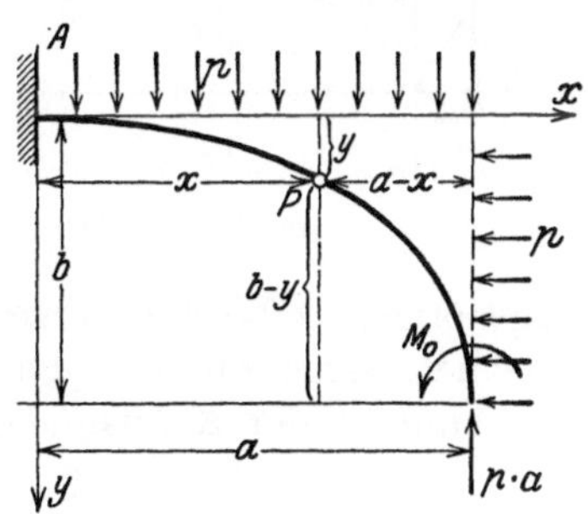

Abb. 18.

Werden beispielsweise folgende Zahlenwerte eingeführt:

$p = 1$ kg/cm²; $a = 80$ cm; $b = 40$ cm und ist

nach Zeichnung $s = 97{,}2$ cm,

so folgt $$M_b = \frac{1}{2}(x^2 + y^2 - 80\,y - 4800)\,.$$

Die hiermit gegebene Kurve ist in Abb. 19a mit ihrer Integralkurve als Funktion der Bogenlänge dargestellt. Der Endwert der Integralkurve ist 134000 cm²kg.

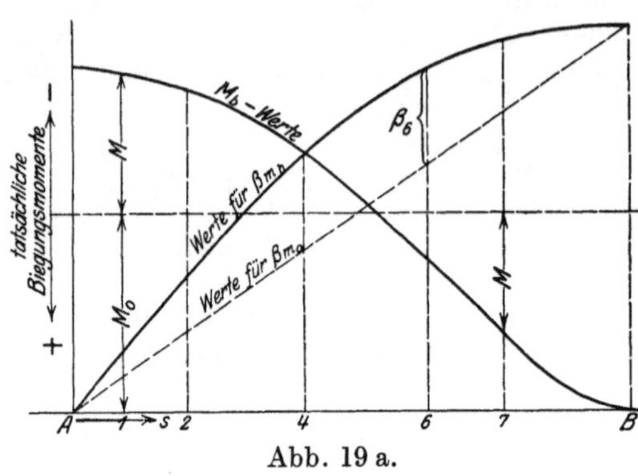

Abb. 19 a.

Folglich wird $M_0 = 1380$ cmkg und für das Biegungsmoment folgt

$$M_{x,\,y} = \tfrac{1}{2}(x^2 + y^2 - 80\,y - 2040)\,.$$

Die Durchbiegung des Punktes B ergibt sich aus der Überlegung, daß jedes Bogenelement ds zwischen A und B zu dem X-Ausschlag des Punktes B den Beitrag $d\Delta x = d\beta \cdot (b - y)$ liefert. Also wird der X-Ausschlag bei B

$$\Delta x = \int_A^B (b - y)\, d\beta\,.$$

Zeichnet man die β-Werte als Funktion der zugehörigen y-Werte auf, so ergibt sich, daß

$$\int_A^B (b - y)\, d\beta = \int_A^B \beta \cdot dy\,,$$

denn beide Integrale umschließen die gleiche Fläche. Somit wird

$$\Delta x = \frac{1}{E \cdot J}\int_A^B \beta \cdot dy\,.$$

Das Integral läßt sich graphisch lösen, wenn die β-Werte, die sich aus der Differenz der Integralkurven der M_b- und M_0-Werte ergeben, als Funktion der y-Werte aufgetragen werden und die entstandene Kurve integriert wird.

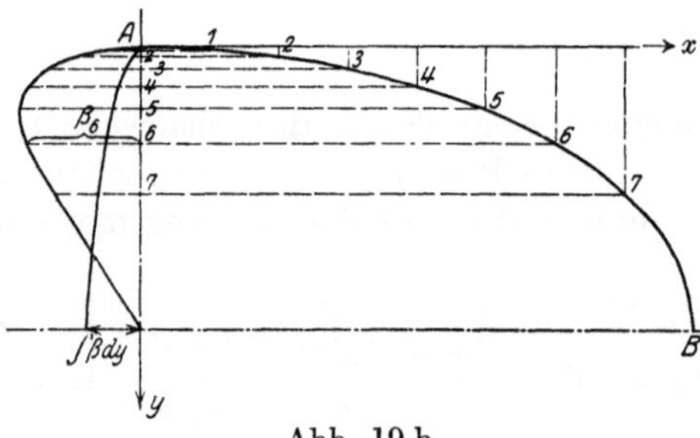

Abb. 19 b.

Der Verlauf der β_{M_0}-Werte ist ohne weiteres gegeben durch die Bedingung

$$\int (M_b + M_0)\, ds = 0\,.$$

Man braucht nur den Endpunkt der Kurve der Werte für β_{M_b} mit dem Nullpunkt zu verbinden.

In Abb. 19a ist der Verlauf der M- und β-Werte als Funktion von s dargestellt, in Abb. 19 b sind die β-Werte in Abhängigkeit von den zugehörigen y-Werten abgesetzt. Zu dieser Kurve ist die Integralkurve gezeichnet, deren Endwert den Betrag 850000 cm³kg liefert.

Somit ist der X-Ausschlag des Punktes B

$$\Delta x = \frac{1}{E \cdot J} \cdot 850000\,.$$

Bei einer Wandstärke von 10 mm wird für 1 cm Rohrlänge $J = \frac{1}{12}$ cm^4, und mit $E = 2\,150\,000$ kg/cm^2 ergibt sich somit

$$\Delta x = 4{,}75 \text{ cm}.$$

Die Durchbiegung Δy des Punktes A ergibt sich ebenso mit Hilfe der Gleichung

$$\Delta y = \int \beta\, dx.$$

b) Der Krümmungsradius ist klein gegenüber den Querschnittsabmessungen.

Das praktisch wichtigste Beispiel des stark gekrümmten Balkens ist der Lasthaken.

Bei diesem ist die Spannungsverteilung in den Querschnitten nicht linear, sondern folgt nach Grashoff in dem gefährlichen Querschnitt B—C der Gleichung

$$\sigma = \frac{P}{f} - \frac{M_b}{f \cdot r}\left(1 + \frac{1}{k} \cdot \frac{y}{r + y}\right).$$

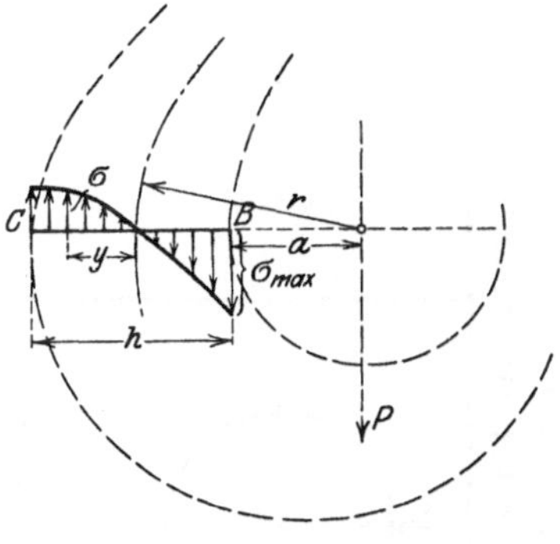

Abb. 20.

P ist die Last, f der Querschnitt B—C, r der Krümmungsradius, M_b das in B—C wirkende Biegungsmoment $P \cdot r$ und k ein Koeffizient, der bestimmt ist durch die Gleichung

$$k = -\frac{1}{f}\int \frac{y}{r + y}\, df.$$

Das Integral ist über die ganze Querschnittsfläche zu nehmen und dabei η positiv, wenn es von der neutralen Achse aus vom Krümmungsmittelpunkt weg liegt, negativ im entgegengesetzten Falle (Abb. 20).

Eine gute Materialausnutzung wird erreicht, wenn als Querschnitt B—C das abgerundete Dreieck entsprechend Abb. 21 verwendet wird.

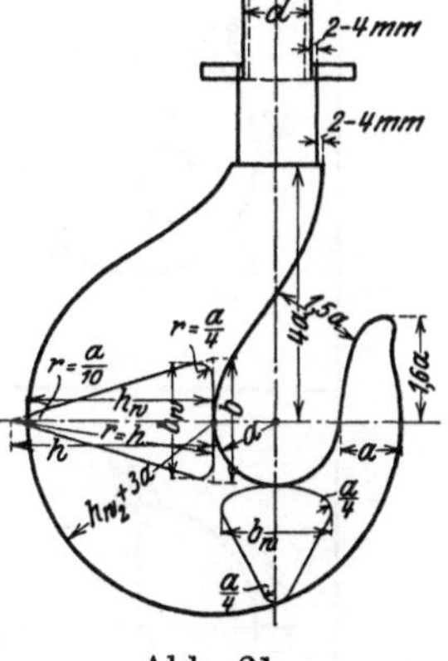

Abb. 21.

Unter diesen Voraussetzungen ergeben sich für eine größte zulässige Beanspruchung von 1200 kg/cm^2 an der inneren Faser des Querschnittes B—C für den Haken folgende Konstruktionsdaten:

Die Maulweite 2a ist erfahrungsgemäß bestimmt mit Gleichung

$$a = 0{,}055\sqrt{P},$$

wo a in Zentimeter und die Nutzlast P in Kilogramm zu setzen sind.

Das günstigste Verhältnis $\frac{h}{a}$ ist für obigen Wert a

$$\frac{h}{a} = 3.$$

Da der Querschnitt abgerundet werden muß, wird die Breite b etwas größer zu nehmen sein als nach dem k-Wert für das gleichschenklige Dreieck.

Tabelle 6.

Radial belastete Ringe (Hohlzylinder).

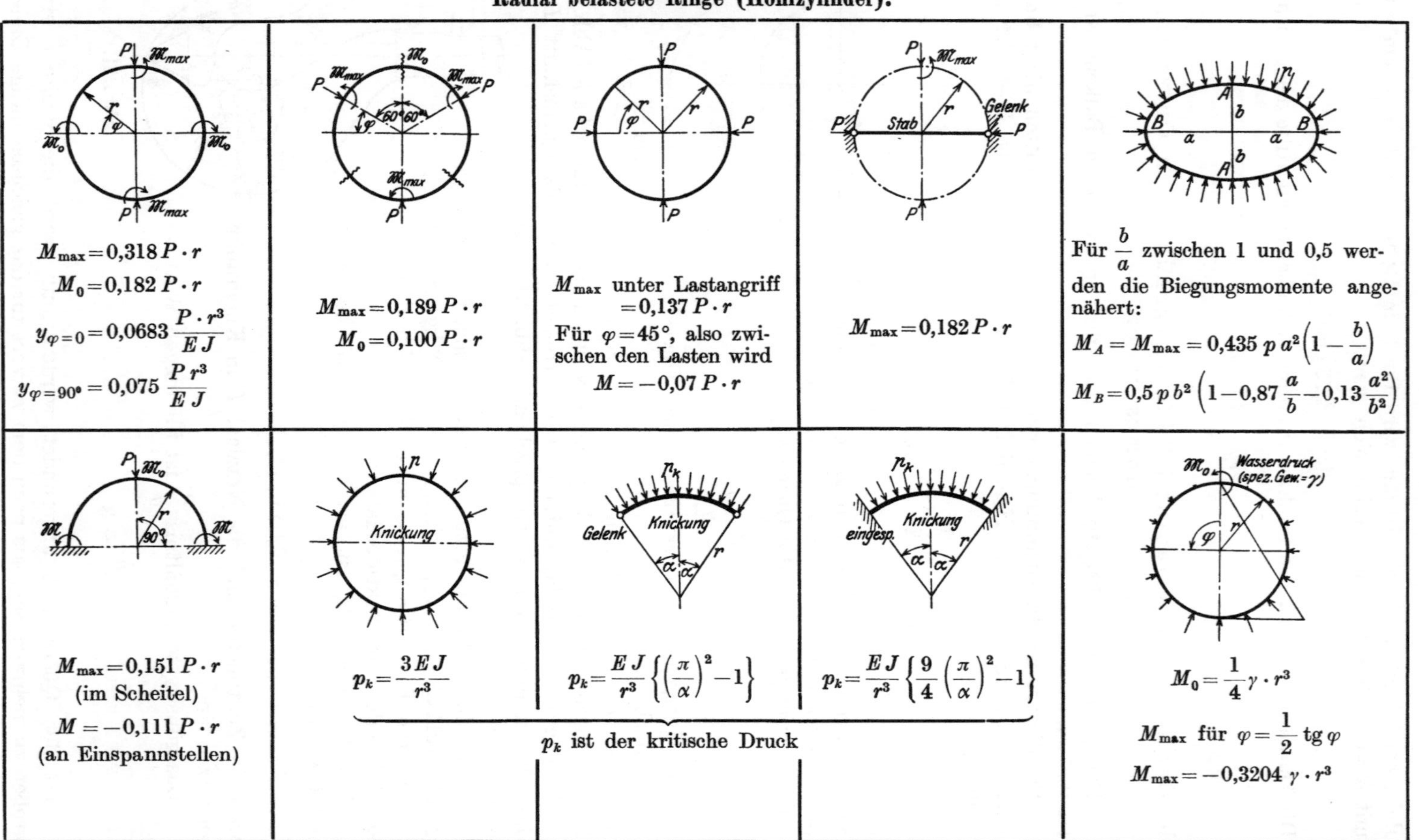

$M_{\max}=0{,}318\,P\cdot r$ $M_0=0{,}182\,P\cdot r$ $y_{\varphi=0}=0{,}0683\,\dfrac{P\cdot r^3}{E\,J}$ $y_{\varphi=90^\circ}=0{,}075\,\dfrac{P\,r^3}{E\,J}$	$M_{\max}=0{,}189\,P\cdot r$ $M_0=0{,}100\,P\cdot r$	$M_{\max}$ unter Lastangriff $=0{,}137\,P\cdot r$ Für $\varphi=45^\circ$, also zwischen den Lasten wird $M=-0{,}07\,P\cdot r$	$M_{\max}=0{,}182\,P\cdot r$	Für $\dfrac{b}{a}$ zwischen 1 und 0,5 werden die Biegungsmomente angenähert: $M_A=M_{\max}=0{,}435\,p\,a^2\left(1-\dfrac{b}{a}\right)$ $M_B=0{,}5\,p\,b^2\left(1-0{,}87\,\dfrac{a}{b}-0{,}13\,\dfrac{a^2}{b^2}\right)$
$M_{\max}=0{,}151\,P\cdot r$ (im Scheitel) $M=-0{,}111\,P\cdot r$ (an Einspannstellen)	$p_k=\dfrac{3\,E\,J}{r^3}$	$p_k=\dfrac{E\,J}{r^3}\left\{\left(\dfrac{\pi}{\alpha}\right)^2-1\right\}$	$p_k=\dfrac{E\,J}{r^3}\left\{\dfrac{9}{4}\left(\dfrac{\pi}{\alpha}\right)^2-1\right\}$	$M_0=\dfrac{1}{4}\gamma\cdot r^3$ $M_{\max}$ für $\varphi=\dfrac{1}{2}\,\mathrm{tg}\,\varphi$ $M_{\max}=-0{,}3204\,\gamma\cdot r^3$
	p_k ist der kritische Druck			

Als Mittelwerte ergeben sich:

$$h_w = 0{,}15\sqrt{P}\,(\text{cm und kg}),$$

$$b_w = 0{,}083\sqrt{P}\,(\text{cm und kg}).$$

Die übrigen Konstruktionsdaten ergeben sich in Anlehnung an Abb. 21.

Beispiel: Gesucht sind die Abmessungen für einen Haken von 10 t Tragfähigkeit. Für $a = 0{,}055\sqrt{P}$ folgt $a = 5{,}5$ cm und nach

$$\frac{h}{a} = 3 \qquad \text{h} = 16{,}5\ \text{cm}.$$

Ferner folgt

$$h_w = 15\ \text{cm} \qquad \text{und} \qquad b_w = 8{,}3\ \text{cm}.$$

Für den Kerndurchmesser d der Schaftschraube folgt nach dem Erfahrungswert $d = 0{,}046\sqrt{P}$

$$d = 4{,}6\ \text{cm}.$$

3. Knickfestigkeit.

Die Eulersche Formel für gerade Stäbe $P_k = c \cdot \frac{EJ}{l^2}$ hat Gültigkeit, solange die Knickung eine elastische ist, d. h. solange die Knickspannung $\sigma_k = \frac{P_k}{F}$ unterhalb der Proportionalitätsgrenze des Materials liegt.

Nach der Eulerschen Formel wird die Knickspannung

$$\sigma_k = \frac{P_k}{F} = c \cdot \frac{J}{F} \cdot \frac{E}{l^2}.$$

Führt man mittels der Gleichung

$$i^2 = \frac{J}{F}$$

den Trägheitsradius ein, so wird

$$\sigma_k = c \cdot E\,\frac{i^2}{l^2} = c \cdot \frac{E}{\left(\frac{l}{i}\right)^2}.$$

Je größer der Nenner $\left(\frac{l}{i}\right)^2$ wird, um so niedriger ist die Druckspannung, bei der Knickung eintritt. Dies ist der Fall, je schlanker der Stab ist, und das Verhältnis $\left(\frac{l}{i}\right)$ ist somit ein Maß für die Schlankheit des Stabes. Wird für Schiffbaustahl als Proportionalitätsgrenze $\sigma = 2400$ kg/cm² angenommen, so folgt mit $E = 2\,150\,000$ kg/cm² als Grenze der Schlankheit, für welche die Eulersche Formel noch gültig ist:

$$\frac{l}{i} = \sqrt{c\,\frac{E}{\sigma_k}} = \sim 30\sqrt{c}.$$

Für die verschiedenen Belastungsfälle ergeben sich für c und $\left(\frac{l}{i}\right)$ folgende Werte:

Tabelle 7.

Belastungsfall		c	Grenzwert von $\left(\frac{l}{i}\right)$
beiderseitig eingespannt		$4\,\pi^2$ (39,48)	188
beiderseitig drehbar gelagert		π^2 (9,87)	94
drehbar gelagert und eingespannt		$2\,\pi^2$ (19,74)	133
einseitig eingespannt		$\frac{\pi^2}{4}$ (2,47)	47

Der Faktor c der letzten Reihe gilt auch, wenn der Stab geneigt ist und die Last am oberen, freien Ende vertikal angreift.

Ist der Stab (Säule) so kurz, daß σ_k oberhalb der Proportionalitätsgrenze zu liegen kommt, so ist die Knickung eine unelastische. Die Eulersche Formel ist alsdann nicht mehr brauchbar. An ihre Stelle treten empirisch abgeleitete Formeln, von denen die von v. Tetmajer die gebräuchlichste ist. Sie lautet

$$P_k = a \cdot F - bF\left(\frac{l}{i}\right).$$

Für die Konstanten a und b sind aus Versuchen folgende Werte abgeleitet:

Schweißeisen: $a = 3030$ kg/cm², $b = 12{,}9$ kg/cm²
Flußeisen: $a = 3200$ „ $b = 11{,}5$ „

Für Gußeisen ist für die Werte $\left(\frac{l}{i}\right)$ zwischen 5 und 80 die Gleichung aufgestellt:

$$P_{k_{(\mathrm{kg})}} = F_{(\mathrm{cm}^2)}\left\{0{,}53\left(\frac{l}{i}\right)^2 - 120\left(\frac{l}{i}\right) + 7760\right\}.$$

Die Formel von Tetmajer liefert etwas größere Sicherheit, als nach Versuchen erforderlich ist. Durch Einspannung der Stabenden wird bei der unelastischen Knickung die Knickfestigkeit nicht erhöht. Es wird daher der Formel von Tetmajer entsprechend immer mit drehbarer Lagerung der Stabenden gerechnet.

Ist der auf elastische Knickung beanspruchte Stab ein gebauter Träger, so fragt es sich, welcher Wert für das Trägheitsmoment des Querschnittes eingesetzt werden muß.

Erfolgt beispielsweise die Verbindung der durchlaufenden Pfosten durch Bindebleche, so kann nach Andrée[1]) die Knickkraft in folgender Weise ermittelt werden:

[1]) Andrée: Die Statik des Eisenbaues. Berlin: 1922.

Allgemein wird die Knickkraft eines Stabes mit unveränderlichem Querschnitt

$$P_k = \frac{2}{\pi^2} \cdot \frac{l}{f} \cdot 1\,,$$

wo 1 die Lasteinheit (z. B. 1 t) ist und f die Durchbiegung, welche diese hervorruft, wenn sie in Mitte Stab senkrecht zur Längsachse des Stabes angreift. Ist der Träger an den Enden frei drehbar gelagert, so ergeben sich nach den Bezeichnungen der Abb. 22 für f folgende Werte:

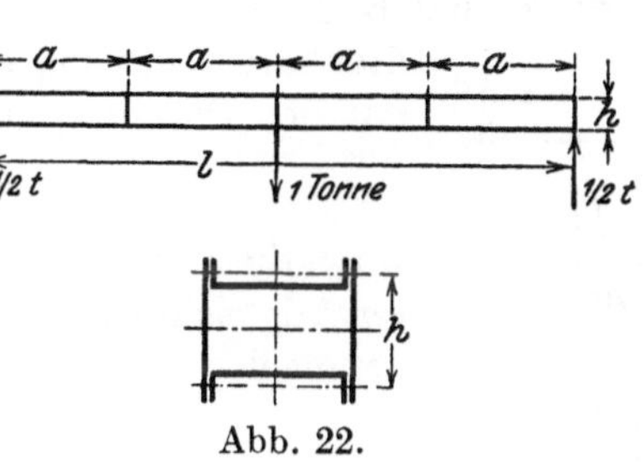

Abb. 22.

Tabelle 8.

n	f
2	$\frac{a^2}{48\,E\,J_1\,J_2\,F\,h^2}\,(a\,h^2\,J_2\,F + h^3\,J_1\,F + 12\,a\,J_1\,J_2)$
3	$\frac{a^2}{96\,E\,J_1\,J_2\,F\,h^2}\,(6\,a\,h^2\,J_2\,F + 10\,h^3\,J_1\,F + 132\,a\,J_1\,J_2)$
4	$\frac{a^2}{48\,E\,J_1\,J_2\,F\,h^2}\,(2\,a\,h^2\,J_2\,F + 3\,h^3\,J_1\,F + 120\,a\,J_1\,J_2)$

n ist die Zahl der Felder, die von den im Abstande a stehenden Bindeblechen gebildet werden, J_1 das Trägheitsmoment eines Pfostens, J_2 das der Bindebleche, F der Querschnitt eines Pfostens und h der Abstand der Schwerachsen der Pfosten voneinander.

Beispiel: Die Mittschiffsstütze eines Lukenendbalkens habe eine Knicklänge von 3 m und erhalte durch die Decklast eine Belastung von 8 t. Die Knicklänge werde durch 2 Bindebleche von 200 × 8 mm Größe in drei gleiche Teile geteilt. Für die Pfosten werden zwei ⊏-Balken von 140 mm Steghöhe und einem Abstand von einander von 10 cm zwischen den Schwerlinien vorgesehen. Welche Knicksicherheit ist in der Stütze, wenn diese an den Enden als drehbar gelagert betrachtet wird (vgl. Abb. 23)?

$E = 2\,150\,000$ kg/cm² $\qquad J_1 = 63$ cm⁴

$h = 10$ cm $\qquad J_2 = 2 \cdot \frac{0{,}8 \cdot 20^3}{12} = 1070$ cm⁴.

$a = 100$ cm

$F = 20$ cm²

Nach der Formel folgt für $n = 3$

$$f = 2{,}2 \text{ cm}.$$

Damit wird die Knicklast

$$P_k = \frac{2 \cdot 300}{10 \cdot 2{,}2} \cdot 1 = \sim 28 \text{ t}.$$

Abb. 23.

Es ist also 3,5fache Sicherheit vorhanden.

Nach dieser Methode läßt sich die Knicksicherheit jedes gebauten Trägers berechnen. Der Träger wird zunächst als Freiträger auf zwei Stützen von der frei tragenden Länge gleich der Knicklänge betrachtet und in der Mitte mit 1 t belastet. Die sich dann ergebende Durchbiegung unter der Last wird als Größe f in die Gleichung

$$P_k = \frac{2}{\pi^2} \cdot \frac{l}{f} \cdot 1 \qquad \text{eingesetzt.}$$

Greift die Knicklast nicht zentrisch an, so geht die Knickbelastung über in Druck- und Biegungsbelastung. Nach den Bezeichnungen der Abb. 24 wird für drehbare Lagerung des Stabes das Biegungsmoment an der Stelle x mit der Durchbiegung y

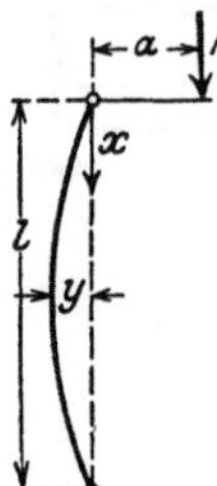

Abb. 24.

$$M_x = P \cdot (y + a),$$

wo a die ursprüngliche Exzentrizität der Belastung ist. Die Differentialgleichung für die Biegungslinie der neutralen Faser lautet demnach

$$E J \frac{d^2 y}{d x^2} = -P(y + a).$$

Als Lösung ergibt sich

$$y = a\left(\frac{\cos k\left(x - \frac{l}{2}\right)}{\cos\left(\frac{k l}{2}\right)} - 1\right), \quad \text{wo} \quad k = \sqrt{\frac{P}{J \cdot E}} \quad \text{zu setzen ist.}$$

Für $x = \frac{l}{2}$ folgt

$$y_{\frac{l}{2}} = a\left(\frac{1}{\cos\frac{k l}{2}} - 1\right).$$

Somit ist

$$M_{\max} = P \cdot a \cdot \frac{1}{\cos\left(\frac{k l}{2}\right)}.$$

Damit ergibt sich als größte Beanspruchung in der gedrückten Faser

$$k_{d_{\max}} = \frac{P}{F} + \frac{P \cdot a}{W \cdot \cos\left(\frac{k l}{2}\right)}.$$

Ist der Stab am unteren Ende eingespannt, so wird die Gleichung der elastischen Linie wie vorher

$$E J \frac{d^2 y}{d x^2} = -P(y + a).$$

Bei der Bestimmung der Konstanten ist jedoch zu berücksichtigen, daß für $x = l$ wegen der Einspannung $\frac{dy}{dx} = 0$ werden muß. Dann folgt

$$y_{\max} = a\left(\frac{1}{\cos(k \cdot l)} - 1\right),$$

also

$$M_{\max} = \frac{P \cdot a}{\cos(k \cdot l)}.$$

Damit folgt als größte Beanspruchung in der gedrückten Faser

$$k_{d_{\max}} = \frac{P}{F} + \frac{P \cdot a}{W \cdot \cos(k \cdot l)}.$$

Erfolgt die zentrische Knickbelastung bei gleichzeitiger Biegung, etwa infolge einer in der Stabmitte angreifenden Einzellast Q (vgl. Abb. 3 der Tabelle 9), so ergibt sich

$$f = \frac{Q\,l^3}{48\,E\,J}\left(1 + \frac{P}{P_k}\right),$$

wo P_k die Knicklast ist, wenn Q nicht vorhanden ist. $\frac{Q\,l^3}{48\,E\,J}$ ist die Durchbiegung, wenn $P = 0$. Wird gesetzt $\frac{Q\,l^3}{48\,E\,J} = f_0$, so folgt

$$f = f_0 \frac{P_k + P}{P_k}.$$

Für das Biegungsmoment in Mitte Stab ergibt sich somit

$$M_{\max} = P \cdot f + \frac{Q\,l}{4}$$

und für die größte Beanspruchung in Mitte Stab

$$k_{d_{\max}} = \frac{P}{F} + \frac{4\,P \cdot f + Q\,l}{4\,W}.$$

Bei dem gebogenen Stab kann Knickung nur auftreten, wenn der Stab kreisförmig ist und überall mit konstantem Normaldruck p belastet ist.

Hat der Bogen die Spannweite α, so ergibt sich entsprechend den Bezeichnungen der Abb. 25 für drehbare Befestigung an den Lagerungen

$$p_k = \frac{\left(\frac{2\pi}{\alpha}\right)^2 - 1}{r^3}\,E \cdot J$$

und für vollkommene Einspannung

$$p_k = \frac{\left(\frac{3\pi}{\alpha}\right)^2 - 1}{r^3}\,E \cdot J.$$

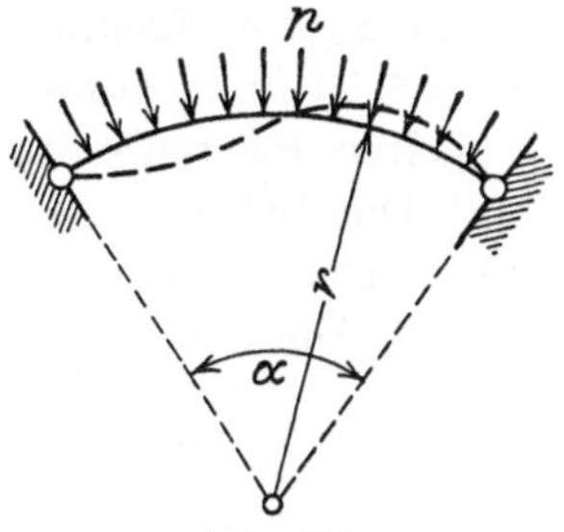

Abb. 25.

Tabelle 9.

Knickbelastungen.

Exzentrische Knickbelastung		Knickung und Biegung	Enden drehbar gelagert, Trägheitsmoment veränderlich
beide Enden drehbar gelagert (vgl. Abb. 24)	unteres Ende eingespannt, oberes Ende drehbar gelagert		
$M_{\max} = \frac{P \cdot a}{\cos\left(\frac{k\,l}{2}\right)}$ $k = \sqrt{\frac{P}{E\,J}}$ $f = a\left(\frac{1}{\cos\left(\frac{k \cdot l}{2}\right)} - 1\right)$	$M_{\max} = \frac{P \cdot a}{\cos(k \cdot l)}$ $k = \sqrt{\frac{P}{E \cdot J}}$ $f = a\left(\frac{1}{\cos(k \cdot l)} - 1\right)$ 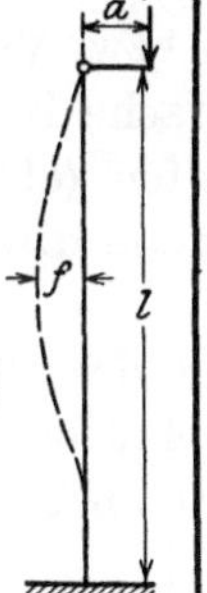	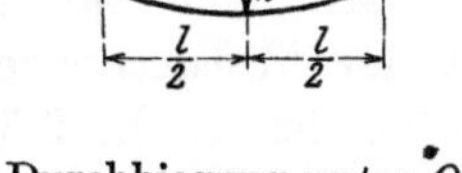 Durchbiegung unter Q $f = \frac{Q\,l^3}{48\,E\,J}\left(1 + \frac{P}{P_k}\right)$ $M_{\max} = P \cdot f + \frac{Q\,l}{4}$	$P_k = \frac{9{,}6\,J_1 \cdot E \cdot l}{l^3 + 4\pi^2 l_2^3\left(\frac{1}{3} - \frac{l_2}{4\,l}\right)\left(\frac{J_1}{J_2} - 1\right)}$ 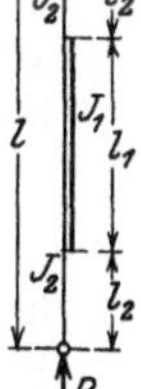

4. Festigkeit von Platten.

a) Kreisförmige, elliptische und rechteckige Platten.[1])

Die größten Biegungsmomente und Einsenkungen sind für verschiedene Belastungen in Abhängigkeit von den Plattenabmessungen in den Tabellen 10 und 11 zusammengestellt.

Tab. 11 zeigt, daß bei rechteckigen Platten mit einem Seitenverhältnis größer als 1 : 2,5 die Biegungsmomente in Mitte Platte praktisch unabhängig von der Stützung durch die kurzen Seiten sind, die Festigkeitsverhältnisse in Mitte der Platte also denen des Balkens auf 2 Stützen von der Spannweite gleich der Plattenbreite entsprechen.

b) Der Plattenstreifen (Breite $2a$, Dicke h).

Die langen Seiten des Streifens liegen frei auf.

1. Einzellast P in Mitte Platte.

Die größte Spannung (unter der Last) wird

$$k_z \sim \frac{3P}{h^2}.$$

Die Durchbiegung an gleicher Stelle wird

$$y_{\max} = \frac{0{,}74\, P \cdot a^2}{E \cdot h^3}. \qquad \left(m = \frac{10}{3}\right).$$

Sie nimmt vom Lastangriff in Richtung der Längenausdehnung der Platte schnell ab und ist im Abstande gleich der Plattenbreite etwa $^1/_6$, im Abstand gleich der doppelten Plattenbreite nur noch etwa $^1/_{80}$ des angegebenen Größtwertes.

2. Die Belastung (p kg für die Längeneinheit) ist gleichmäßig linienförmig quer über die Platte verteilt (etwa wie eine Mauer in Mitte einer langgestreckten Decke). Die Gesamtlast ist

$$Q = 2a \cdot p.$$

Biegungsmoment in Mitte Last:

$$M_{\max} = 0{,}242\, p \cdot a.$$

Durchbiegung an gleicher Stelle:

$$y_{\max} = \frac{0{,}9\, p \cdot a^3}{E\, h^3}. \qquad \left(m = \frac{10}{3}\right).$$

3. Der Plattenstreifen wird durch Rippen oder Stützen im Abstande $2b$ abgesteift.

Die größten Biegungsmomente und Einsenkungen ergeben sich für gleichmäßig verteilte Last nach Tab. 12.

Der Einfluß der Abstützungen bzw. Versteifungen hört praktisch auf, wenn ihr Abstand größer ist als die 2,5fache Breite des Streifens. Versteifungen von wasserdruckbelasteten Plattenstreifen (etwa wasserdichte Bodenwrangen) entlasten die Platten also nur, wenn sie diesen Abstand innehalten.

c) Dünne Platten.

Bei der gewöhnlichen Biegung des Stabes sind die Durchbiegungen sehr klein im Vergleich zu den Querschnittsabmessungen des Stabes. Bei dünnen Platten (beispielsweise Schottbeplattungen) können die Durchbiegungen von der

---

[1]) Die Daten sind entnommen: Nádai, A.: Die Formänderungen und die Spannungen von rechteckigen elastischen Platten. Berlin: 1915.

Tabelle 10.

Spannungen und Durchbiegungen in ebenen Platten von der Dicke h.

$$N = \frac{6(m^2-1)}{m^2 E h^3} p.$$

Kreisplatte frei aufliegend und gleichmäßig belastet	Dieselbe Platte am Rand eingespannt	Platte frei auflieg. Einzellast P in Mitte	Dieselbe Platte am Rand eingespannt	Am Rand eingespannte, elliptische Platte, gleichmäßig belastet
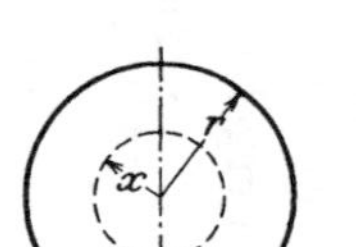 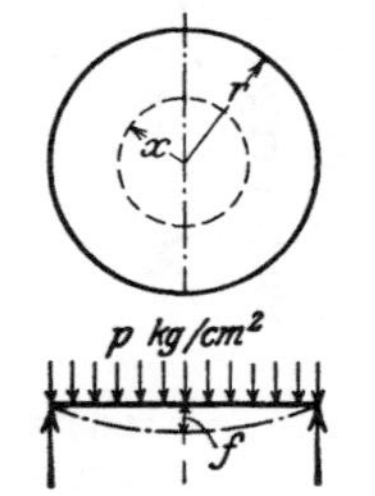 $y_x = \frac{N}{8}\left\{\frac{r^4}{4} - \frac{3m+1}{m+1} \cdot \left(\frac{r^4}{2} - \frac{r^2 x^2}{2}\right) - \frac{x^4}{4}\right\}$ $y_{\max} = f$ für $x = 0$ $f = 0{,}7 \frac{p \cdot r^4}{E h^3} \left(m = \frac{10}{3}\right)$ $k_{b\,\max}$ für $x = 0$ $k_{b\,\max} = 0{,}87 \frac{r^2}{h^2} \cdot p$	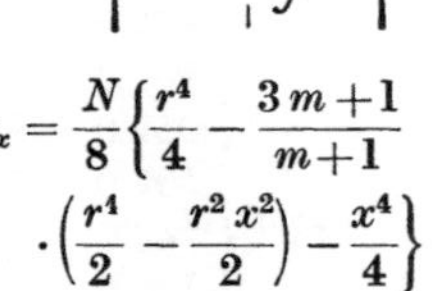 $y_x = \frac{N}{8}\left(\frac{x^4}{4} - \frac{r^2 \cdot x^2}{2} + \frac{r^4}{4}\right)$ $y_{\max} = f$ für $x = 0$ $f = 0{,}17 \frac{p r^4}{E h^3} \left(m = \frac{10}{3}\right)$ $k_{b\,\max}$ für $x = r$ $k_{b\,\max} = 0{,}68\, p \frac{r^2}{h^2}$ $x = r$	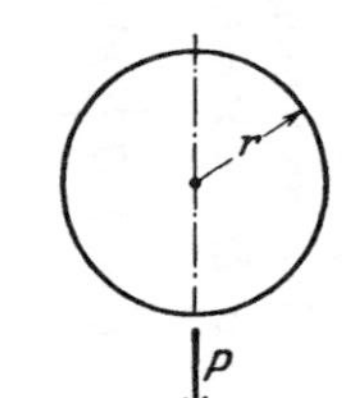 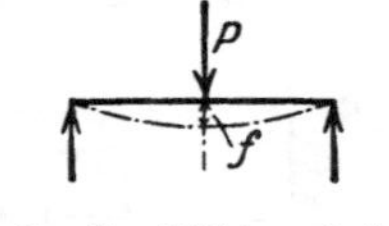 In der Mitte wird $y = 0{,}55 \frac{P \cdot r^2}{E \cdot h^3}\left(m = \frac{10}{3}\right)$ $k_{b\,\max} \sim \frac{3P}{\pi \cdot h^2}$	$y = N a^2 \left(\frac{r^2 - x^2}{8} - \frac{x^2}{4} ln \frac{r}{x}\right)$ $y_{\max} = f$ für $x = 0$ $f = 0{,}22 \frac{P r^2}{E h^3} \left(m = \frac{10}{3}\right)$ a = Radius des Kreises, über den sich P verteilt. Ist $a < r : 2{,}718$, so ist $k_{b\,\max} = 0{,}43 \frac{P}{h^2} ln \frac{r}{a}$ $(x = 0)$ Ist $a > r : 2{,}718$, so ist $k_{b\,\max} = 0{,}11 \frac{P}{h^2}\left(4 ln \frac{r}{a} + \frac{a^2}{r^2}\right)$ $(x = r)$	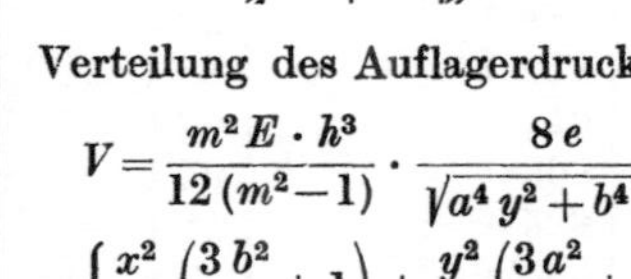 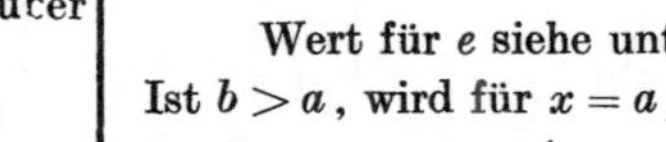 Verteilung des Auflagerdruckes $V = \frac{m^2 E \cdot h^3}{12(m^2-1)} \cdot \frac{8e}{\sqrt{a^4 y^2 + b^4 x^2}} \cdot \left\{\frac{x^2}{a^2}\left(\frac{3b^2}{a^2} + 1\right) + \frac{y^2}{b^2}\left(\frac{3a^2}{b^2} + 1\right)\right\}$ Wert für e siehe unten Ist $b > a$, wird für $x = a$, $y = 0$: $k_{b\,\max} = \frac{4p}{h^2\left(\frac{2}{a^2} + \frac{4}{3b^2} + \frac{2a^2}{b^4}\right)}$ Für die Durchbiegung folgt bei $x = 0$, $y = 0$ (Mitte): $f = e = p \frac{m^2 - 1}{m^2 E h^3 \left(\frac{2}{a^4} + \frac{4}{3a^2 b^2} + \frac{2}{b^4}\right)}$

Tabelle 11.

Spannungen und Formänderungen rechteckiger und elliptischer Platten bei gleichmäßig verteilter Last p. Abmessungen der Platte: $2a \cdot 2b \cdot 2h$.

Poissonsche Konstante $m = \frac{10}{3}$; $E = 2150000$ kg/cm² [Schiffbaustahl]

$\frac{a}{b}$	Rechteckige Platte: Größtes Biegungsmoment, frei gelagert	Rechteckige Platte: Größtes Biegungsmoment, fest eingespannt	Rechteckige Platte: Einsenkung in Mitte Platte, frei gelagert	Rechteckige Platte: Einsenkung in Mitte Platte, fest eingespannt
1	0,192	0,195	0,71	0,222
1,1	0,221	0,218	0,85	0,260
1,2	0,250	0,239	0,99	0,296
1,3	0,277	0,259	1,12	0,329
1,4	0,301	0,277	1,23	0,356
1,5	0,324	0,290	1,35	0,380
2	0,407	0,321	1,77	0,435
3	0,476	0,329	2,14	0,447
4	0,494	0,331	2,24	0,451
5	0,498	0,332	2,27	0,453
∞	0,500	0,333	2,28	0,455
	$\cdot\, p b^2$	$\cdot\, p b^2$	$\cdot\, \frac{p \cdot b^4}{E \cdot h^3}$	$\cdot\, \frac{p b^4}{E h^3}$

$\frac{a}{b}$	Elliptische Platte: Größtes Biegungsmoment, frei gelagert	Elliptische Platte: Größtes Biegungsmoment, fest eingespannt	Elliptische Platte: Einsenkung in Mitte Platte, frei gelagert	Elliptische Platte: Einsenkung in Mitte Platte, fest eingespannt
1	0,206	0,125	0,70	0,158
1,1	0,235	0,140	0,83	0,204
1,2	0,261	0,155	0,96	0,234
1,3	0,282	0,168	1,07	0,260
1,4	0,303	0,180	1,17	0,285
1,5	0,321	0,192	1,26	0,305
2	0,379	0,235	1,58	0,370
3	0,433	0,281	1,88	0,418
4	0,465	0,302	2,02	0,436
5	0,480	0,312	2,10	0,442
∞	0,500	0,333	2,28	0,455
	$\cdot\, p b^2$	$\cdot\, p b^2$	$\cdot\, \frac{p b^4}{E h^3}$	$\cdot\, \frac{p b^4}{E h^3}$

Größenordnung der Plattendicke werden. Man spricht dann von einer Membranwirkung der Platte. Je ausgeprägter diese Membranwirkung ist, um so mehr geht die Biegungsbeanspruchung in Zugbeanspruchung über, und die Platte hat alsdann eine ungleich höhere Festigkeit als nach der gewöhnlichen Biegungstheorie. Eine allgemeine Theorie für die Berechnung solcher dünnen Platten von großer Ausbiegung ist noch nicht entwickelt. Für eine frei aufliegende langgestreckte rechteckige Platte von gleichmäßiger Belastung gibt Föppl die Lösung[1]).

Ist die Breite der Platte $2b$, die Dicke h, die Belastung p kg/cm², so wird die größte Beanspruchung (Zugspannung) in Mitte Platte

$$\sigma = 0{,}57 \sqrt[3]{p^2 \cdot \frac{b^2}{h^2} \cdot E} \quad \left(\text{gültig für Flußeisen mit } m = \frac{10}{3}\right).$$

Für $b = 100$ cm,
$h = 1$ cm,
$p = 1$ kg/cm² und
$E = 2\,150\,000$ kg/cm²

folgt beispielsweise

$$\sigma = 1600 \text{ kg/cm}^2$$

(Zugbeanspruchung).

Nach der gewöhnlichen Biegungstheorie würde sich für einen Streifen von der Breite 1 cm in Mitte der langen Platte ergeben:

$$M_{\max} = \frac{p\,(2b)^2}{8} = \frac{1 \cdot 200^2}{8} = 5000 \text{ cmkg}.$$

[1]) Föppl: Technische Mechanik Bd. V.

Das Widerstandsmoment des Streifens ist $\frac{1 \cdot 1^2}{6} = 0{,}167\,\text{cm}^3$, womit folgen würde

$$k_{b_{\max}} = \frac{5000}{0{,}167} = 30\,000\ \text{kg/cm}^2 \quad \text{(Biegungsbeanspruchung).}$$

Der Unterschied ist somit ein vielfacher. Allerdings ist zu berücksichtigen, daß die von Föppl abgeleitete Formel annimmt, daß die Biegungsspannung vollkommen in Zugspannung übergeht. Wieweit dieses praktisch von Fall zu Fall eintritt, wird sich formelmäßig wohl kaum angeben lassen.

Voraussetzung für das Zustandekommen der Zugbeanspruchung ist, daß die Platte über den Auflagern unverrückbar festgehalten wird. Das ist bei Platten, die über eine Anzahl Stützen laufen (wie beispielsweise die Schottbeplattung), der Fall. Werden derartige Platten nach der gewöhnlichen Biegungstheorie berechnet, so ergeben sich also zu ungünstige Werte. Als Ausgleich kann alsdann die zulässige Beanspruchung entsprechend erhöht werden[1]). Solche entlastenden Zugkräfte treten auch in der Beplattung des Schiffsbodens auf, jedoch in erheblich geringerem Maße wie etwa bei den Schotten, da in den meisten Fällen die Durchbiegungen der Bodenplatten im Bereich der von den Spanten und Längsträgern gebildeten Felder gering sind im Vergleich zur Dicke der Platten.

Tabelle 12.

Plattenstreifen, durch Rippen oder Stützen abgesteift.

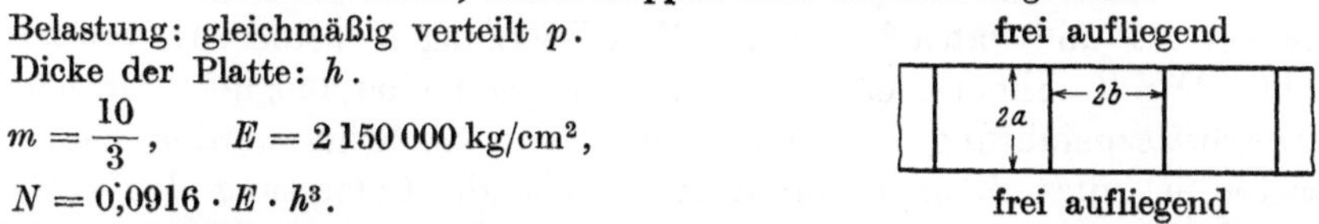

Belastung: gleichmäßig verteilt p.

Dicke der Platte: h.

$m = \frac{10}{3}$, $E = 2\,150\,000\ \text{kg/cm}^2$,

$N = 0{,}0916 \cdot E \cdot h^3$.

$\frac{b}{a}$	Größtes Biegungsmoment im Einspannquerschnitt		Größtes Biegungsmoment in Mitte Plattenfeld		Einsenkung in Mitte		Bemerkung
0,4	0,049	$p\,a^2$	0,028	$p\,a^2$	0,0003	$\frac{p\,a^4}{N}$	Für $2\,b = 5\,a$ wird der Auflagedruck in Mitte der Stütze etwa $1{,}5\,p$ und nimmt parabelförmig nach den durchlaufenden Rändern bis auf Null ab.
0,6	0,119		0,060		0,0047		
0,8	0,200		0,099		0,0146		
1	0,279		0,134		0,0303		
1,25	0,362		0,165		0,0568		
1,667	0,446		0,189		0,1035		
2,5	0,494		0,179		0,1681		
∞	0,500		0,150		0,2083		

II. Grundlegende Fragen der Schiffbaukonstruktionen.

Die Eigenart der Schiffbaukonstruktionen ist zunächst dadurch gekennzeichnet, daß

1. die Stege und Gurtungen der gebauten Verbände dünn sind im Vergleich zu ihren Abmessungen;
2. die Querschnitte dieser Verbände unsymmetrisch sind in bezug auf ihre vertikale oder horizontale Schwerachse oder auch in bezug auf beide Achsen.

[1]) Dies geschieht auch dadurch, daß z. B. bei der Schottbeplattung rechnungsgemäß Biegungsspannungen von etwa 2400 kg/cm² zugelassen werden.

Die Kenntnis des Spannungsverlaufes in solchen hochstegigen und dünnwandigen Trägern ist nicht nur erforderlich, um den Querschnitt des Trägers zu ermitteln, sondern ferner um die eigene Vernietung zu bestimmen und um diejenigen Abmessungen und damit diejenige Materialverteilung zu treffen, welche die beste Materialausnutzung gewährleistet.

Weiter ist eine Eigenart der Schiffbaukonstruktionen, daß die Lagerungen der freitragenden Verbände nicht, wie es die gewöhnlichen Formeln der Biegungslehre voraussetzen, als starr, sondern als mehr oder weniger nachgiebig zu betrachten sind, und zwar sowohl hinsichtlich der Auflagereaktionen als auch hinsichtlich der Einspannmomente. In diesem Sinne ist auch die Bezeichnung „teilweise Einspannung“ zu verstehen.

1. Die Nietung.

Für die Festigkeit eines gebauten Trägers ist nicht nur Form und Größe seines Querschnittes maßgebend, sondern in gleicher Bedeutung die Vernietung der einzelnen Trägerteile miteinander, da diese die Schubkräfte aufnimmt, ohne deren Bindung das Widerstandsmoment der Rechnung dem tatsächlich wirkenden nicht entsprechen würde. Der Nietung ist daher nicht nur rechnerisch die gleiche Aufmerksamkeit zu schenken wie der Querschnittsbestimmung, sondern der Konstrukteur muß sich die Gewähr verschaffen, daß die ausgeführte Nietung einwandfrei ist und tatsächlich die Voraussetzungen seiner Rechnung verwirklicht. Damit erhebt sich die Frage, wie weit eine mögliche Unsicherheit in der Arbeitsausführung rechnungsgemäß berücksichtigt werden kann. Am einfachsten ist dies möglich durch entsprechende Bemessung der zulässigen Beanspruchung. Grundsätzlich ist dagegen nichts einzuwenden. Bei stark belasteten Nietungen, die aus wenigen Nieten bestehen (z. B. bei Knieblechen), ist es jedoch sicherer, rechnerisch nachzuprüfen, wie sich die Spannungsverhältnisse gestalten, wenn ein Niet, und zwar das für die Verbindung wirksamste, ausfällt.

Charakteristisch für die Nietung im Schiffbau ist das versenkte Niet. Nach Bach ergeben versenkte Nieten einen erheblich geringeren Widerstand gegen Gleiten als solche mit runden Köpfen. Auch bedeutet die Versenkung eine Schwächung für das Blech. Diese schädigende Wirkung des Versenkkopfes ist zahlenmäßig einwandfrei noch nicht ermittelt, sie kann daher vorerst nur bei der Wahl der zulässigen Beanspruchung erfahrungsgemäß berücksichtigt werden. Außer Zweifel ist es jedoch, daß bei einer zugbelasteten Nietung der Versenkkopf die Nietung derartig schwächt, daß sie grundsätzlich zu vermeiden ist bzw. der Versenkkopf durch den Rundkopf ersetzt werden muß.

Bei der Frage der Ausbildung des Nietkopfes darf nicht vergessen werden, daß, dem Zwecke der Nietung entsprechend, Gleitwiderstand zwischen den vernieteten Teilen hervorzurufen, der vorstehende Kopf das Gegebene ist und der versenkte Kopf sich nur deshalb im Schiffbau eingebürgert hat, weil er glatte Flächen liefert und eine nicht unerhebliche Gewichtsersparnis ermöglicht. Die Normalien der im Schiffbau üblichen Nieten sind in Tab. 13 angegeben.

Schrauben als Ersatz für Nieten sind nur zu verwenden, wenn

1. die Raumverhältnisse ein Vorhalten nicht ermöglichen,

2. die Gesamtdicke der zu vernietenden Teile größer ist als etwa $3^1/_2$ mal Nietdurchmesser,

3. die Verbindung stark auf Zug beansprucht wird und

4. sie leicht lösbar sein soll.

Man unterscheidet im Schiffbau drei Arten von Nietungen:

1. Verbindungsnietung,
2. Festigkeitsnietung und
3. Dichtigkeitsnietung.

Als Nietmaterial kommt in Frage Schweißeisen und Flußeisen mit folgenden Festigkeitseigenschaften:

	Bruchfestigkeit kg/cm²	Dehnung beim Bruch %	Scherfestigkeit kg/cm²	Gleitbeginn kg/cm²
Schweißeisen	mindestens 3500	mindestens 20	etwa 3000	1100
Flußeisen	3800—4100	mindestens 25	„ 3400	1180

Tabelle 13.

Einheitsniete.

(Nach den Angaben des Handelsschiff-Normenausschusses.)

		8	10	13	16	19	22	25	28	31
	Nietdurchmesser mm	8	10	13	16	19	22	25	28	31
	Nietquerschnitt cm²	0,503	0,785	1,33	2,01	2,83	3,80	4,91	6,16	7,55
Flachkopfniete	Kopf Ø D mm	13,5	17	22	27	32	37,5	42,5	47,5	53
	Kopf Ø D_1 mm	8	10	13	16	19	22	25	28	31
	Kopfhöhe h mm	5,5	7	9	11	13	15	17	19	21
	Kopfgewichte von 100 Stück kg	0,40	0,81	1,73	3,21	5,30	8,38	12,2	17,1	23,4
Schellkopfniete	Kopf Ø D mm	13	16	21	26	30	35	40	45	50
	Kopfhöhe h mm	5,5	6,5	8,5	10	12	14	16	18	20
	Radius R mm	6,5	8	11	13,5	15,5	18	20,5	23	25,5
	Kopfgewichte von 100 Stück kg	0,35	0,63	1,41	2,66	4,51	6,73	9,98	14,1	19,3
Versenkniete	Kopf Ø D mm	12	14,5	20	26	30	34,5	39,5	39,5	44
	Kopfhöhe h mm	2,5	3	4,5	6,5	9,5	11	12,5	14	15,5
	Radius R mm	13	18,3	26	35	39	44	50,8	50,8	56
	Versenk ∢ α	75°	75°	75°	75°	60°	60°	60°	45°	45°

Die Zugbeanspruchung im geschlagenen Niet ist etwa

1400 kg/cm² bei Handnietung und

1600 kg/cm² bei Maschinennietung.

Bei einem Reibungskoeffizienten von im Mittel 0,4 ist demnach der durch die Nietung zwischen den vernieteten Teilen hervorgerufene Reibungswiderstand etwa 600 kg pro cm² Nietquerschnitt. Bei der Nietberechnung im Schiffbau bleibt dieser Reibungswiderstand gewöhnlich unberücksichtigt, die Nieten werden fast ausschließlich auf Scherfestigkeit berechnet, wobei angenommen wird, daß sich die Scherkraft gleichmäßig über den Nietquerschnitt verteilt.

Zu beachten ist bei jeder Vernietung der Festigkeitsverlust in den durch die Nietung verbundenen Teilen. Der in Richtung der Nietreihe im Blech bleibende Querschnitt wird geschwächt

durch Stanzen des Nietloches um etwa . . . . 9 %
„ „ und Versenken des Nietloches um etwa . 4 %
„ Bohren des Nietloches um etwa 1,5%

Die Zerstörung einer Nietverbindung kann erfolgen

1. durch zu hohen Lochleibungsdruck,
2. „ „ hohe Beanspruchung des Nietes.
3. Durch Ausreißen oder Einreißen der vernieteten Platten.

Der Lochleibungsdruck l (kg/cm²) wird als Mittelwert berechnet nach der Formel

$$l = \frac{S}{\delta \cdot d},$$

wo S die Scherkraft im Nietquerschnitt, d der Nietdurchmesser und δ die Blechdicke ist.

Die höchste zulässige Lochleibungsbeanspruchung wird vielfach bis auf die doppelte zulässige Scherbeanspruchung im Niet festgesetzt. Hierfür ergibt sich bei einschnittiger Nietung als geringste Blechdicke δ_{min}:

Nietdurchmesser =	10	13	16	19	22	25 mm
δ_{min} . . . . . . =	4	5	6,5	7,5	8,5	10 mm

Die Berechnung der Vernietung.

Zugrunde gelegt werde das Kopfniet. Bei Verwendung von versenkten Nieten muß der Nietabstand und damit der Nietdurchmesser entsprechend vergrößert werden.

a) Die überlappte Vernietung.

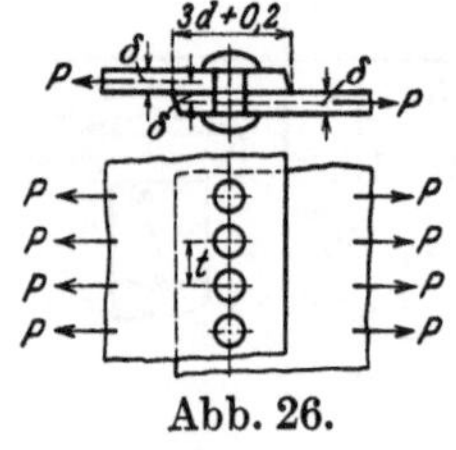

Abb. 26.

Abstand Niet vom Plattenrand: $(1{,}5\,d + 0{,}1)$ cm.

Mindestbreite der Überlappung bei einreihiger Nietung: $(3\,d + 0{,}2)$ cm (Abb. 26).

Abstand der Niete in der Nietreihe bei einreihiger Nietung:

geringster Abstand . . . . 3 d
öldichte Nietung . . . . $3^1/_2\,d$
wasserdichte Nietung . . . . 4 d

Bei Festigkeitsnietung wird als zulässige Scherbeanspruchung im Niet gewöhnlich $^4/_5$ der zulässigen Beanspruchung im Blechquerschnitt in der Nietreihe angenommen.

Für die Nietteilung überlappter Bleche ist der geringste Nietabstand gegeben durch die Bedingung, daß im geschwächten Blechquerschnitt noch eine fünffache Sicherheit gegen Bruch bestehen muß. Einreihige Nietung kommt nur in Frage, wenn die Beanspruchung im unvernieteten Teil sehr gering ist. Ist nämlich d der Nietdurchmesser, $t = n\,d$ der Nietabstand und δ die Blechdicke, so folgt:

Nietquerschnitt $\frac{\pi d^2}{4}$,

Blechquerschnitt zwischen den Nieten $\delta(t - d)$,

Mithin ist das Verhältnis

$$\text{Blechquerschnitt : Nietquerschnitt} = \delta(t - d) : \frac{\pi d^2}{4} .$$

Nach Bach kann für gewöhnliche Überlappungsnietung gesetzt werden

$$d = \sqrt{5\,\delta} - 0{,}4 \text{ (in cm)} .$$

Wird dieser Wert eingesetzt, so folgt

$$\frac{\text{Blechquerschnitt}}{\text{Nietquerschnitt}} = \frac{4\,\delta(n-1)}{\pi\left(\sqrt{5\,\delta} - 0{,}4\right)} = \frac{1}{\dfrac{\pi\left(\sqrt{5\,\delta} - 0{,}4\right)}{4\,\delta(n-1)}} .$$

Nachfolgende Tabelle gibt dieses Verhältnis für verschiedene Blechdicken und Nietabstände an.

δ cm	n	Blechquerschnitt : Nietquerschnitt	δ cm	n	Blechquerschnitt : Nietquerschnitt
0,8	3	1 : 0,78	1,2	3	1 : 0,67
	4	1 : 0,52		4	1 : 0,45
1,0	3	1 : 0,72	1,4	3	1 : 0,63
	4	1 : 0,48		4	1 : 0,42

Die einreihige überlappte Nietung wäre hiernach als Festigkeitsnietung nur anzuwenden, wenn die Scherbeanspruchung im Nietquerschnitt

$$\frac{5}{4} \cdot \frac{\text{Blechquerschnitt}}{\text{Nietquerschnitt}}$$

größer sein kann als die im Blech neben dem Niet wirkende Zugbeanspruchung. Hierbei ist angenommen, daß die im Blech und Niet zulässigen Höchstbeanspruchungen im Verhältnis 5 : 4 zueinander stehen.

Aber auch auf dieser Grundlage ist die Berechnung der überlappten Nietung zu günstig, denn die im Niet auftretende Biegungsbeanspruchung ist nicht berücksichtigt. Entsprechend Abb. 26 wirkt bei einreihiger Nietung das Moment $P \cdot \delta$ biegend auf den Nietbolzen und auf den Blechquerschnitt zwischen den Nieten.

Fraglich ist allerdings, auf welches einfache Belastungsschema sich diese Biegung zurückführen läßt.

Hinsichtlich des Nietbolzens gibt folgende Betrachtung einen Anhaltspunkt:

Liegt das Niet am Schaft nicht an — eine Annahme, die infolge der Kontraktion beim Erkalten begründet ist — und wird die Verbindung auf Zug belastet, so legen sich die Bleche entsprechend Abb. 27 gegen den Nietbolzen. Das Niet wird in bezug auf die Kante A gebogen mit dem Moment

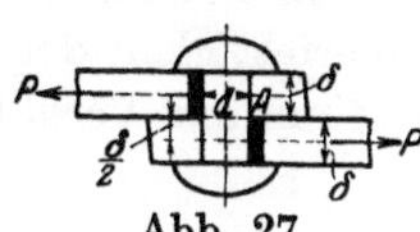
Abb. 27.

$\frac{P \cdot \delta}{2}$. Infolge seiner Köpfe ist das Niet eingespannt, und es entsteht das Belastungsschema entsprechend Abb. 28. Das größte Moment (Einspannmoment) ist

$$M = \frac{P \cdot \delta}{6}.$$

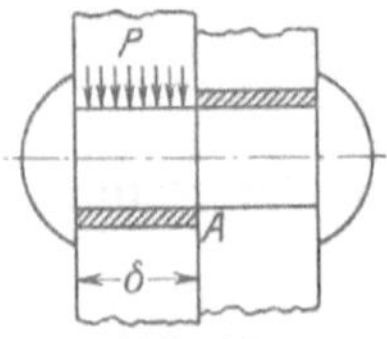

Abb. 28.

Die Beanspruchung im Nietschaft ist somit:

Scherbeanspruchung: $k_s = \frac{P}{\frac{\pi d^2}{4}}$,

Biegungsbeanspruchung: $k_b = \frac{P \cdot \delta}{6 \cdot \frac{\pi d^3}{32}}$

und die resultierende maximale Spannung wird

$$\sigma = 0{,}35\, k_b \pm 0{,}65 \sqrt{k_b^2 + 4\, k_s^2}.$$

Die Biegungsbeanspruchung im Blech zwischen den Nieten ist erheblich problematischer. Der Ansatz mit dem Biegungsmoment $P \cdot \delta$ und dem Widerstandsmoment $\frac{(t - d)\,\delta^2}{6}$ liefert außerordentlich hohe Beanspruchungen und ist zweifellos zu ungünstig, da ein Teil des Biegungsmomentes von den Nietköpfen aufgenommen wird. Die hierdurch in den Nietköpfen auftretende Beanspruchung ist die Ursache des Abspringens der Köpfe.

Weiter ist zu berücksichtigen, daß das Biegungsmoment im Blech entsprechend Abb. 29 nur voll zur Auswirkung kommen kann, wenn die Stöße sehr breit sind, da die Befestigungen der Platten an ihren Längsseiten die Drehung im Bereich der Überlappung zu verhindern suchen. Dieser Widerstand ist z. B. sehr wirksam bei gebauten I-Trägern von geringer Steghöhe.

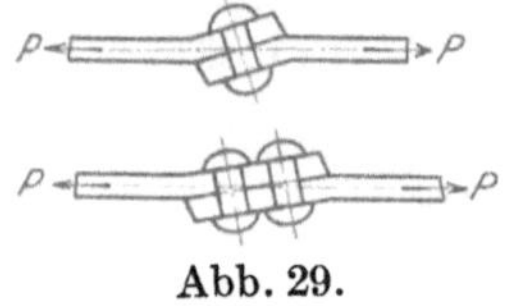

Abb. 29.

Ferner wird die Überlappung nur bei verhältnismäßig dünnen Platten verwendet, und bei diesen geht die Biegungsbeanspruchung mehr oder weniger in Zugbeanspruchung über (vgl. S. 38). Ein praktischer Ausweg ist es, die Plattenenden so zu knicken, daß die Platten von vornherein fluchten.

Es folgt somit, daß die Biegungsbeanspruchung in den Platten erst bedeutsam wird bei breiten Stößen und dicken Platten mit hoher Zugbeanspruchung. Für diese wird aber gewöhnlich Laschenvernietung vorgesehen.

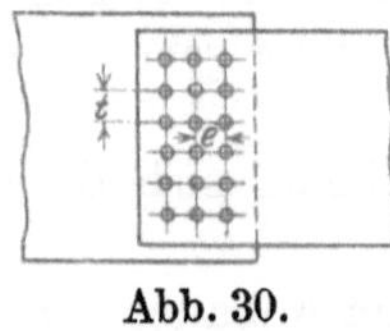

Abb. 30.

Die überlappte Vernietung ist demnach nur zu verwenden bei geringen Plattenbreiten, dünnen Platten und wenig belasteten Verbänden.

Bei der mehrreihigen überlappten Vernietung hängt die Zahl der Nietreihen von der geforderten Festigkeit der Verbindung ab.

Ohne Berücksichtigung der Biegung ergibt sich bei der Forderung, daß die Scherfestigkeit der Nieten dieselbe sein soll wie die Blechfestigkeit bzw. in einem bestimmten Verhältnis zu dieser stehen soll, entsprechend Abb. 30

$$\delta \cdot (t - d) \cdot k_z = m \frac{\pi d^2}{4} k_s,$$

wo m die Anzahl der Nietreihen angibt.

Wird gesetzt

$$k_s = \frac{4}{5} k_z,$$

so folgt

$$\delta(t - d) = \frac{m}{5} \cdot \pi d^2$$

oder

$$m = \frac{5\delta(n - 1)}{\pi \cdot d}.$$

Setzt man wie vorher

$$d = \sqrt{5\delta} - 0{,}4,$$

so folgt

$$m = \frac{5\delta(n - 1)}{\pi(\sqrt{5\delta} - 0{,}4)}.$$

Für $n = 3{,}5$ (öldichte) und $n = 4$ (wasserdichte Nietung) ergeben sich für m bei gegebener Blechdicke δ folgende Werte:

δ cm	0,8	1,0	1,2	1,4
$n = 3{,}5$	2	2,2	2,3	2,5
$n = 4$	2,4	2,9	2,9	3

Nach **Bach** vergrößert eine größere Reihenzahl Nieten die Festigkeit nicht im Verhältnis zur Reihenzahl. Für Zug ergeben sich folgende Verhältniszahlen:

1 Reihe 1
2 Reihen 2
3 „ 2,7
4 „ 3,5

Damit ergibt sich für die vorhergehende Rechnung bei einem gleichzeitigen Zuschlag für Biegung eine Reihenzahl $m = 3$ für $n = 3{,}5$ und $m = 4$ für $n = 4$.

b) Laschenvernietung.

Der Vorteil der Laschenvernietung gegenüber der Überlappungsvernietung besteht in der größeren Festigkeit, da die Nieten mit $\frac{P \cdot \delta}{12}$ etwa halb soviel zusätzliche Biegungsbeanspruchung erhalten wie bei der Überlappung. Bei der Bemessung der zulässigen Schubbeanspruchung kann daher entsprechend näher an die Gleitgrenze der Nieten (1100—1200 kg/cm²) bzw. bei nicht öl- oder wasserdichter Nietung noch höher gegangen werden.

Als Dicke jeder Lasche genügt theoretisch die halbe Dicke des Bleches. Man macht jedoch mit Rücksicht auf Schwächung durch Verstemmen und durch Abrosten einen kleinen Zuschlag und setzt etwa

$$\text{Laschendicke} = \frac{5}{8}\,\text{Blechdicke}.$$

Für die verschiedenen Ausführungen der Laschenvernietung ergeben sich folgende Daten:

Art der Vernietung	Laschendicke (s = Blechdicke)	Niet ⌀ cm	Geringste Nietteilung in der Nietreihe	Abstand der Nietreihen voneinander
Einreihig.	$0{,}6\,s$	$\sqrt{5s} - 0{,}5$	$3d$	—
Zweireihige Zickzacknietung	$0{,}65\,s$	$\sqrt{5s} - 0{,}6$	$4d$	$2 - 2{,}5d$
Zweireihige Kettennietung .	$0{,}65\,s$	$\sqrt{5s} - 0{,}6$	$3{,}5d$	$2 - 2{,}5d$
Dreireihige Kettennietung .	$0{,}7\,s$	$\sqrt{5s} - 0{,}7$	$3{,}5d$	$2 - 2{,}5d$

Für die Wahl der Vernietung und die Bemessung der Nietabstände ist im übrigen die Rechnung maßgebend.

Beispiel: Zwei Bleche von $\delta = 10$ mm Stärke sollen doppelt gelascht werden, und zwar soll die Vernietung die gleiche Festigkeit wie das Blech in der Nietreihe haben. Im ungeschwächten Blech herrscht eine Zugbeanspruchung von 1000 kg/cm², und das Verhältnis der zulässigen Scher- und Zugbeanspruchungen zueinander sei wie 4 : 5.

Wird Kettennietung gewählt, so muß der Nietquerschnitt einer horizontalen Nietreihe auf jeder Seite des Stoßes den Blechquerschnitt in der Nietreihe ersetzen. Also wird für die Nietteilung t und die Nietzahl m in einer horizontalen Reihe

$$k_z(t-d)\cdot\delta = \frac{4}{5}\cdot k_z\cdot m\cdot\frac{2\pi d^2}{4},$$

wo k_z die Zugspannung in dem durch die Nietung geschwächten Blech ist. Wird zunächst gesetzt

$$t = 4d,$$

so folgt

$$3d\cdot\delta = \frac{2}{5}\,m\pi d^2,$$

also

$$m = \frac{7{,}5\,\delta}{\pi\cdot d}.$$

Für $d = 1{,}9$ cm und $\delta = 1$ cm wird

$$m = 1{,}26.$$

Wählt man mit $m = 2$ zweireihige Kettennietung, so ergibt sich für die hinreichende Nietteilung

$$t = \frac{4}{5\cdot\delta}\cdot m\cdot\frac{2\pi d^2}{4} + d$$

oder

$$t = \left(\frac{4}{5}\cdot\frac{\pi\cdot d}{\delta} + 1\right)d = 5{,}8\,d.$$

Bei der angenommenen Zugspannung von 1000 kg/cm² im ungeschwächten Blech folgt alsdann in der Nietreihe für das Blech eine Zugspannung von $\frac{5{,}8}{4{,}8}\cdot 1000 = \backsim 1200$ kg/cm², und die Scherbeanspruchung in den Nieten wird

$$k_s = \frac{k_z\cdot(t-d)\cdot\delta}{m\cdot 2\cdot\frac{\pi d^2}{4}} = \backsim 960\ \text{kg/cm}^2.$$

Dieser Wert ist, wie gefordert, gleich $\frac{4}{5}$ der zwischen den Nieten im Blech herrschenden Zugspannung.

c) Biegungsbeanspruchte Nietverbindungen.

Wird die Nietverbindung auf Biegung beansprucht, wie beispielsweise die Stoßverbindung im Steg einer Kielkonstruktion, so erhalten die Nieten die sich aus der Biegung ergebenden Zug- und Druckkräfte, die auf Abscheren wirken und deren Größe sich wie folgt ergibt:

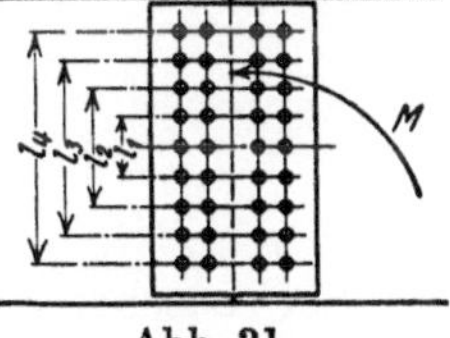

Abb. 31.

Nimmt man an, daß die Scherspannungen in den Nietquerschnitten wie die Biegungsbeanspruchungen im Träger mit dem Abstande l des Nietquerschnittes von der neutralen Achse des Balkens, die gewöhnlich auch Schwerachse des Nietbildes ist, anwachsen, so bilden die in den einzelnen Nietquerschnitten auftretenden Scherkräfte V in bezug auf diese Achse Momente, die mit dem wirkenden Biegungsmoment im Gleichgewicht stehen. Demnach folgt beispielsweise für das Nietbild der Abb. 31 bei doppelter Lasche

$$M = 2\{2V_1 l_1 + 2V_2 l_2 + 2V_3 l_3 + 2V_4 l_4\},$$

und da nach Annahme

$$\frac{V_1}{V_4} = \frac{l_1}{l_4} \quad \text{also} \quad V_1 = \frac{l_1}{l_4} V_4,$$

$$\frac{V_2}{V_4} = \frac{l_2}{l_4} \quad \text{also} \quad V_2 = \frac{l_2}{l_4} V_4 \quad \text{usw.},$$

so wird

$$M = 4\left(\frac{l_1^2}{l_4} + \frac{l_2^2}{l_4} + \frac{l_3^2}{l_4} + l_4\right) V_4$$

oder allgemein

$$M = \frac{4 V_{\max}}{l_{\max}} \cdot \sum l^2.$$

Da aber

$$V_{\max} = k_{s_{\max}} \cdot \frac{\pi d^2}{4},$$

folgt für die größte Scherbeanspruchung im äußersten Niet

$$k_{s_{\max}} = \frac{M \cdot l_{\max}}{\frac{4\pi d^2}{4} \cdot \sum l^2}.$$

Nun ist aber für die angenommene zweischnittige Vernietung

$$\frac{2 \cdot \sum \frac{2\pi d^2}{4} l^2}{l_{\max}} = \frac{J}{l_{\max}} = W$$

das Widerstandsmoment des Nietbildes. Es ist also wie bei der Biegung

$$k_{s_{\max}} = \frac{M}{W}.$$

Strenggenommen ist für W das polare Widerstandsmoment einzusetzen.

Ist die senkrechte Teilung t aller n Nieten der ersten Reihe gleich groß, so ist entsprechend Abb. 31 für:

$$\text{eine Nietreihe:}\quad \sum l^2 = t^2 \frac{n(n^2-1)}{6},$$

$$\text{zwei Nietreihen:}\quad \sum l^2 = t^2 \frac{n(2n^2-3n+1)}{6},$$

$$\text{drei Nietreihen:}\quad \sum l^2 = t^2 \frac{n^2(n-1)}{2}.$$

Bei Laschenverbindung ist nur das Nietbild auf einer Seite des Stoßes einschnittig in Rechnung zu stellen, bei Doppellaschen zweischnittig.

Konstruktionsdaten für Naht- und Stoßnietung ergeben sich aus Tab. 14:

Tabelle 14.

Plattendicke	Nietdurchmesser	Breite der Nähte in mm			Breite und Dicke der Laschen in mm					
		einfache	doppelte		Breite für doppelte		Dicke	Breite f. dreifache		Dicke
mm	mm	Nietung	Zickzacknietung	Kettennietung	Zickzacknietung	Kettennietung	der Laschen	Zickzacknietung	Kettennietung	der Laschen
3,5	10	35	55	60	120	130	4,0	—	190	4,0
4	10	35	55	60	120	145	4,5	—	205	4,5
4,5	10	40	70	75	120	145	5,0	—	205	6,0
5	10	40	70	75	150	155	6,0	—	205	6,0
5,5	13	45	75	80	165	170	7,0	—	245	7,0
6	13	45	75	80	165	170	7,5	—	245	7,5
6,5	13	45	75	80	180	185	8,0	—	270	8,0
7	13	50	80	85	180	185	8,5	—	270	8,5
7,5	16	55	90	95	195	205	9,0	270	300	9,0
8	16	55	90	95	195	205	9,0	270	300	9,0
8,5	16	55	90	95	210	220	9,5	300	330	9,5
9	16	—	90	95	195	205	9,5	300	330	9,5
9	19	65	—	—	—	—	—	—	—	—
9,5	19	65	100	115	220	245	10,5	325	360	10,5
10	19	65	100	115	220	245	11,5	325	360	11,0
10,5	19	65	100	115	220	245	11,5	325	360	11,5
11—12	19	65	100	115	220	245	12	325	360	12
12—13	22	70	110	130	240	265	12,5	360	400	12,5

2. Der gebaute Träger.

Das Merkmal des im Schiffbau verwendeten gebauten Trägers ist der hohe dünne Steg mit breiten dünnen Gurtungen (beispielsweise der Mittelkiel).

Es fragt sich zunächst, in welcher Breite diese Gurtungen wirksam sind, also bei der Berechnung des Widerstandsmomentes in Rechnung zu setzen sind, und wieweit in den dünnen Blechen Knickgefahr vorhanden ist. Eine allgemeine theoretische Lösung dieser Fragen liegt bisher nicht vor. Auf Grund von Versuchen über die wirksame Breite der Gurtungen hat sich eingebürgert, für diese die 40fache Dicke als Breite anzunehmen. Dieser Ansatz hat eine Berechtigung auch damit, daß das Widerstandsmoment solcher Träger nur wenig zunimmt, wenn die Plattenbreite größer als etwa 40fache Dicke angesetzt wird.

Ist der Trägerquerschnitt unsymmetrisch in bezug auf eine horizontale Achse, fällt das Widerstandsmoment für die Flächeneinheit in dem Maße, als die Gurtung breiter wird, was besagt, daß die Materialausnutzung immer ungünstiger wird. Zahlenmäßig ergeben sich diese Verhältnisse aus folgender, für den Spantträger der Abb. 32 zusammengestellter Tab. 15.

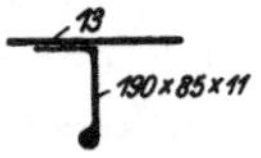

Abb. 32.

Tabelle 15.

Breite des Bleches	Fläche cm²	Trägheitsmoment cm⁴	Widerstandsmoment cm³	$\frac{W}{F}$
Kein Blech	33,7	1557	149	4,42
20 × Dicke	67,7	3023	202	3,00
30 × Dicke	84,4	3300	207	2,47
40 × Dicke	101,2	3502	212	2,10
50 × Dicke	118,2	3644	214	1,81

Innerhalb der 40fachen Dicke als Breite besteht für die Gurtungen keinerlei Knickgefahr.

Die Knickgefahr im Steg hängt zusammen mit der Schubbeanspruchung in Richtung der Längsfasern des Trägers. Diese Schubbeanspruchung ist allgemein gegeben durch die Gleichung

$$k_s = \frac{V \cdot S}{J \cdot b}.$$

V ist die Scherkraft in dem Querschnitt, der zu der betrachteten Stelle einer Längsfaser gehört, J das Trägheitsmoment dieses Querschnittes in bezug auf die neutrale Achse und S das statische Moment des durch die betrachtete Faser (Breite b) angeschlossenen äußeren Teiles des Querschnittes, bezogen auf die neutrale Achse.

Ist keine Versteifung des Steges vorhanden, so wird sich bei der Knickung eine Wellenbildung entsprechend Abb. 33 einstellen. Die Wellen verlaufen unter 45° zur neutralen Faser, die Entfernung von Welle zu Welle wird daher $w = \frac{h}{\sqrt{2}}$ [1]). Dies ist die Knicklänge eines Streifens zwischen den Wellen von 1 cm Breite. Die Knickkraft für diesen Streifen ist die unter 45° verlaufende ideale Hauptspannung. Diese wird für die neutrale Faser ($\sigma = 0$) nach Gleichung

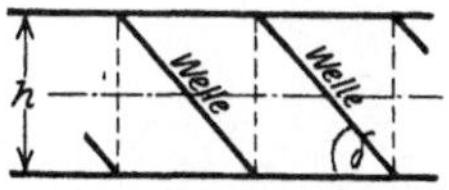

Abb. 33.

$$\sigma_i = 0{,}35\,\sigma + 0{,}65\,\sqrt{4\tau^2 + \sigma^2},$$

$$\sigma_{i_{\max}} = 0{,}65 \cdot 2\tau = 1{,}3\,\tau_{\max}$$

und da

$$\tau_{\max} = \frac{V \cdot S}{s \cdot J} \quad \text{(s. Dicke des Bleches) ist,}$$

folgt für die Knickkraft

$$s \cdot \tau_{\max} = \frac{1{,}3 \cdot V \cdot S}{J}.$$

[1]) Stieghorst: Schiffbau IV, S. 263.

Diese wirkt auf den Blechstreifen von 1 cm Breite und $w = \frac{h}{\sqrt{2}}$ Knicklänge. Wird dieser Stab als zwischen den Wellen frei gelagert betrachtet, so folgt nach der entsprechenden Eulerschen Knickformel für die Sicherheit $\mathfrak{S}$ die Knicklast

$$1{,}3 \cdot \frac{V \cdot S}{J} \cdot \mathfrak{S} = \frac{\pi^2}{4} \cdot \frac{E \cdot i}{\frac{h^2}{2}}.$$

Also wird das für die Breite 1 erforderliche Trägheitsmoment

$$i = \frac{2{,}6 \cdot V \cdot S \cdot h^2 \cdot \mathfrak{S}}{\pi^2 \cdot E \cdot J}.$$

Für die Wellenbreite $h \cdot \sqrt{2}$ und 5fache Sicherheit ergibt sich somit als notwendiges Trägheitsmoment J_w

$$J_w = \frac{1{,}84\, h^3 \cdot V \cdot S}{E \cdot J}.$$

Die — allerdings auf der sicheren Seite liegende — Betrachtung zeigt, daß Versteifungswinkel zur Verhinderung des Einknickens des Steges am zweckmäßigsten unter 45° geneigt angeordnet werden. Ihre Abmessungen sind bestimmt durch die vorhergehende Gleichung, wobei zu berücksichtigen ist, daß das wirksame Trägheitsmoment von Versteifung und Platte gebildet wird.

Der G. L. schreibt zur Versteifung von wasserdichten Bodenwrangen einen Abstand der vertikalen Versteifungsprofile gleich der Höhe der Bodenwrangen vor. Für diesen Abstand kann sich nach den gemachten Annahmen — wobei die Randeinspannung der Platte nicht berücksichtigt wird, der Grad der Sicherheit also gering genommen werden kann — die Welle ausbilden.

Das vorher abgeleitete Trägheitsmoment gilt dann nur für die Platten, deren Dicke bestimmt ist durch die Gleichung

$$s = 1{,}47 \sqrt[3]{\frac{V \cdot S \cdot h^2}{E \cdot J}}$$

($\mathfrak{S}$ wegen der Randeinspannung = 1 gesetzt).

Beispiel: Ein Frachtdampfer von etwa 6 m Tiefgang hat eine Spantentfernung von 620 mm und im Doppelboden einen Seitenlängsträger, der vom Mittelkiel einen Abstand von 2700 mm hat. Die Doppelbodenhöhe ist 900 mm. Wie müssen die wasserdichten Bodenwrangen gegen Knickung gesichert werden?

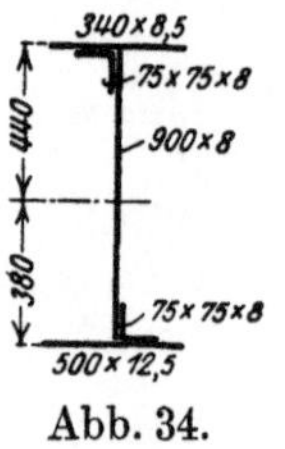

Abb. 34.

Der Querschnitt der Bodenwrange zwischen Mittelkiel und Seitenträger ist in Abb. 34 dargestellt.

Sein Trägheitsmoment ist $J = 274\,000$ cm^4 und das statische Moment des Teiles oberhalb der neutralen Achse bezogen auf diese Achse $S = 2400$ cm^3. Wird als Belastung dieses zwischen Mittelkiel und Seitenträger als eingespannt betrachteten Teiles der Bodenwrange nur der Wasserdruck auf den Schiffsboden angenommen, so gibt das zu diesem Teil der Bodenwrange gehörende Feld des Schiffsbodens einen Gesamtdruck von

$$P = 62 \cdot 270 \cdot 0{,}6 = \infty\ 10\,000 \text{ kg}.$$

Die größte Scherkraft wird also im Bereich jedes Auflagers $V_{max} = 5000$ kg.

Damit ergibt sich für die Dicke der Platte

$$S = 1{,}47 \sqrt[3]{\frac{5000 \cdot 2400 \cdot 90^2 \cdot 5}{2150000 \cdot 274000}} = 0{,}8\,\text{cm}.$$

Nach den Vorschriften des G. L. sind solche wasserdichten Bodenwrangen in Abständen von 900 mm zu versteifen. Für den vorliegenden Fall ist auch die mit 8 mm errechnete Dicke vorgeschrieben.

Zu beachten ist, daß in Verbindung mit der Knickung infolge exzentrischer Belastung Biegung auftreten kann, wodurch die Knickgefahr vergrößert wird. Ein solcher Fall tritt beispielsweise auf, wenn die wasserdichte Bodenwrange einseitig durch Doppelbodenfüllung belastet wird und der Ladungsdruck durch die Doppelbodendecke exzentrisch auf den unsymmetrischen Querschnitt des von der Bodenwrange gebildeten Trägers übertragen wird.

Abb. 35.

Mit Rücksicht auf diese Biegung werden die Versteifungswinkel senkrecht angeordnet. Die Enden des abstehenden Flansches können stark abgeschrägt werden. Das äußerste Niet des vernieteten Flansches muß so dicht wie möglich an die Gurtungen des Trägers herangeführt werden. Ist nur ein Gurtwinkel vorhanden, so wird dieses Niet zweckmäßig durch den Gurtwinkel gezogen (vgl. Abb. 35). Nietabstand zwischen Versteifungswinkel und Platte: etwa $4-5\,d$.

Die Vernietung des gebauten Trägers.

Für die Vernietung der einzelnen Teile des gebauten Trägers miteinander ist die Schubkraft in der Längsrichtung maßgebend.

Für die Einheit der Länge wird diese Schubkraft $b \cdot \tau = \frac{V \cdot S}{J}$.

Wie vorher bezeichnet hierin:

J das Trägheitsmoment des Trägerquerschnittes in cm⁴,

S das statische Moment des äußeren, durch die betrachtete Längsfaser angeschlossenen Teiles des Querschnittes, bezogen auf die neutrale Achse des Querschnittes,

V die in dem betrachteten Querschnitte wirkende vertikale Scherkraft,

b die Breite der betrachteten Längsfaser.

Ist der Abstand der Niete (beispielsweise in den Gurtwinkeln) $n \cdot d$, so ist die Kraft, welche den Nietquerschnitt belastet, $n \cdot d \cdot b \cdot \tau$. Mithin folgt für beispielsweise zweischnittige Nietung

$$n \cdot d \cdot b \cdot \tau = 2 \cdot \frac{\pi d^2}{4} \cdot k_s$$

oder

$$k_s = \frac{n \cdot d \cdot V \cdot S}{2 \cdot \frac{\pi d^2}{4} \cdot J}.$$

Ist der Nietdurchmesser d und die zulässige Schubbeanspruchung der Nieten gegeben, so folgt der größte zulässige Nietabstand zu

$$n = \frac{2 \cdot \frac{\pi d^2}{4} k_s \cdot J}{d \cdot V \cdot S}.$$

Tabelle 16.

Querschnitte, Trägheitsmomente und Widerstandsmomente symmetrisch gebauter Träger.

Breite der Gurtungen gleich vierzigfacher Dicke.

Steghöhe cm	Stegdicke cm	Gurtungswinkel	Gurtblech cm	Querschnitt cm²	Trägheitsmoment cm⁴	Widerstandsmoment cm³	Stegdicke cm	Gurtungswinkel	Gurtblech cm	Querschnitt cm²	Trägheitsmoment cm⁴	Widerstandsmoment cm³	Stegdicke cm	Gurtungswinkel	Gurtblech cm	Querschnitt cm²	Trägheitsmoment cm⁴	Widerstandsmoment cm³
30	0,6	65 · 8	0,7	96,6	17500	1115	0,7	65 · 8	0,8	111,60	20600	1303	0,8	65 · 8	0,9	128,2	24200	1520
35	0,6	65 · 8	0,8	111,6	28300	1547	0,7	65 · 8	0,9	128,70	33000	1792	0,8	65 · 8	1,0	147,4	38500	2080
40	0,7	65 · 8	0,8	118,6	38100	1860	0,8	65 · 8	0,9	136,20	44500	2130	0,9	70 · 9	1,0	163,5	54100	2575
45	0,7	65 · 8	0,8	122,1	49000	2100	0,8	70 · 9	0,9	148,30	60200	2570	0,9	70 · 9	1,0	168,0	69960	2980
50	0,8	70 · 9	0,8	138,7	66460	2570	0,9	70 · 9	0,9	157,30	76460	2950	1,0	70 · 9	1,0	177,5	87550	3368
55	0,8	70 · 9	0,9	156,3	92500	3260	0,9	70 · 9	1,0	177,00	106200	3730	1,0	70 · 9	1,1	199,3	122160	4276
60	0,8	70 · 9	0,9	160,3	111650	3620	0,9	70 · 9	1,0	181,50	128050	4140	1,0	70 · 9	1,1	204,3	145450	4680
65	0,8	70 · 9	0,9	164,3	132830	3980	0,9	70 · 10	1,0	190,80	156030	4660	1,0	70 · 10	1,1	214,1	177000	5270
70	0,9	70 · 10	1	195,3	183400	5100	1,0	70 · 10	1,1	219,10	207800	5750	1,1	70 · 10	1,2	244,5	234300	6480
75	0,9	70 · 10	1	199,8	213000	5540	1,0	10 · 10	1,1	224,10	241000	6250	1,1	70 · 10	1,2	250,0	272000	7035
80	1,0	70 · 10	1	212,3	249200	6080	1,1	70 · 10	1,1	237,10	281300	6845	1,2	70 · 11	1,2	268,3	323500	7855
85	1,0	75 · 10	1,1	238,2	321100	7370	1,1	75 · 10	1,2	265,1	357100	8180	1,2	75 · 11	1,3	298,6	413700	9460
90	1,0	80 · 10	1,1	247,3	372300	8080	1,1	80 · 10	1,2	274,7	417000	9040	1,2	80 · 11	1,3	309,2	475100	10260
95	1,0	90 · 10	1,2	278,7	476500	9800	1,1	90 · 11	1,3	314,6	543100	11130	1,2	90 · 12	1,4	352,0	614300	12570
100	1,0	90 · 10	1,2	283,7	532900	10400	1,1	90 · 11	1,3	320,1	605200	11800	1,2	90 · 12	1,4	356,4	677600	13180

Die Gleichungen ermöglichen auch die Entscheidung bei der häufig vorkommenden Frage, ob eine Gurtung mit einem oder zwei Winkeln an den Steg angeschlossen werden muß.

Beispiel: Für einen Eindeckdampfer von 14,2 m Breite und 6,95 m Seitenhöhe ist die Vernietung Spant und Außenhaut nachzurechnen.

Nach den Vorschriften des G. L. ist bei 610 mm Spantentfernung ein Spantprofil [230 · 90 · 12 vorzusehen. Die Dicke der Außenhaut oberhalb der Kimm ist 13,5 mm, womit für die Vernietung Spant—Außenhaut ein Nietdurchmesser von 22 mm gegeben ist. Nach den Vorschriften des G. L. darf der Nietabstand nicht größer als $7\,d$ sein.

Der in Frage kommende Spantträger ist in Abb. 36 dargestellt. Das Trägheitsmoment ist $J = 6390\ \text{cm}^4$, das statische Moment des Gurtstreifens in bezug auf die neutrale Achse $S = 307\ \text{cm}^3$. Wird als Belastung dieses Profils ein bis Hauptdeck reichender statischer Wasserdruck angenommen, so folgt entsprechend Abb. 37 als Belastung

$$P = 540 \cdot 61 \cdot \frac{0{,}54}{2} = 8900\ \text{kg}\,.$$

Abb. 36.

Unter der Annahme, daß das Spantprofil an beiden Enden eingespannt ist, folgt für die Scherkraft oberhalb der Kimmstützplatte

$$V = \frac{7}{10}\,P = 6230\ \text{kg}\,.$$

Für den Nietabstand $7\,d$ folgt alsdann die Schubbeanspruchung der Nieten an der betrachteten Stelle zu

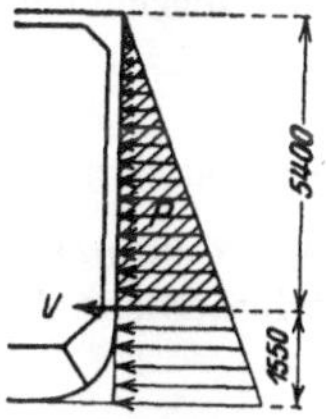

$$k_s = \frac{7 \cdot 2{,}2 \cdot 6230 \cdot 307}{3{,}8 \cdot 6390} \backsim 1240\ \text{kg/cm}^2\,.$$

Abb. 37.

Die Rechnung zeigt zahlenmäßig, daß, wie der G. L. vorschreibt, die Nietentfernung $7\,d$ als obere Grenze zu betrachten ist, denn bei $k_s = \backsim 1200\ \text{kg/cm}^2$ fangen die Nieten an zu gleiten.

Ähnliche Rechnungen sind erforderlich zur Bestimmung des Nietanschlusses zwischen Stringer und Außenhaut oder Horizontalversteifungen mit dem Schottblech.

Die Stoßvernietung.

Die wichtigste Stoßvernietung ist die des Steges des gebogenen Trägers. Maßgebend für die Vernietung ist das in der Stoßebene wirkende Biegungsmoment. Ist die zulässige Biegungsbeanspruchung k_b und das Widerstandsmoment des Stegquerschnittes $W_s = \frac{b\,h^2}{6}$, so hat dieser vom gesamten Biegungsmoment den Anteil

$$M_s = W_s \cdot k_b$$

aufzunehmen. An Stelle des Querschnittes muß die Stoßvernietung dieses Moment aufnehmen. Die erforderliche Scherfläche der Nietung ergibt sich nach der Gleichung

$$F_s = \frac{k_b}{k_s} \cdot F\,,$$

wo F_s der Querschnitt der Vernietung und F der Querschnitt des Steges ist. Durch diese Gleichung ist die Anzahl der erforderlichen Nietquerschnitte in erster Annäherung bestimmt. Die durch das Biegemoment in den äußersten Nieten hervorgerufene maximale Scherbeanspruchung ist gegeben durch die

Gleichung
$$V_{\max} = z \cdot \frac{\pi d^2}{4} \cdot k_{s_{\max}} = M_s \cdot \frac{l_{\max}}{\sum l^2},$$
wo l die Abstände der symmetrisch zur neutralen Achse liegenden Nietquerschnitte bedeuten (vgl. S. 47) und z die Anzahl Nietquerschnitte in der äußersten horizontalen Reihe angibt.

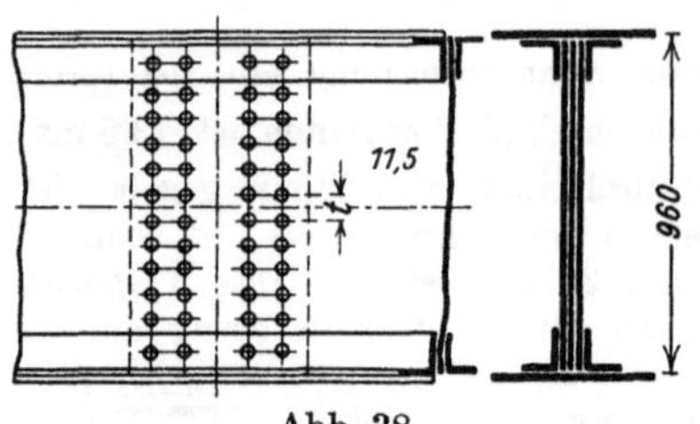

Abb. 38.

Beispiel: Der Stoß des Mittelträgers eines Dampfers von $L(B + H) = 2100$ ist zu berechnen.

Nach den Vorschriften des G. L. ergeben sich die Konstruktionsdaten für den Mittelträger entsprechend Abb. 38.

Das Widerstandsmoment des ungelaschten Steges ist
$$W_s = \frac{1{,}15 \cdot 96^2}{6} = 1766 \text{ cm}^3.$$
Für eine zulässige Biegungsbeanspruchung im Kiel von etwa 1000 kg/cm² — gegebenenfalls ist der Wert dieser Spannung der Längsfestigkeitsrechnung zu entnehmen — wird das Biegemoment, welches der Steg aufnehmen kann,
$$M_s = 1000 \cdot 1766 = 1\,766\,000 \text{ cmkg}.$$
Für das Verhältnis $\frac{k_s}{k_b} = \frac{4}{5}$ wird der erforderliche Nietquerschnitt $F_s = \frac{5}{4} \cdot 1{,}15 \cdot 96 = 138 \text{ cm}^2$. Als Nietdurchmesser kommen 19 mm in Betracht. Für doppelte Laschung wird somit die erforderliche Anzahl Nieten nach
$$2n \cdot \frac{\pi d^2}{4} = F_s,$$
$$n = \frac{138}{2 \cdot 2{,}83} = 24.$$
Werden zwei Laschen in der ganzen Höhe des Mittelträgers angeordnet, also unter die Längswinkel geschoben, so ergibt ein vertikaler Nietabstand von etwa $4\,d = 7{,}6$ cm für eine vertikale Nietreihe $\frac{96}{7{,}6} = \sim 12$ Nieten. Eine zweifache Nietung der Doppellaschen liefert somit die erforderliche Nietzahl.

Für das damit gegebene Nietbild wird
$$\sum l^2 = \frac{n(n^2-1)}{6} \cdot t^2 = \frac{12(144-1)}{6} \cdot 7{,}6^2 = 16\,500 \text{ cm}^2.$$
Die äußersten Nieten haben von einander einen Abstand von etwa 88 cm. Folglich wird die in den äußersten Nietreihen wirkende Scherkraft
$$V_{\max} = 1\,766\,000 \cdot \frac{88}{16\,500} = 9410 \text{ kg}.$$
Da diese Kraft von 4 Nietquerschnitten aufgenommen wird, folgt für die größte in der Stoßvernietung auftretende Schubbeanspruchung
$$k_{s_{\max}} = \frac{9410}{4 \cdot 2{,}83} = \sim 830 \text{ kg/cm}^2.$$
Dazu kommt die Beanspruchung aus der Scherkraft, welche als gleichmäßig über alle Nietquerschnitte verteilt anzunehmen ist.

3. Unsymmetrie und Tragfähigkeit von Profilen.

Der Ersatz der [-Profile durch den Winkelbulb verursachte seinerzeit einen lebhaften Meinungsaustausch über den Einfluß der Unsymmetrie der Schiffbauprofile auf ihre Tragfähigkeit. Eine völlige Klärung dieser Frage ist bis heute noch nicht erfolgt. In theoretischer Behandlung des Problems wurde versucht, Zusatzspannungen abzuleiten und die angebliche Schwächung der Profile durch die Unsymmetrie zahlenmäßig mit Hilfe von „reduzierten Widerstandsmomenten", „reduzierten Flanschflächen" und dergleichen zu ermitteln. Praktische Versuche erstrebten eine Klarstellung des Verhältnisses zwischen rechnungsgemäßem und wirksamem Trägheits- bzw. Widerstandsmoment. Diese Versuche sind leider noch nicht in hinreichend umfassender Weise ausgeführt worden, um allgemein gültige Schlüsse ziehen zu können[1]).

Es kann jedoch gesagt werden, daß die derzeitige Annahme, die Unsymmetrie bedeute eine erhebliche Schwächung, nicht zutrifft. Dies gilt vor allem für die Verhältnisse im Schiffbau, wo das Bulbprofil — das wichtigste unsymmetrische Profil — fast ausschließlich in Verbindung mit einem Plattengurt verwendet wird. Infolge dieser Gurtung wird zum mindesten der vernietete Flansch des Bulbs vor Deformation gesichert. Soweit die Versuche ein Urteil zulassen, kann in den ungünstigsten Fällen eine Schwächung des Trägers bis höchstens 10% eintreten.

Trotz der Vorteile des Bulbwinkels gegenüber dem [-Profil kann das Bulbprofil in Verbindung mit dem Plattengurt noch nicht als vollkommener Träger bezeichnet werden, da die neutrale Achse zu dicht am Blech liegt. Jede stärkere symmetrische Ausbildung des freien Flansches führt theoretisch zu besserer Materialausnutzung, praktisch jedoch hinsichtlich der Vernietung mit Knieblechen oder Flanschen anderer Träger zu Schwierigkeiten. Für den Konstrukteur bleibt daher vorerst nichts übrig, als die Schwäche des Bulbprofils von Fall zu Fall konstruktiv, vor allem mit Hilfe von Gurtwinkeln, so gut wie möglich auszugleichen.

Nietflansch

Abb. 39.

Einen beachtenswerten Beitrag zur Lösung der Profilfrage im Schiffbau bedeutet der Vorschlag von Rheder[2]), ein Profil von dem in Abb. 39 angegebenen Querschnitt einzuführen. Allerdings stehen den Vorteilen bezüglich Materialausnutzung und Raumersparnis Nachteile gegenüber aus den Schwierigkeiten, das Profil mit den im Schiffbau üblichen Konstruktionsteilen zu verbinden. Diese Verbindungen können vielfach nur mit Hilfe zugbelasteter Nietungen erreicht werden. Dieser Nachteil nimmt dem Profil die Überlegenheit gegenüber dem aus Bulbwinkel und Gegenwinkel gebauten Profil. Für Schottversteifungen ohne Knieble che ist es dagegen brauchbar, zumal es durch bequeme Anbringung von Gurtblechen eine Ausbildung der Versteifung zum Träger gleicher Festigkeit ermöglicht (vgl. Abb. 40).

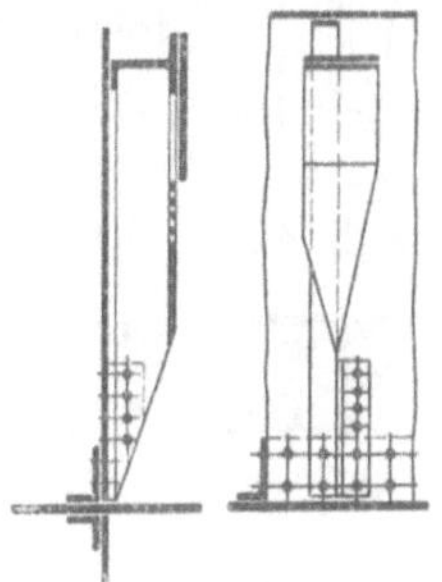

Abb. 40.

Eine Besonderheit der unsymmetrischen Profile besteht darin, daß bei der Durchbiegung des Profils die Druckseite Knickgefahr ausgesetzt werden kann. Erhält beispielsweise der freie Flansch des aus Bulbwinkel und Blech bestehenden Trägers Druckspannung, so kann er

[1]) Bach: Z. V. d. I. 1909, S. 1790; 1910, S. 382.

[2]) Dr.-Ing. M. Rheder: Über die Tragfähigkeit und zweckmäßige Ausgestaltung von Schiffbauprofilen. Jahrb. d. Schiffbaut. Ges. 1919.

umklappen (Abb. 41). Zur Berechnung der kritischen Länge gibt folgende Betrachtung einen ersten Anhalt.

Benutzt man nach Andrée[1]) die Arbeitsgleichung

Arbeit der Lasteinheit = Arbeit der Knickkraft,

Abb. 41.

also

$$\frac{1}{2} \cdot 1 \cdot f = P_k \cdot \frac{\pi^2 f^2}{4l},$$

so wird die Knicklänge

$$l = P_k \cdot \frac{\pi^2 \cdot f}{2}.$$

Die Durchbiegung des Bulbs unter Berücksichtigung des stützenden Einflusses durch den Steg kann angenähert wie folgt bestimmt werden:

Betrachtet man Bulb (Trägheitsmoment J) und Steg (Höhe h, Dicke δ) getrennt, so nimmt bei der Belastung des Bulbs in Mitte der Knicklänge l durch die Lasteinheit der Steg den Anteil P_1 und der Bulb den Anteil P_2 auf, wobei $P_1 + P_2 = 1$. Die Anteile sind bestimmt durch die gleichen Durchbiegungen.

Für den Steg wird die Durchbiegung unter der Last P_1 angenähert

$$f = \frac{P_1 \cdot h^3}{3 \cdot E \cdot \frac{\delta^3}{12}}$$

(Abb. 42). Tatsächlich wird die Durchbiegung geringer, die stützende Wirkung des Steges also größer sein. Rechnet man mit diesem Wert, wird das Ergebnis zu ungünstig, d. h. die wirkliche Knicklänge etwas größer[2]).

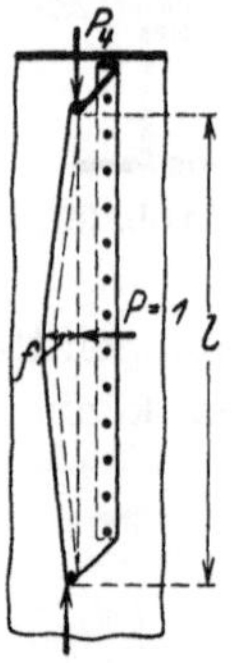

Für den Bulb wird

$$f = \frac{P_2 \cdot l^3}{E \cdot J\, 192}$$

(Abb. 43). Unter Berücksichtigung, daß

$$P_1 + P_2 = 1,$$

folgt alsdann

$$f = \frac{l^3}{192 E \cdot J \left(1 + \frac{l^3 \delta^3}{768 J \cdot h^3}\right)},$$

Abb. 42.

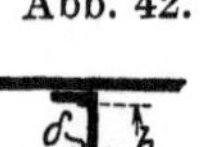

Abb. 43.

womit sich die Knicklänge ergibt zu

$$l^2 = \frac{4\pi^2 E \cdot J}{P_k}\left(1 + \frac{l^3 \cdot \delta^3}{768 J \cdot h^3}\right).$$

Die Gleichung gibt mit dem 2. Glied den Einfluß des Steges an.

Beispiel. Für das Bulbprofil 220 × 75 × 11 wird das Trägheitsmoment der Bulbfläche bezogen auf die Schwerachse senkrecht zum Nietflansch $J = \sim 7\ \text{cm}^4$. Ferner wird

[1]) Andrée: Die Statik des Eisenbaues S. 1.

[2]) Die genauere Rechnung müßte f ermitteln aus der Belastung der eingespannten Platte $2h \times l \times \delta$ durch $2 P_1$.

die Bulbfläche $f = \infty 9 \text{ cm}^2 + h = \infty 20$ cm. Für zweifache Sicherheit ergibt sich bei einer mittleren Druckbeanspruchung in der Bulbfläche von etwa $k_b = 2000 \text{ kg/cm}^2$ somit

$$l^2 = 34000\left(1 + \frac{l^3}{43000000}\right),$$

aus der folgt

$$l = \infty 210 \text{ cm}.$$

Vorstehende Ableitung gilt als Annäherung nur für Bulbwinkel. Für [-Eisen müßte der Rechnungsansatz die Spannungen berücksichtigen, die von Steg in den abstehenden Flansch übertragen werden und diesen mit dem Steg verwerfen wollen.

4. Erleichterungslöcher.

Die Forderung nach Gewichtsersparnis bzw. größtmöglicher Ausnutzung des eingebauten Materials wirft die Frage auf, wie weit in den verschiedenen hochstegigen Konstruktionsteilen Erleichterungslöcher vorgesehen werden können.

Die theoretische Behandlung der Frage, wie sich die Spannungen eines Trägers im Bereich eines Erleichterungsloches im Steg verändern, wird dadurch schwierig, daß die Querschnitte des Trägers im Bereich des Erleichterungsloches nicht in einer Ebene bleiben, da jeder Teil des Trägers oberhalb und unterhalb des Loches sich mehr oder weniger wie ein Einzelträger verhält. Je länger das Erleichterungsloch ist, um so mehr werden sich die beiden Einzelträger zu Druck- bzw. Zugstäben ausbilden, und da die Querschnitte an den Enden des Erleichterungsloches infolge der Biegung des ganzen Stabes gedreht sind, entstehen beim Übergang des vollwandigen Trägers in die beiden Einzelträger örtliche Druck- und Zugspannungen, welche für das gesamte Spannungsbild entscheidend sind. Das zeigen auch deutlich Versuchsergebnisse, bei denen die Bruchstellen durchweg in den Querschnitten an den Enden des Loches liegen[1]).

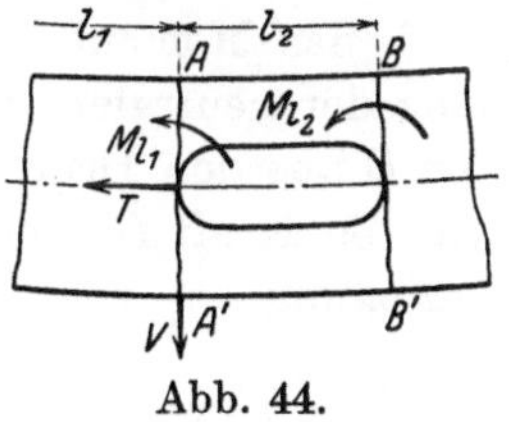

Die rechnerische Ermittelung der im Bereich des Erleichterungsloches zu erwartenden maximalen Spannung hat im Annäherungsverfahren Pfleiderer[1]) versucht. In Anlehnung an seine Entwicklung ergibt sich folgender Rechnungsgang:

Abb. 44.

In Abb. 44 sei $A A'$ der Querschnitt eines Trägers am Beginn eines Erleichterungsloches. Er habe von einem beliebigen Anfangspunkt der neutralen Achse den Abstand l_1. Wird der unter dem Einfluß irgendwelcher Kräfte stehende Träger in $A A'$ aufgeschnitten, so bleibt der Gleichgewichtszustand des rechten Teiles, wenn in dem Schnitt als äußere Kräfte angebracht werden:

1. die vertikale Schubkraft V,
2. das dort wirkende Biegemoment M_{l_1},
3. die statisch unbestimmte Schubkraft T, wirkend in Richtung der neutralen Faser.

M_{l_1} wirkt auf die beiden Einzelträger mit den Druck- bzw. Zugkräften D und Z $(D = Z)$. Die Druckkraft ergibt sich zu

$$D = \int \sigma \, d f,$$

[1]) Dr.-Ing. Pfleiderer: Z. V. d. I. Bd. 1, S. 348. 1910.

das Integral von der neutralen Faser bis zur äußersten Faser genommen. Da nach dem Hookeschen Gesetz

$$\frac{\sigma}{\sigma_{\max}} = \frac{y}{\frac{h}{2}},$$

wo h die Steghöhe ist, folgt

$$D = \frac{\sigma_{\max}}{\frac{h}{2}} \int y \cdot df = \frac{\sigma_{\max} \cdot S}{\frac{h}{2}},$$

wo S das statische Moment des über der neutralen Achse liegenden Querschnittteiles bezogen auf die neutrale Achse bedeutet.

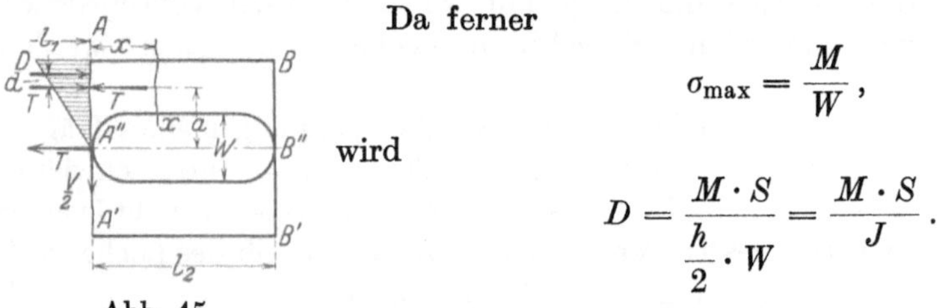

Abb. 45.

Da ferner

$$\sigma_{\max} = \frac{M}{W},$$

wird

$$D = \frac{M \cdot S}{\frac{h}{2} \cdot W} = \frac{M \cdot S}{J}.$$

Damit ergibt sich das in Abb. 45 dargestellte Belastungsschema. In einem beliebigen Schnitt $x-x$ im Bereich des oberen Einzelträgers sind alsdann wirksam

1. das Moment $+T \cdot a$;

2. das Moment $-\frac{V}{2} \cdot x$ (V verteilt sich gleichmäßig auf beide Einzelträger);

3. das Moment $+D \cdot d$, herrührend von der Differenz d zwischen der Richtung der neutralen Achse des Einzelträgers und der Richtung der Resultierenden D aus den Druckspannungen. d wird bestimmt mit Hilfe des Abstandes e, den die Kraft D von der neutralen Achse hat und der gegeben ist durch die Beziehung

$$D \cdot e = \frac{M_b \cdot J_1}{J}.$$

J_1 ist das Trägheitsmoment des über der neutralen Achse liegenden Querschnittteiles, bezogen auf diese, und J das axiale Trägheitsmoment des ganzen Querschnittes $A\,A'$;

4. die Druckkraft $D - T$.

Somit folgt für die elastische Linie des oberen Einzelstabes mit dem als konstant angenommenen Trägheitsmoment J'

$$E\,J' \frac{d^2 y}{d x^2} = M_x = -\frac{V}{2} x + T \cdot a + D \cdot d,$$

also

$$E \cdot J' \frac{d y}{d x} = -\frac{V x^2}{4} + T \cdot a \cdot x + D \cdot d \cdot x + C.$$

Infolge der Einspannung im Schnitt AA' muß für $x = 0$ $\frac{dy}{dx}$ die gleiche Größe wie für den ganzen Träger bei A'' haben. Für diese Stelle wird aber nach

$$E \cdot J \frac{d^2 y}{d x^2} = M_x$$

$$E \cdot J \left(\frac{dy}{dx}\right)_{x=l_1} = \int_{x=0}^{x=l_1} M_x \cdot dx = M'_{l_1}.$$

J ist das Trägheitsmoment des ganzen Trägerquerschnittes. Somit folgt

$$\frac{M'_{l_1}}{J} = \frac{1}{J'}\left(-\frac{V x^2}{4} + T \cdot a \cdot x + D \cdot d x + C\right)_{x=0} \quad \text{oder} \quad C = \frac{J' \cdot M'_{l_1}}{J}.$$

Damit ergibt sich für den Einzelträger

$$E J' \frac{dy}{dx} = -\frac{V x^2}{4} + T \cdot a \cdot x + D \cdot d \cdot x + \frac{J' M'_{l_1}}{J}.$$

In bezug auf die $\frac{dy}{dx}$-Werte gilt für den Schnitt $B B'$ die gleiche Bedingung. Somit wird für $x = l_2$

$$\frac{M'_{l_2}}{J} = \frac{1}{J'}\left(-\frac{V l_2^2}{4} + T \cdot a\, l_2 + D \cdot d\, l_2 + \frac{J' M'_{l_1}}{J}\right).$$

Mit dieser Gleichung ist T bestimmt und damit der Verlauf der Biegungsspannungen. Unter Berücksichtigung der zusätzlichen Normalspannungen ergibt sich alsdann die größte Anstrengung des Materials.

Pfleiderer erhält bei einem ähnlichen Gedankengang, aber vereinfachenden Annahmen, für das in dem Einzelträger wirksame größte Biegungsmoment den Ausdruck

$$M_{b_{\max}} = \pm \frac{V \cdot l_2}{4},$$

zu dem das im Anfangsquerschnitt wirkende Biegungsmoment im vollen Balkenquerschnitt hinzuzuzählen ist.

Vorstehende Entwicklung ist nur als eine Annäherung zu betrachten, vor allem, da im Bereich von l_2 das Trägheitsmoment des Einzelstabes J' als konstant angenommen ist.

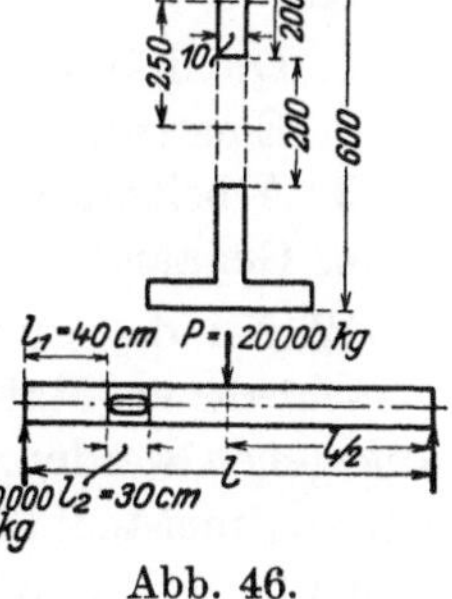

Abb. 46.

Beispiel. Gegeben ein Träger mit Belastung entsprechend Abb. 46. Es wird:

$h = 60$ cm,	$J_1 = 1610$ cm^1,	$l_1 = 40$ cm,	$W'_{\min} = 107$ cm^3,
$w = 20$ cm,	$a = 25$ cm,	$l_2 = 30$ cm,	$S' = 1120$ cm^3,
$J = 57\,400$ cm^4,	$l = 500$ cm	$W = 1910$ cm^3,	$f = 42{,}8$ cm^2
		(Querschnitt des Einzelträgers).	

Für den Querschnitt am linken Ende des Loches wird:

$V = -10\,000$ kg, $M'_{l_1} = -304\,000\,000$ kg/cm^2, $D = 7820$ kg, $d = 0{,}6$ cm,

für den Querschnitt am rechten Ende;

$V = -10\,000$ kg, $M'_{l_2} = -287\,500\,000$ kg/cm^2.

Diese Daten liefern die Gleichung

$$462\,500 = + \frac{10\,000 \cdot 30^2}{4} + 750\,T + 141\,000\,,$$

aus der folgt $T = -2570$ kg.

Das Biegungsmoment für einen Einzelträger im Bereich l_2 wird:

$$M_x = +5000 \cdot x - 59\,500\,.$$
$$M_{x=0} = -59\,500 \text{ cmkg}\,,$$
$$M_{x=30\text{ cm}} = 90\,500 \text{ cmkg}\,,$$

Damit ergibt sich:

$$k_b = 556 \text{ kg/cm}^2 \text{ (Druck)},$$
$$k_{b\max} = 845 \text{ kg/cm}^2 \text{ (Zug)}.$$

Die zusätzliche Druckspannung wird

$$k_d = \frac{D + T}{f} = \frac{10\,390}{42{,}8} = 242 \text{ kg/cm}^2\,.$$

Somit wird die größte Anstrengung im Schnitt $l_1 = 40$ cm

$$\sigma_{\max} = 556 + 242 = 800 \text{ kg/cm}^2\,.$$

Wäre kein Erleichterungsloch vorhanden, würde sich im gleichen Schnitt als größte Biegungsbeanspruchung ergeben

$$k_{b\max} = \frac{10\,000 \cdot 40}{1910} = 210 \text{ kg/cm}^2.$$

Die Spannungssteigerung infolge des Erleichterungsloches wäre also etwa 280%.

5. Die zulässige Beanspruchung.

Für die Bemessung der zulässigen Beanspruchung in einer Konstruktion, also der Sicherheit gegen Zusammenbruch, sind folgende Gesichtspunkte maßgebend:

1. Qualität des Materials,
2. Elastizitäts- und Festigkeitseigenschaften des Materials,
3. Arbeitsausführung,
4. Genauigkeit des Rechnungsansatzes (Vergleichsrechnung).

Wären die Punkte 3 und 4 nicht zu berücksichtigen, so könnten für die verschiedenen Materialien als zulässige Beanspruchungen feststehende Werte angegeben werden. Aber gerade im Schiffbau trifft diese Voraussetzung in den weitaus meisten Fällen nicht zu; das Maß der Sicherheit muß von Fall zu Fall überlegt werden.

Die Qualität des Materials wird sichergestellt durch die Materialvorschriften der Klassifikationsgesellschaften. Die von diesen vorgesehenen Prüfungen erstrecken sich ohne Gewähr für das gesamte verarbeitete Material nur auf Probestücke. Wieweit das Ergebnis dieser Teilprüfungen auf das gesamte gleichartige Material anzuwenden ist, ist letzten Endes eine Vertrauensfrage zwischen Werft und der das Material liefernden Firma.

Von den Festigkeitseigenschaften des Materials ist die Proportionalitätsgrenze von besonderer Bedeutung. Da diese beim Flußeisen zugleich die Grenze der Gültigkeit des Hookeschen Gesetzes ist, auf dem sich die Festigkeitslehre aufbaut, ist es zweckmäßig, den Sicherheitsgrad nicht auf die Bruchgrenze, sondern auf die Proportionalitätsgrenze, die sich auch hinreichend genau mit der Elastizitätsgrenze deckt, zu beziehen. Werte für diese sind in Tab. 17 zusammengestellt.

Tabelle 17.
Festigkeitszahlen der im Schiffbau verwendeten Materialien.

Material	Bruchgrenze in kg/cm²			Elastizitätsgrenze kg/cm²	Dehnung an der Bruchgrenze %	Elastizitätsmodul kg/cm²
	Zug	Druck	Schub			
Gußeisen	1200—3000	7500	800	—	—	800 000 bis 1 000 000
Schiffbaustahl . .	4400	4400	3300	2300	20—22	2 150 000
Nietstahl	4200	4200	3200	2100	21—24	2 150 000
Schmiedestücke .	4200	4200	3200	2300	20—22	2 150 000
Stahlguß	4000—4500	4000	3000	2100	15—18	2 150 000
Nickelstahl (2 bis $2^1/_2$%) .	5800—6000	5800	4300	4000	18—20	2 150 000
Messing (gegossen).	1500	—	1200	—	13	800 000
Kupfer	2100	2100	1500	500	35	1 000 000
Phosphorbronze .	5600	5600	4200	4000	25	1 000 000
Manganbronze . .	4900	4900	4100	2500	20	1 000 000
Pitchpine	650	560	—	—	—	1 400 000
Eiche	850	600	80	—	—	1 400 000

Der Einfluß der Arbeitsausführung auf die erforderliche rechnungsgemäße Sicherheit der Konstruktion läßt sich allgemein nicht festlegen. Der Konstrukteur muß sich einen Erfahrungsschatz darüber verschaffen, wie genau der Betrieb die Angaben seiner Zeichnung verwirklicht. Dabei ist die Nietung von besonderer Wichtigkeit. Für die Herbeiführung größtmöglicher Übereinstimmung zwischen Konstruktion und Ausführung ist die Arbeitszeichnung von grundsätzlicher Bedeutung. Die Zeichnung muß so umfassend und detailliert sein, daß sie dem Arbeiter jedes Maß und jede erforderliche Angabe übermittelt und ihm somit als ausschließliche Richtschnur dienen kann.

Die Genauigkeit des Rechnungsansatzes läßt sich zahlenmäßig nicht angeben. Falls die Rechnung sich nicht streng dem vorliegenden Belastungsfall anpaßt, also mit Annäherungen oder Koeffizienten arbeitet, muß der Konstrukteur mit Hilfe des Gefühls entscheiden. Dabei gilt es, durch kritisches, wenn auch nur qualitatives Erfassen aller Faktoren diese hinsichtlich ihres Einflusses auf die Sicherheit gegeneinander abzuwägen. Voraussetzung für die Schärfung dieses Gefühls ist die Kenntnis der Theorie und der vorliegenden Erfahrungswerte. Für den geschulten und sich ständig weiterbildenden Ingenieur gibt es daher in Festigkeitsfragen keinen Unterschied zwischen Theorie und Praxis. Auf klarer theoretischer Grundlage aufgebaute Versuche sind das beste Mittel, dieses Gefühl für Sicherheit auszubilden und zu unterstützen.

Die Rechnung selbst muß sich dem fortschrittlichsten Stand der Theorie anpassen. Besondere Rücksicht ist auf die Art der Belastung zu nehmen. Die gewöhnlichen Formeln der Festigkeitslehre gelten für statische Belastungen. Bei stoßweiser Belastung können die Beanspruchungen doppelt so hoch werden wie bei der ruhenden. Die Höhe der Beanspruchung richtet sich dabei nach der Plötzlichkeit der Belastung und nach dem Verhältnis der stoßenden Kraft oder Last zum Gewicht des getroffenen Trägers. Einen Anhalt für die Abhängigkeit dieser Größen voneinander gibt die Gleichung[1])

$$P_d = 4\,P_s \cdot \frac{P_s}{Q + 2\,P_s},$$

wo P_s das Gewicht der stoßenden Last und Q das des getroffenen Trägers bedeutet. P_d ist dann die dynamische Belastung, die als ruhende Last in die Rechnung eingesetzt werden muß. Die Gleichung gilt nur, wenn P_s und Q nicht zu sehr voneinander verschieden sind.

Ist die Belastung eine wechselnde, vornehmlich zwischen Zug und Druck schwankend, so ist der Fall der sogenannten Schwingungsfestigkeit gegeben. Diese ist geringer als die bei einmaliger statischer Festigkeit, da das Material, namentlich wenn die Beanspruchung periodisch zwischen größeren Grenzwerten wechselt, ermüdet[2]). Nach Versuchen von Bauschinger ist die erforderliche höhere Sicherheit gegenüber der ruhenden Belastung gegeben durch die Gleichung

$$\mathfrak{S}_d = \left(2 - \frac{\sigma_{max}}{\sigma_{min}}\right)\mathfrak{S}_s,$$

Darin bedeutet $\mathfrak{S}_s$ die Sicherheit gegen ruhende, $\mathfrak{S}_d$ diejenige gegen wechselnde Belastung und σ_{max} und σ_{min} die Grenzwerte der Spannungen, wobei die Druckspannung positiv und die Zugspannung negativ gerechnet wird. Schwankt die Beanspruchung beispielsweise zwischen gleichen Zug- und Druckwerten, so folgt

$$\mathfrak{S}_d = \left(2 - \frac{-\sigma}{+\sigma}\right)\mathfrak{S}_s = 3\,\mathfrak{S}_s.$$

Es ist also bei der Rechnung auf statischer Grundlage in diesem Falle mit der dreifachen statischen Sicherheit zu rechnen. Nach Föppl ergeben sich folgende Zahlenwerte:

Tabelle 18.

Material	Bruchfestigkeit gegen einmalige Zugbelastung kg/cm²	Tragfestigkeit kg/cm²	Schwingungsfestigkeit kg/cm²
Schweißeisen	3480	2000	1770
Flußeisen . .	4360	2400	1980
Thomasstahl	6120	3000	3000
Kesselblech .	4050	2400	1900

Unter Tragfestigkeit ist diejenige Festigkeit verstanden, die beim Wechsel des Spannungszustandes mit dem spannungslosen beliebig lange aufrechterhalten wird, und unter Schwingungsfestigkeit diejenige, die bei beliebig schnellem und anhaltendem Wechsel der Spannungen zwischen größtem Zug und größtem Druck, beide der Größe nach gleich, noch aufrechterhalten wird.

Ein charakteristisches Beispiel für den Fall der Schwingungsfestigkeit ist die Beanspruchung des Längsträgers des Schiffes im Seegang. Sie dürfte demgemäß nicht über 1800—1900 kg/cm² liegen, und es ist bemerkenswert, daß bei vielen

---

[1]) Föppl: Techn. Mechanik Bd. III.

[2]) Leon: Über die Ermüdung von Maschinenteilen. Z. V. d. I. 1912.

älteren großen Passagierdampfern mit rechnungsgemäß 1500=1600 kg/cm² ziemlich weit an diese Grenze herangegangen ist. Zu rechtfertigen sind diese hohen zulässigen Beanspruchungen nur mit den ungünstigen Annahmen bei der üblichen Längsfestigkeitsrechnung. Aufgabe der weiteren Forschung wird es sein, diese Rechnungsmethode den tatsächlichen Verhältnissen besser anzupassen und dann die erforderliche Sicherheit auf die vorher angegebene Grenze zu beziehen.

Allgemein lassen sich für die Konstruktionsrechnungen folgende Durchschnittswerte für die zulässige Beanspruchung angeben:

Tabelle 19.

	Zulässige Beanspruchung für Flußeisen in kg/cm²	
	Zug und Druck	Schub
Normal für vorübergehend statisch belastete Teile . . .	1200	900
Vorübergehend stoßbelastete Teile	800	600
Maschinenfundamente	600	450
Wasserdichte Schotte	2000	1200
Öldichte Schotte	1200	600

Bei Knickbelastung ist durchweg mit fünffacher Sicherheit zu rechnen.

III. Längsfestigkeit.

Die Grundlagen der Rechnung.

Die Kräfte, welche das Schiff in seiner Längsrichtung beanspruchen, sind Auftrieb und Gewicht. Da beide der Größe nach gleich sind und in entgegengesetztem Sinne wirken, kann eine Beanspruchung des Schiffskörpers nur hervorgerufen werden durch verschiedenartige Verteilung beider Kräfte über die Schiffslänge. Eine solche besteht schon beim Schiff im ruhigen Wasser, da dem Auftrieb an jeder Stelle in der Längsrichtung keineswegs eine gleich große Gewichtsbelastung entgegenwirkt. Die Schwimmfähigkeit des gesamten Fahrzeuges verlangt auch nur, daß die Resultierenden beider Kräftearten gleich groß und entgegengesetzt gerichtet sind und in derselben Vertikalen liegen.

Die größte Längsbeanspruchung des Schiffskörpers wird demnach eintreten, wenn diese Verschiedenartigkeit in der Gewichts- und Auftriebsverteilung am größten wird. Das ist der Fall, wenn sich der Auftrieb auf den mittleren Teil des Schiffes konzentriert und die Gewichte, welche das Schiffsgewicht ausmachen, stark nach den Schiffsenden verteilt sind, oder wenn umgekehrt bei Konzentration der Gewichte im Mittelschiff der Auftrieb an den Schiffsenden angreift. Beide Fälle werden verwirklicht, wenn das Mittelschiff auf einem Wellenberg schwimmt oder die Schiffsenden auf zwei Wellenbergen ruhen. Unter Einschluß der möglichen ungünstigsten Gewichtsverteilung werden diese beiden Fälle der üblichen Längsfestigkeitsrechnung zugrunde gelegt. Dabei wird das Schiff als im statischen Gleichgewicht befindlich betrachtet, also entweder ruhend in einem Wellenberg oder über einem Wellental. Die ungünstigste Verteilung des Auftriebes setzt eine Wellenlänge voraus, die gleich der Schiffslänge ist. Diese Annahme ist einwandfrei, da unter den vielen Wellen, über die sich das Schiff bewegt, sehr wohl solche von der Länge gleich der Schiffslänge auftreten können. Eine gleich einwandfreie Annahme läßt sich hinsichtlich der Wellenhöhe nicht machen.

Nach Beobachtungen und photographischen Aufnahmen ergibt sich für Wellenlängen von 60 bis 280 m zwischen der Wellenhöhe H und der Wellenlänge L, beide Werte in Metern gemessen, angenähert die Beziehung

$$H = \frac{1}{30}(L + 60)\,.$$

Damit wird das Verhältnis zwischen Wellenhöhe und Wellenlänge für die untere Grenze der Schiffs- bzw. Wellenlängen $\frac{1}{15}$, für die obere Grenze $\frac{1}{24}$, im Mittel also etwa $\frac{1}{20}$. Dieser Mittelwert, der gewöhnlich benutzt wird, ist also für Schiffe unter 140 m Länge zu günstig und für längere zu ungünstig.

Als Form der Welle hat sich bei Festigkeitsrechnungen die trochoidale eingebürgert. Entsprechend den Bezeichnungen der Abb. 47, aus der auch ihre Konstruktion hervorgeht, ist die Gleichung der Trochoide

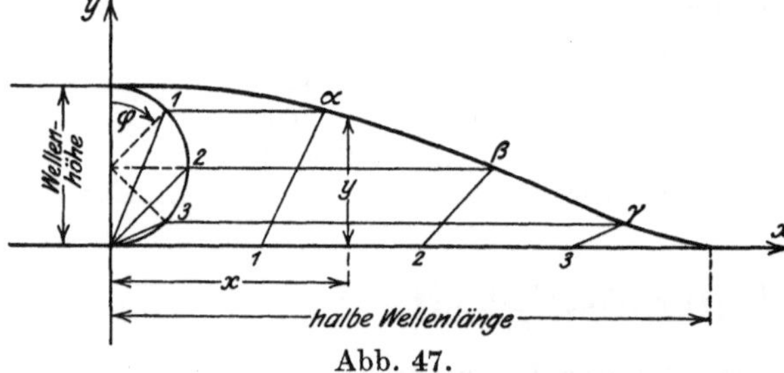

Abb. 47.

$$y = \frac{H}{2}(1 + \cos\varphi)\,,$$

$$x = \frac{L}{2\pi}\cdot\varphi - \frac{H}{2}\sin\varphi\,.$$

φ ist der Winkel, welcher vom Rollkreis durchlaufen wird.

Wird die halbe Wellenlänge in 10 gleiche Teile geteilt, so ergeben sich für die Ordinaten y die Werte $c\cdot H$, wo c sich nach folgender Tabelle ergibt:

Ordinate . .	0	1	2	3	4	5	6	7	8	9	10
Werte für c	0	0,018	0,068	0,157	0,280	0,424	0,579	0,725	0,872	0,964	1

Wie weit die trochoidale Form mit der tatsächlichen übereinstimmt, ist einwandfrei noch nicht festgestellt worden, da Messungen der Wellen sehr schwierig durchzuführen sind und die ungestörte Ausbildung der reinen Wellenform meist durch verschiedenartig gerichtete Wellenzüge verhindert wird.

An Stelle der Trochoide könnte daher mit gleicher Berechtigung eine Sinusfunktion angenommen werden, etwa

$$y = H\cdot\sin^{n}\left(\frac{\pi}{L}\cdot x\right) = H\cdot c\,.$$

Mit beispielsweise $n = 2{,}5$ ergeben sich alsdann für c folgende Werte:

Ordinate . .	0	1	2	3	4	5	6	7	8	9	10
Werte für c	0	0,010	0,052	0,138	0,265	0,420	0,579	0,749	0,881	0,970	1

Durch die Annahme der Wellenhöhe kommt in die Rechnung eine Unbestimmtheit, welche das Endergebnis — die Ermittlung der größten Biegungsbeanspruchung — erheblich beeinflußt. Die Rechnung wird mit den angenommenen Wellenhöhen zu ungünstig. Das Ergebnis ist daher nur als Vergleichszahl zu bewerten. Andererseits schadet die ungünstige Annahme der Wellenhöhe nicht, da sie eine Reserve in die Rechnung bringt, welche den Einfluß dynamischer Belastungen wenigstens in gewissem Umfange ausgleicht. Ein gewisser Wert ist daher dem üblichen statischen Berechnungsgang mit $H = \frac{L}{20}$ nicht abzuerkennen.

Berechnung des statischen Biegungsmomentes.

1. Graphische Methode.

Die Belastung p des Längsträgers für die Längeneinheit, etwa für 1 m oder 1 Spantentfernung, ergibt sich aus der Differenz von Auftrieb und Gewicht im Bereich dieser Längeneinheit

$$p = dA - dG\,.$$

Trägt man auf einer Basis gleich der Schiffslänge in der Mitte des zugehörigen Längenelementes p als Ordinate in einem passenden Maßstab auf, so ergeben die verschiedenen p-Werte eine Kurve, die an jeder Stelle die Belastung des Schiffsträgers pro Längeneinheit angibt. Da sich das Schiff im Gleichgewicht befinden soll, muß die Summe der p-Lasten für die ganze Schiffslänge gleich Null werden, d. h. die Teile der Belastungsfläche, die oberhalb der Basis liegen, also den Auftriebsüberschuß darstellen, müssen den Teilen unterhalb der Basis, die den Gewichtsüberschüssen entsprechen, inhaltsgleich sein. Analytisch ergibt sich dieses nach der Gleichung

$$\int_{x=0}^{x=L} p \cdot dx = \int_{x=0}^{x=L} dA \cdot dx - \int_{x=0}^{x=L} dG \cdot dx = A - G$$

und da

$$A = G$$

folgt

$$\int_{x=0}^{x=L} p\, dx = 0\,.$$

Die Scherkraft S_x in einem beliebigen Schnitt mit der Abszisse x, etwa von Spant O gerechnet, ist gleich der Summe aller links vom Schnitt angreifenden vertikalen Kräfte. Da diese gleich der Summe der p-Werte bis zu diesem Schnitt ist, folgt

$$S_x = \int_{x=0}^{x=x} p \cdot dx\,.$$

$p \cdot dx$ ist aber das Differential der Belastungsfläche und somit folgt, daß die Kurve der Scherkräfte die Integralkurve der Belastungsfläche ist.

Zwischen Scherkraft und Biegungsmoment besteht die Beziehung

$$\frac{d\,M_x}{dx} = S_x$$

oder

$$M_x = \int_{x=0}^{x=x} S_x\, dx,$$

und da

$$S_x = \int_{x=0}^{x=x} p \cdot dx,$$

folgt

$$M_x = \iint_{x=0}^{x=x} p \cdot dx \cdot dx ,$$

d. h. die Kurve der Biegungsmomente ist die zweite Integralkurve der Belastungsfläche.

Da der Verlauf der p-Werte analytisch nicht behandelbar ist, muß die Integration graphisch durchgeführt werden. Die Lagen der beiden Integralkurven sind durch die Grenzbedingungen gegeben, denn an den Enden muß sowohl S_x wie M_x gleich Null werden. Außerdem liegt das Maximum der Biegungsmomentenkurve an der Stelle, wo S_x Null wird.

Bei der Ausführung der Rechnung ist darauf zu achten, daß bei den Lagen des Schiffes in der Welle die gezeichnete Wellenkontur nicht nur die richtige Verdrängung abschneidet, sondern die Schwerpunkte von Gewicht und Verdrängung untereinander liegen[1]).

Die Kurve der Gewichte ist zwar überschläglich, aber doch so genau wie möglich zu berechnen. Man teilt das gesamte Schiffsgewicht in große Gruppen. Am schwierigsten gestaltet sich die Bestimmung des Gewichtes des Schiffskörpers. Ein einfaches und gutes Hilfsmittel ist dabei die Berechnung des Gewichtes für eine Spantentfernung, wobei die Querschotten und sonstige Einbauten gesondert berücksichtigt werden. Für normale Schiffe genügt auch die Annahme der trapezförmigen Verteilung des Gewichtes (vgl. Tab. 20, Seite 71).

Als Kontrolle für die Richtigkeit der gezeichneten Kurven der Belastung, der Scherkräfte und der Biegungsmomente dienen die Bedingungen:

$$G = A ,$$

$$\int_{x=0}^{x=L} S_x \, dx = 0$$

und

$$S_x = 0 \text{ für } M_x = \text{Maximum} .$$

Die Anlage einer solchen Rechnung ergibt sich aus Abb. 48.

Beispiel: Eine Schute von $L = 42$ m, $B = 7$ m, $T = 2$ m und $H = 2{,}6$ m, die angenähert als rechteckig betrachtet werden kann, ist mit einer homogenen Ladung belastet, die sich dreiecksartig mit der Spitzenlast in Mitte Schiff über die Schiffslänge erstreckt. Das Eigengewicht der Schute von 42 Tonnen sei als gleichmäßig über die Länge verteilt angenommen.

Gesucht ist das Biegungsmoment in Mitte Schiffslänge bei ruhigem Wasser.

Das Gewicht der Schute für 1 m Schiffslänge ist 1,0 t/m. Da für $T = 2$ m und $\gamma = 1{,}01$ die Verdrängung etwa 592 Tonnen wird, ergibt sich als Ladungsgewicht 550 Tonnen. Das Spitzengewicht der Ladung in Mitte Schiff wird somit auf 1 m Länge bezogen

$$2 \frac{P}{L} = 26{,}2 \text{ t/m}.$$

---

[1]) Schultz, Das Restmoment bei Längsfestigkeitsrechnungen. Schiffbau, XXI. Jahrgang, Heft 12.

Bestimmung des Längsbiegemomentes und der Längsbiegung.

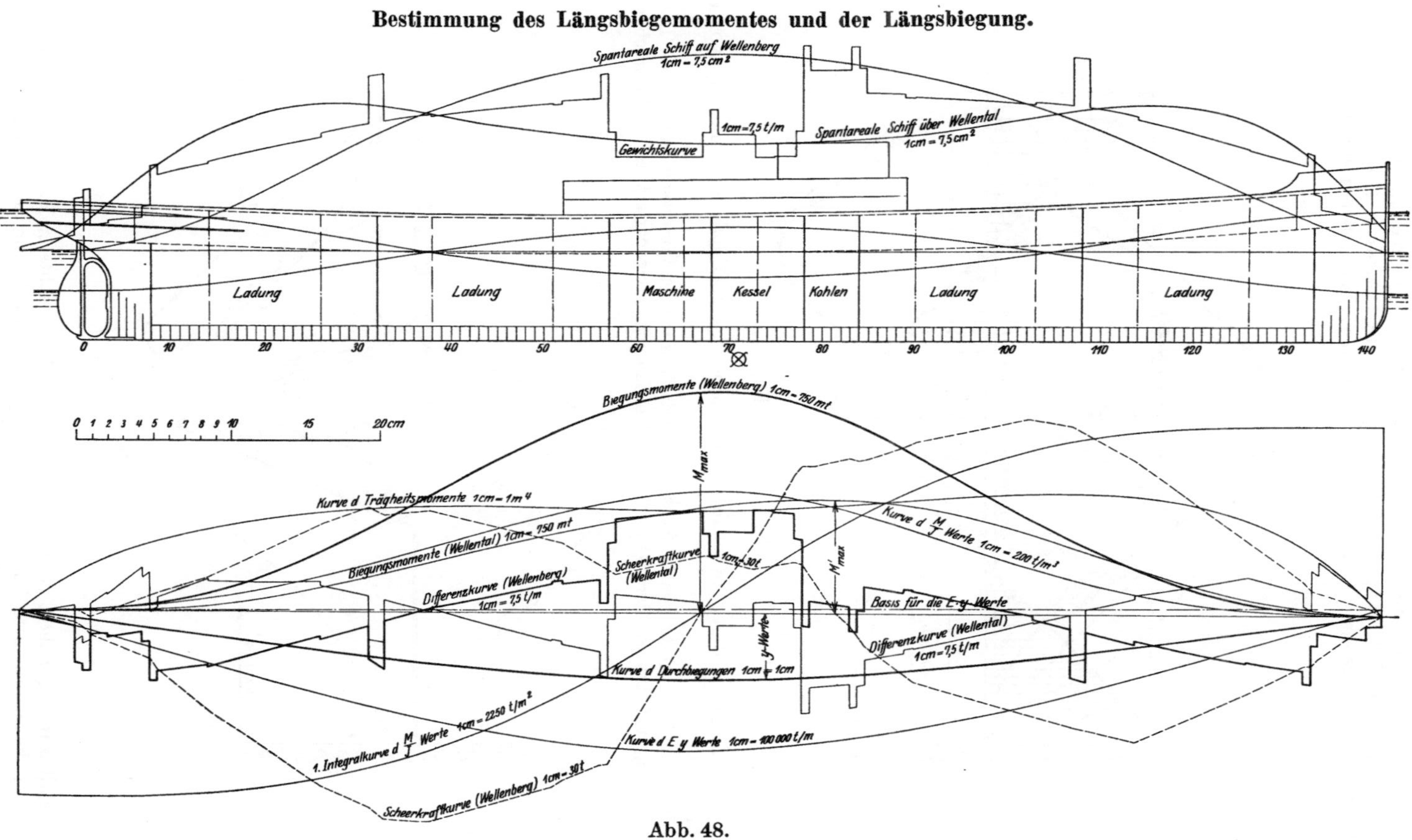

Abb. 48.

Damit ergibt sich ohne weiteres das Diagramm für die Verteilung des Ladungsgewichtes (vgl. Abb. 49). In dem gleichen Maßstabe wie dieses Diagramm (1 cm = 2,5 t/m) ist die — horizontal verlaufende — Auftriebskurve gezeichnet. Beide liefern mit ihren Differenzen

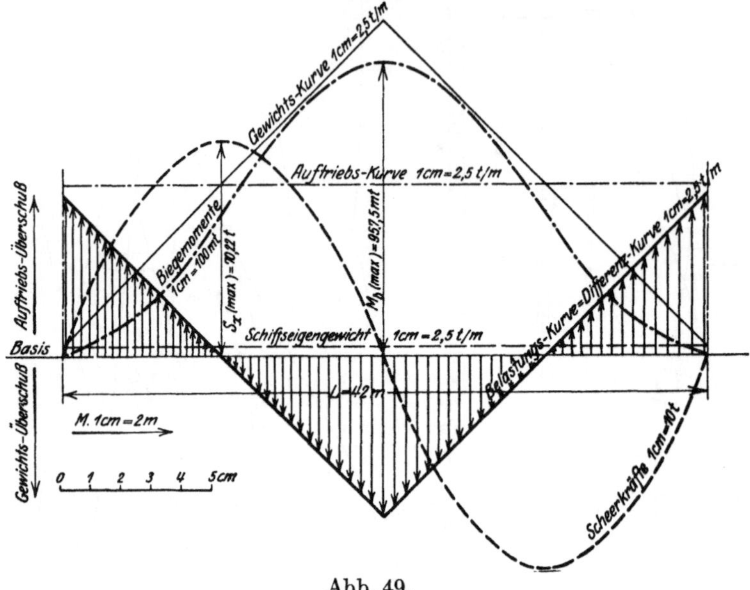

Abb. 49.

die Belastungskurve, deren zweimalige Integration das maximale Biegemoment von etwa 950 mt ergibt.

Abbildung 50 zeigt die gleiche Rechnung, jedoch unter der Voraussetzung, daß die Ladung dreiecksartig auf das mittlere Drittel der Schiffslänge konzentriert ist. Ein solcher Be-

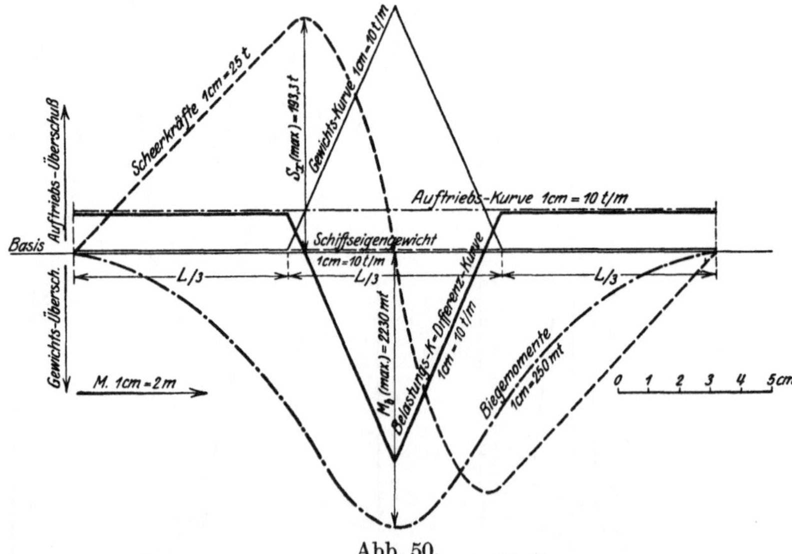

Abb. 50.

lastungsfall wird angenähert verwirklicht, wenn große Gewichte, z. B. Maschinenteile, Kessel o. dgl. auf die Schiffsmitte konzentriert werden. Die Rechnung zeigt, daß das Biegungsmoment mit der Konzentration der Last schnell ansteigt. Es wird im zweiten Falle mit etwa 2200 mt mehr als das Doppelte wie vorher.

2. Angenähertes Rechnungsverfahren[1]).

Für überschlägige Rechnungen, vor allem für den ersten Entwurf, genügt die Kenntnis des größten Biegungsmomentes. Wird dieses in Mitte Schiffslänge zwischen den Loten angenommen und wird die Lage des Schiffes auf dem Wellenberg als die ungünstigste betrachtet, so führt folgender Rechnungsgang zu brauchbaren Annäherungswerten:

Wird das Schiff als ein an den Enden auf zwei Stützen frei gelagerter Balken betrachtet, so ergibt sich das Biegungsmoment in Mitte der frei tragenden Länge als Summe der Biegungsmomente aus den Einzelbelastungen. Diese zerfallen in die beiden Gruppen der Auftriebs- und Gewichtskräfte. Jede dieser Kräfte erzeugt in Mitte Schiff ein Biegungsmoment, und durch sinngemäße Übereinanderlagerung dieser Einzelmomente ergibt sich das resultierende Biegungsmoment. Die bei dieser Auffassung angenommene Auflagerung des Schiffsträgers an den Enden entspricht nicht der Wirklichkeit. Eine Ungenauigkeit entsteht dadurch aber nicht, da sich die Auflagekräfte A' und A'' aus dem Auftrieb und die entgegengesetzt gerichteten G' und G'' aus den Gewichten aufheben, da zwischen dem Gesamtgewicht G und dem genannten Auftrieb A Gleichgewicht herrscht (vgl. Abb. 51).

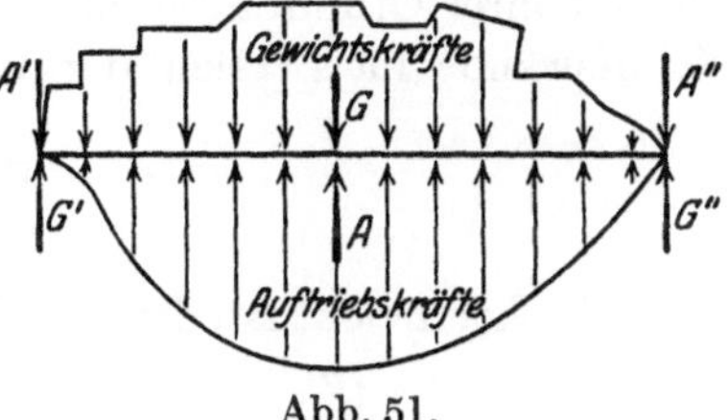

Abb. 51.

a) Die Bestimmung des Biegungsmomentes aus den Auftriebskräften.

Liegt das Schiff in statischem Gleichgewicht auf dem Wellenberg, so kann die Verdrängung zerlegt werden in den Teil D, der bei ruhigem Wasser die Verdrängung bildet, in die darübergelagerte Verdrängung W der Welle und in eine parallele Horizontalschicht entsprechend dem Welleninhalt W, um welche die Wellenkontur gesenkt werden muß. Bei dieser Zerlegung des Auftriebes in drei Einzelauftriebe wird an dem Gesamtauftrieb nichts geändert, denn

$$D + W - W = D\,.$$

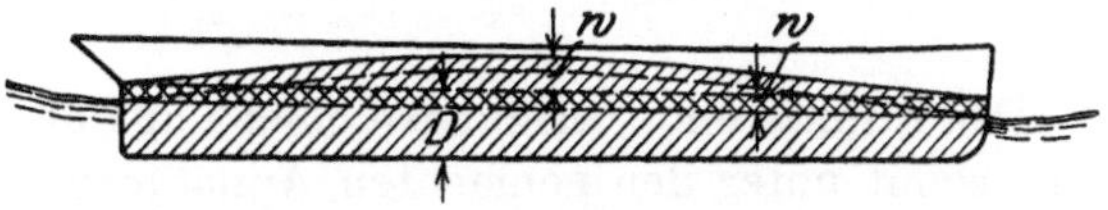

Abb. 52.

Jeder der drei Auftriebe kann für sich als Belastung des Schiffsträgers betrachtet werden. Die Summe der durch sie hervorgerufenen Biegungsmomente in Mitte Schiff ergibt unter Beachtung ihrer Vorzeichen das wirksame Moment der Auftriebskräfte (vgl. Abb. 52).

Für das Biegungsmoment aus der normalen Verdrängung D läßt sich ein einfacher Ausdruck entwickeln, wenn die Spantarealkurve als eine zur Mitte Schiff symmetrisch liegende Parabel $n$ten Grades betrachtet wird. Die Gleichung dieser Parabel lautet dann entsprechend Abb. 53

$$y = x\left[1 - \left(\frac{x}{\frac{L}{2}}\right)^{n}\right],$$

[1]) Schmidt: Schiffbau 1908/09.

wo

$$n = \frac{\delta}{\beta - \delta} = \frac{\varphi}{1 - \varphi} \quad \left(\varphi = \frac{\delta}{\beta}\right)$$

ist. Das Biegungsmoment aus einer solchen parabelförmigen Belastung wird für den frei gelagerten Träger auf zwei Stützen in Mitte der frei tragenden Länge L

$$M_{b_{\frac{L}{2}}} = \frac{D \cdot L}{8}\left[\frac{3 - 2\varphi}{2 - \varphi}\right]^{1)}.$$

Für eine Wellenhöhe gleich $\frac{1}{20}$ der Wellenlänge sowie einer parabelförmigen Gestalt ihrer Grundfläche, also der normalen Schwimmlinie, wird für senkrechte Schiffswände im Bereich der Welle der Welleninhalt

$$W = L \cdot B \cdot \frac{L}{20} \cdot v^{1)},$$

wo v ein Koeffizient ist, der von dem Völligkeitsgrad α der Schwimmlinie abhängt.

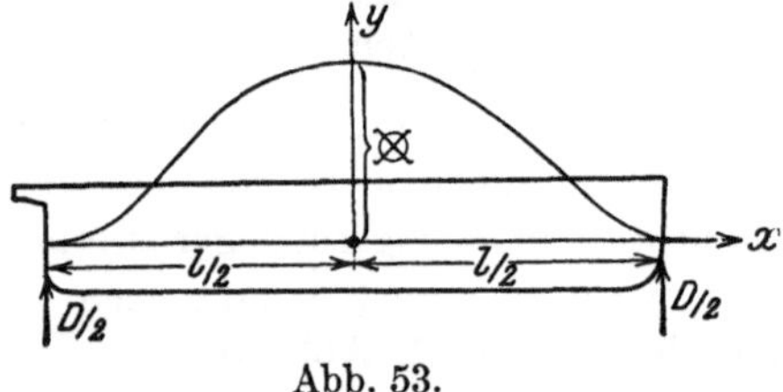

Abb. 53.

Das Biegungsmoment wird

$$M_{b_{\frac{L}{2}}} = \frac{D \cdot L^2}{80 \cdot T \cdot \delta} v',$$

wo T der Tiefgang des Schiffes bei ebener Schwimmlinie, δ seine Völligkeit und v' ein Koeffizient ist, der wie v nur von α abhängt.

Wird die abzuziehende Schicht von dem Welleninhalt W, wie vorher das ganze Deplacement, als ein Deplacement mit parabelförmiger Spantarealkurve betrachtet, so ist der Völligkeitsgrad des zugehörigen rechteckigen Hauptspantes 1 und derjenige der Verdrängung infolge der senkrechten Schiffswände α (vgl. Abb. 52). Mithin wird das Biegungsmoment in Mitte Schiff entsprechend der vorherigen Formel:

$$M_{b_{\frac{L}{2}}} = \frac{W \cdot L}{8}\left[\frac{3 - 2\alpha}{2 - \alpha}\right] = \frac{D L^2 \cdot v}{160\, T \cdot \delta}\left[\frac{3 - 2\alpha}{2 - \alpha}\right].$$

Das resultierende Biegungsmoment aus den Auftriebskräften in Mitte Schiff wird somit unter den gemachten Annahmen

$$M_{\frac{L}{2}} = \frac{D L}{8}\left[\frac{3 - 2\varphi}{2 - \varphi}\right] + \frac{D L^2 v'}{80\, T \cdot \delta} - \frac{L^2 D v}{160\, T \cdot \delta}\left[\frac{3 - 2\alpha}{2 - \alpha}\right]$$

oder

$$M_{\frac{L}{2}} = \frac{D L}{8}\left[\frac{3 - 2\varphi}{2 - \varphi} + \frac{L}{T \cdot \delta} z\right],$$

wo der Koeffizient

$$z = \frac{v'}{10} - \frac{v}{20}\left(\frac{3 - 2\alpha}{2 - \alpha}\right)$$

ausschließlich von α abhängt und in der Tab. 20 für verschiedene Werte von α angegeben ist.

---

[1]) Die mathematischen Ableitungen gibt Schmidt a. a. O.

Tabelle 20.

Biegungsmomente in Mitte Schiffslänge.

Belastung	Belastungsfall	Moment
Schiff auf Wellenberg, Verdrängung D parabelförmig verteilt	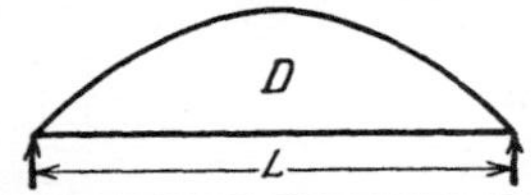	$\frac{D \cdot L}{8}\left[\frac{3-2\varphi}{2-\varphi}+\frac{L}{T \cdot \delta} \cdot z\right], \quad \varphi=\frac{\delta}{\beta}$
Schiffskörper, Gewicht G trapezförmig verteilt	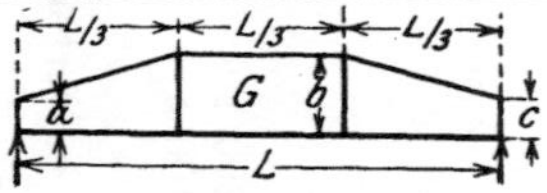	$\frac{L \cdot G}{108}[a+11{,}5\,b+c]$ (a, b und c unbenannt)
Antriebsmaschinen, Gewicht M (gilt auch für sonstige gleichmäßig verteilte Gewichte wie Ladung, Kohlen)	$l_1+b<\frac{l}{2}$ d. h. Maschine hinter Mitte 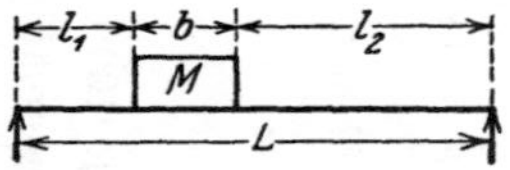	$\frac{M}{2}\left(l_1+\frac{b}{2}\right)$
	Schiffsmitte im Bereich der Last, $c>d$ 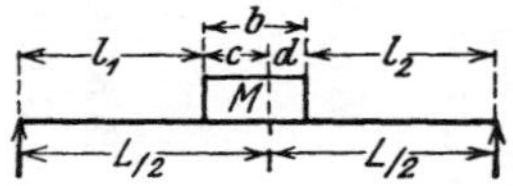	$\frac{M}{2}\left(l_2+\frac{b}{2}-\frac{c^2}{b}\right)$
Kessel, Gewicht pro Kessel K	$\frac{K}{2}$ $\frac{K}{2}$ 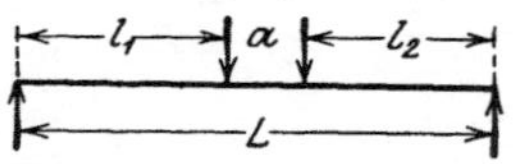	$l_1+a<\frac{L}{2}$ $\frac{K}{2}\left[\frac{a}{2}+l_1\right]$
Ladung in den Endräumen, Gewicht $L=L_1+L_2$	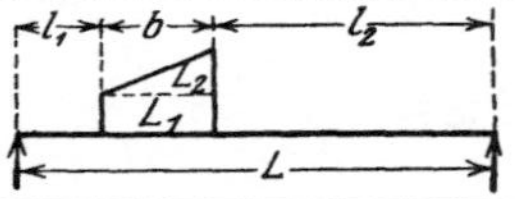	$L=L_1+L_2$ $\frac{L_1}{2}\left(l_1+\frac{b}{2}\right)+\frac{L_2}{2}\left(L-l_2-\frac{b}{3}\right)$
Einzelgewichte als konzentrierte Lasten P	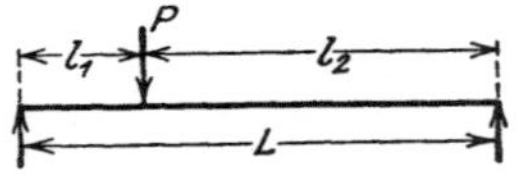	$\frac{P \cdot l_1}{2}$

Koeffizienten

Werte für z.

α	z	α	z	α	z
0,5	0,00376	0,7	0,00533	0,85	0,00718
0,6	0,00445	0,8	0,00646	0,9	0,00800

Zwischenwerte durch Interpolation.

Werte für a, b und c.

	a	b	c
Scharfe Schiffe . .	0,653	1,195	0,566
Völlige Schiffe . .	0,706	1,174	0,596

a, b und c sind Gewichte pro Längeneinheit, die Zahlen der Tabelle sind also zu multiplizieren mit $\frac{G}{L}$.

b) Bestimmung des durch die Gewichte hervorgerufenen Biegungsmomentes.

Da es sich nur um eine Überschlagsrechnung handelt, genügt es, das Gesamtgewicht des Schiffes in folgende Gruppen zu zerlegen:

a) Schiffskörper, d) Kohlen,
b) Maschine, e) Ladung,
c) Kessel, f) größere Einzelgewichte

Diese Einzellasten ergeben für sich betrachtet Belastungsfälle, wie in der Tabelle angegeben. Die Summe der durch sie in Mitte Schiff hervorgerufenen Biegungsmomente ergibt das wirksame Moment aus den Gewichten. Die Differenz der Momente aus den Auftriebs- und Gewichtskräften ist dann das wirksame Biegungsmoment.

Die Verteilung des Schiffsgewichtes wird am einfachsten als Trapez oder Parabel angenommen. Außergewöhnlich umfangreiche Aufbauten müssen zusätzlich als gleichmäßig verteilte Streckenlast besonders berücksichtigt werden.

Das Gewicht der Maschinen wird als gleichmäßig verteilte Streckenlast in Rechnung gesetzt, das jedes Kessels als zwei Einzellasten entsprechend der üblichen Anordnung von zwei querschiffs gelagerten Kesselträgern. Kohlen sind wie die Antriebsmaschinen als Streckenlasten zu behandeln, ebenso größere Wassermengen (Wasserballast oder gefüllte Einzeltanks). Die Ladung wird homogen über alle Laderäume verteilt. In den mittleren Laderäumen entspricht die Belastung alsdann einer gleichmäßig verteilten, in den Endräumen einer trapezförmig verteilten Streckenlast.

Beispiel: Für einen Frachtdampfer von 3500 t Ladefähigkeit sind folgende Daten gegeben:

Dimensionen:

$L_{WL} = 96$ m
$B_{Spt} = 14$ m
$H = 7{,}55$ m
$T = 6$ m

Wasserlinienareal . . . . 1160 m²
⊗-Areal . . . . 82 m²
$\alpha = 0{,}863$, $\beta = 0{,}977$, $\delta = 0{,}756$

Verdrängung 6100 t.

Gewichte:

Schiff . . . . 1800 t
Maschine . . . . 100 t

2 Kessel von je 100 t.

(⊙ 34,5 vor *SptO*, Belastung gleichmäßig auf 5 m verteilt.)

Druck auf die vorderen Kessellager . . . 100 t 43,8 m vor *SptO*
Druck auf die hinteren Kessellager . . . 100 t 41,4 m vor *SptO*

Kohlen und Wasser 500 t, auf 9 m verteilt ⊙ 38,2 m vor *SptO*.

Ladung hinten 1200 t, Ladung vorn 2300 t } Längenmaße nach Abb. 54.

Schiff auf dem Wellenberg, Moment der Auftriebskräfte Mitte Schiff:

$$M = \frac{D\,L}{8}\left[\frac{3-2\,\varphi}{2-\varphi} + \frac{L}{T\cdot\delta}\cdot z\right]$$

$\varphi = \frac{\delta}{\beta} = 0{,}774$ und nach Tab. 20 wird für $\alpha = 0{,}863$, $z = 0{,}0074$. Damit wird $M = 98\,530$ mt.

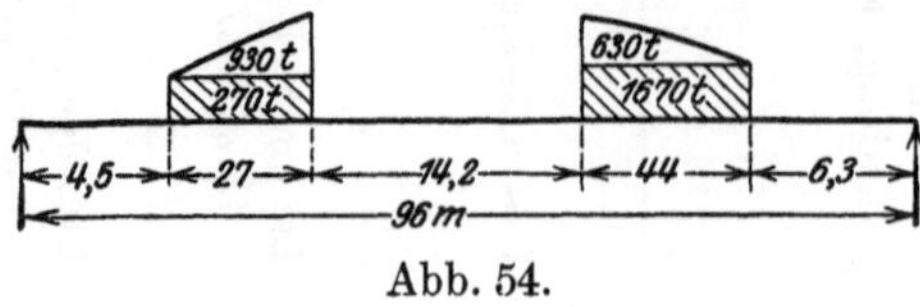

Abb. 54.

Die Gewichtsgruppen liefern folgende Biegungsmomente:

Schiffskörper	$M_b = \frac{96 \cdot 1800}{108}(0{,}7 + 11{,}5 \cdot 1{,}17 + 0{,}59)$	= 23 563 mt
Maschine	$M_b = \frac{100}{2}(32 + 2{,}5)$	= 1 725 „
Kessel	$M_b = \frac{200}{2} \cdot 42{,}6$	= 4 260 „
Kohlen und Wasser .	$M_b = \frac{500}{2}(33{,}7 + 4{,}5)$	= 9 550 „
hintere Ladung. . .	$M_b = \frac{270}{2}(18) + \frac{930}{2}(96 - 64{,}5 - 9)$	= 12 890 „
vordere Ladung. . .	$M_b = \frac{1670}{2}(28{,}3) + \frac{630}{2}(96 - 45{,}7 - 14{,}7)$	= 34 840 „
	Summe der Gewichtsmomente	86 828 mt

Da das Auftriebsmoment zu 98 530 mt bestimmt war, ergibt sich für das wirksame Biegungsmoment

$$M = 98\,530 - 86\,828 = 11\,702 \text{ mt}.$$

Für erste Annäherungsrechnungen (ohne Linienriß) verwendet man zur Bestimmung des größten Biegungsmomentes auch die einfache Formel

$$M_{\max} = \frac{\text{Deplacement} \times \text{Schiffslänge}}{C},$$

wo C ein Erfahrungswert ist, der sich aus nachfolgender Tabelle ergibt. Das Deplacement ist in Tonnen und die Schiffslänge in Meter einzusetzen.

Tabelle 21.

Schiffsart	C	Lage des Schiffes
Große Schnelldampfer	29—30	Schiff auf Wellenberg
„ Fracht- und Passagierdampfer	33—36	„ „ „
„ Frachtdampfer	35	„ „ „
Mittlere „	34	„ „ „
Kleine „	33	„ „ „
Kanaldampfer	30	{ „ „ „ „ über Wellental }
Flachgehende Flußdampfer	18—24	„ in ruhigem Wasser
Erzdampfer (Länge 126 m)	35—37	„ auf Wellenberg

Die C-Werte entsprechen normalen Belastungen beim größten Tiefgang. Für Frachtschiffe ist homogene Verteilung der Ladung zugrunde gelegt. In Fällen stark wechselnder Ladungsverteilung muß auf die genauere Rechnung zurückgegriffen werden, wobei die ungünstigste Belastung anzunehmen ist. Diese ist für gewöhnliche Frachtschiffe: Schiff auf dem Wellenberg, Kohlen und Wasser in Mitte Schiff verbraucht, spez. Gewicht der Ladung in den Endräumen etwa 1,5 mal so groß wie das der entsprechenden homogenen Ladung, das der Ladung in den mittleren Räumen entsprechend geringer. In fraglichen Fällen müssen verschiedene Belastungsfälle und Schiff auf Wellenberg oder über Wellental nachgeprüft werden.

3. Die Längsfestigkeit von Öl-Tankschiffen.

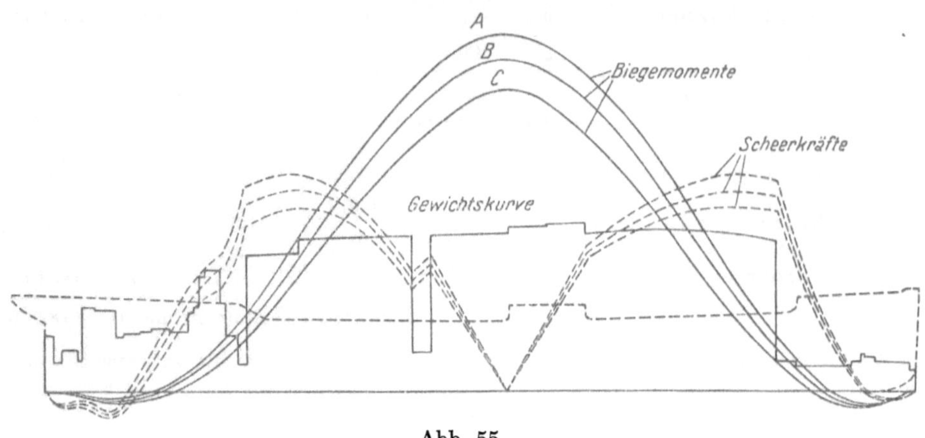

Abb. 55.

Vorstehendes Diagramm[1]) gilt für einen Tankdampfer von 129,5 m Länge, 17,27 m Breite und 10 m Seitenhöhe bei verschiedenen Völligkeitskoeffizienten des Deplacements.

Es ergeben sich:

	Fall A	B	C
Depl.-Völligkeitskoeffizient	0,785	0,765	0,742
Deplacement	14 180 t	13 940 t	13 700 t
Tiefgang exkl. Kiel	7,96 m	8,08 m	8,18 m
Größtes Biegungsmoment (Wellental) . .	43 400 mt	39 600 mt	35 400 mt
Größte Scherkraft im Vorschiff	1 260 t	1 150 t	1 045 t
Größtes Biegungsmoment	$\frac{D \cdot L}{42}$	$\frac{D \cdot L}{46}$	$\frac{D \cdot L}{51}$

Bei diesen Schiffen ist die Länge der Schiffsenden ohne Ladung sowie die Völligkeit der Schiffsform an den Enden von erheblichem Einfluß auf die Höhe der Biegungsmomente. Bei den neueren Tankdampfern erstrecken sich die Laderäume über etwa 0,7 der ganzen Schiffslänge.

4. Das Widerstandsmoment des Längsverbandes.

Der Verband des Schiffes, welcher die Beanspruchungen in der Längsrichtung aufzunehmen hat, wird von einem Kastenträger gebildet, dessen Wände im Verhältnis zu seinen Abmessungen außerordentlich dünn und daher Knickgefahren ausgesetzt sind. Wieweit sich auf einen solchen Träger die Biegungstheorie des Balkens, also vor allem die Formel $\sigma = \frac{M}{W}$, anwenden läßt, ist noch nicht einwandfrei klargestellt. Rechnet man zum wirksamen Widerstandsmoment die Querschnitte aller durchlaufenden Teile des Längsverbandes, betrachtet den hohlen Träger also dem vollen von gleicher Flächenverteilung der Höhe nach gleichwertig, so rechnet man zweifellos zu günstig.

[1]) Shipbuilding and Shipping Record vom 4. I. 23.

Weiter ist zu beachten, daß der Spannungsverlauf über die einzelnen Spantquerschnitte in der Längsrichtung bei plötzlicher Veränderung des Querschnittes (Aufbauten, Quarterdeck, Maschinenfundamente) unstetig wird und an den Übergangsstellen demzufolge örtliche Beanspruchungen auftreten, welche das tatsächliche Spannungsbild erheblich beeinflussen.

Da beiden Einflüssen zahlenmäßig nicht Rechnung getragen werden kann, werden sie am einfachsten dadurch berücksichtigt, daß nur ein gewisser Prozentsatz des durchlaufenden Querschnittes bei der Bestimmung des wirksamen Widerstandsmomentes berücksichtigt wird.

Eine solche Korrektur ist auch aus einem weiteren Grunde gerechtfertigt. Durch den Wasserdruck erhalten die unter der Wasserlinie liegenden Plattenfelder der Außenhaut und des Bodens eine Durchbiegung, infolge welcher die in der Mitte des freien Plattenfeldes liegenden Längsfasern in der Aufnahmefähigkeit von Druckbeanspruchung aus der Längsfestigkeit beeinträchtigt werden. Die durchgebogenen Teile der Plattenfelder federn unter dem Einfluß der Längsbeanspruchung, und die Übertragung der Druckbeanspruchungen aus der Längsfestigkeit erfolgt nur durch diejenigen Plattenteile, die infolge von benachbarten Stegen knicksicher gehalten werden. Rechnerische Nachprüfung dieser Verhältnisse führte zu dem Ergebnis, daß die Beplattung in der Umgebung der durchlaufenden Stege in einer Breite trägt, die nach Lienau[1]) etwa gleich der 100—120fachen, nach Pietzker etwa gleich der 40—50fachen Dicke der Platte ist.

Unter Berücksichtigung der vorher entwickelten Gesichtspunkte ist daher praktisch mit einer Blechbreite gleich etwa der 80fachen Dicke zu rechnen.

Besondere Aufmerksamkeit ist der Schwächung des Querschnittes durch die Nietung zu schenken. Diese Schwächung wird am stärksten im Bereich der Randwinkel der wasserdichten Schotten. Sie wird mit bis zu 13% Abzug vom Widerstandsmoment des berechneten tragenden Querschnittes berücksichtigt. Bei Tankschiffen ist dieser Abzug wegen der engeren Nietung auf etwa das Doppelte zu erhöhen, und in den Gurtungen ist die Schwächung durch Dopplungen auszugleichen. Es empfiehlt sich in diesen Fällen, das Widerstandsmoment von vornherein unter Berücksichtigung der Nietschwächung, namentlich in den Gurtungen, zu berechnen.

Zu berücksichtigen ist weiter die Schwächung des Längsverbandes durch Seitenfenster, Pforten usw.

Nach Kirsch[2]) treten in einer zugbelasteten Platte mit einem runden Erleichterungsloch und einem Durchmesser, der klein ist im Vergleich zu den Abmessungen der Platte, am Lochrand tangential gerichtete Spannungen auf, die das Dreifache der Zugspannungen im Material neben dem Loch erreichen. Auf das Schiff übertragen, würde dies bedeuten, daß die üblichen runden Seitenfenster — etwa unter dem Gurtungsdeck — bei einer Beanspruchung in dem zugehörigen Plattengang aus der Längsfestigkeit von etwa 1000 kg/cm² Spannungen von 3000 kg/cm² hervorrufen würden. Dabei wäre noch zu beachten, daß die Belastung des Plattenganges durch Zug und Druck, wechselnd

[1]) Jahrbuch der Schiffbautechn. Gesellsch. 1913.

[2]) Z. V. d. I. Jg. 1898, S. 797 und Föppl; Technische Mechanik Bd. V.

in den Höchstgrenzen, hervorgerufen wird, also Ermüdungserscheinungen zu erwarten sind, welche die Belastungsfähigkeit des Materials herabsetzen (vgl. S. 62). Die Beanspruchung eines solchen Plattenganges mit Fenstern aus der Beanspruchung des Längsverbandes darf daher etwa 600 kg/cm² nicht überschreiten. Anderenfalls sind die Lochränder zu verstärken. Die Längsfasern im Bereich der Fensterreihen sind bei der Errechnung des Widerstandsmomentes natürlich nicht mitzurechnen.

Bei Passagierschiffen mit zahlreichen Fensterreihen und sonstigen Öffnungen muß gegebenenfalls die Schwächung in der Außenhaut durch Unterzüge oder durchlaufende Längsschotten ausgeglichen werden.

Die beste Ausnutzung des im Längsverband verwendeten Materials wird erreicht, wenn einmal möglichst viel des in der Längsrichtung des Schiffes angeordneten Materials zum Widerstandsmoment herangezogen wird (Stoßvernietung) und wenn zweitens die Verteilung des Materials dem Gesetz der linearen Spannungsverteilung folgt, die tragenden Querschnitte also proportional ihren Abständen von der neutralen Achse an Querschnittsfläche anwachsen.

Ein scharfes Kriterium für die Materialausnutzung im Längsverband ist das Widerstandsmoment bezogen auf die Flächeneinheit des tragenden Querschnittes, diesen an der Stelle des größten Biegungsmomentes genommen. In welchen Größen sich dieses bewegt, zeigt Tabelle 22.

Tabelle 22.

Schiffsart	Hauptspant W Widerstandsmoment cm³	F Querschnittsfläche cm²	$\frac{W}{F}$	Bemerkung
Heckradflußdampfer, $L = 28$ m	28 000	797	35	
Campinekahn, $L = 50$ m	62 000	873	71	Deck als obere Gurtung nicht vorhanden
Heckradschleppdampfer, $L = 52$ m	103 200	1 414	73	
Frachtdampfer, $L = 57$ m	310 500	2 254	138	Eindeckschiff mit Doppelboden
Frachtdampfer, $L = 87$ m	1 200 000	6 100	197	Eindeckschiff mit Doppelboden
Motortankschiff, $L = 88{,}5$ m	3 330 000	9 014	367	Längsspantenbauart
Motortankschiff, $L = 88{,}5$ m	3 213 000	7 644	490	Querspantenbauart
Fracht- und Passagierdampfer, $L = 106$ m	1 650 000	7 630	216	Brücke nicht zum Verband gehörend
Fracht- und Passagierdampfer, $L = 115$ m	2 457 000	9 556	256	44 m lange Brücke, zum Längsverband gehörend
Fracht- und Passagierdampfer, $L = 120$ m	3 275 000	11 300	290	Lange Poop, Zwischendeck
Fracht- und Passagierdampfer, $L = 164$ m	7 149 310	20 850	343	88 m lange Brücke, 2 Decks unter dem Hauptdeck
Passagierdampfer „Vaterland" $L = 289$ m	3 710 000	54 400	680	Langer Aufbau

Hinsichtlich der Materialausnutzung des Längsverbandes sind insbesondere die großen Schnelldampfer lehrreich.

Tabelle 23.

		Mauretania	Kaiser Wilh. II. u. Kronprinz. Cäcilie	Kais. Aug. Victoria	George Washington
Schiffslänge	m	232	207	206	213
Höhe des Längsträgers	m	18,9	16,35	19,5	19,46
$\frac{W}{F}$	cm³	484	425	852	890
Größte Biegungsbeanspruchung	kg/cm²	1233	1243	1252	1234

5. Einfluß der Aufbauten auf die Längsfestigkeit.

Die Größe des Widerstandsmomentes wird am stärksten durch die Seitenhöhe, gerechnet bis zum Gurtungsdeck, beeinflußt, da das Moment etwa im Quadrat mit der Seitenhöhe zu- bzw. abnimmt. Die Bemessung der Längsverbände nach der Leitzahl $L\ (B + H)$ ist daher grundsätzlich nicht zweckmäßig, denn nach ihr müßte das Schiff um so stärker gebaut werden, je größer die Seitenhöhe H wird. Von einem gewissen Verhältnis $L : H$ ab werden allerdings von seiten der Klassifikationsgesellschaften Materialschwächungen zugestanden bzw. Materialverstärkungen gefordert. Zweckmäßiger wäre es, die zulässige Beanspruchung des Längsverbandes vorzuschreiben und die Bemessung der hauptsächlichsten Längsverbände von der genauen Festigkeitsrechnung abhängig zu machen. Damit würde von Fall zu Fall bei gleichbleibender, erfahrungsgemäß festliegender Sicherheit im Längsverband die beste Materialausnutzung gewährleistet werden.

Vom Standpunkt der Längsfestigkeit müßte die Seitenhöhe bis zur obersten Gurtung des Längsträgers und nicht wie bisher bis zum Hauptdeck gerechnet werden. Bei gewöhnlichen Eindeckschiffen mit geringen Aufbauten in Mitte Schiff liegt diese Gurtung in dem Hauptdeck. Bei größeren Schiffen mit umfangreicheren Aufbauten, insbesondere bei Passagierschiffen, wird die oberste Gurtung zweckmäßig möglichst hoch in eines der Aufbaudecks zu verlegen sein. Was dadurch an Festigkeit gewonnen bzw. an Gewicht gespart werden kann, zeigten die Schnelldampfer „Kaiserin Auguste Viktoria“ und „George Washington“, deren Längsverband eine Steghöhe hat, die mit 19,5 m derjenigen der gleich großen älteren Schiffe „Kaiser Wilhelm II.“ und „Kronprinzessin Cäcilie“ um mehr als 3 m überlegen ist (vgl. Tabelle 23).

Diejenigen Aufbauten, die für den Längsverband nicht in Frage kommen, sind so elastisch wie möglich auszuführen, damit die unvermeidlichen Formänderungen aus den mit Wellental und Wellenberg wechselnden Durchbiegungen für sie belanglos bleiben. Man hat versucht, dies durch sog. Decksfalten zu erreichen. Da jedoch auch in den einzelnen durch die Falten abgetrennten Teilen die spezifische Dehnung und damit nach dem Elastizitätsgesetz die Spannung die gleiche bleibt wie im ungeteilten Aufbau, werden wohl die Knicklängen für den Aufbau als Ganzes betrachtet kleiner, nicht aber die örtlichen Knicklängen, also beispielsweise die im Deck zwischen den Decksbalken. Allerdings trifft dies nur zu, wenn der Spannungsverlauf in den einzelnen Teilen über die äußersten Fasern geht, was nur von gewissen Längen der einzelnen Teile ab (vgl. weiter unten) zutrifft. In allen Fällen aber werden die Spannungen — genügenden Schubanschluß vorausgesetzt — versuchen, in den angeschlossenen Teil einzudringen, wobei an den Übergangsstellen eine Stauung des Spannungsflusses eintreten wird. Der beabsichtigte Zweck, die Spannungen und Knickgefahren zu verringern, wird also durch Decksfalten nicht erreicht. Jeder Aufbau, wie lang und stark er auch sei, wird, wenn er schub- und knickfest in der Längsrichtung an die obere Gurtung des Längsverbandes angeschlossen ist, unter Spannung gesetzt, die aber um so weniger gefährlich ist, als die obere Gurtung hochgelegt wird. Soll diese Spannung vermieden werden, muß der Nietanschluß, der die Schubkräfte überträgt, elastisch ausgebildet werden. Grundsätzlich wird also der Konstrukteur bestrebt sein, den Aufbau in größtmöglichem Umfange für den Längsverband heranzuziehen und auszubilden. Mehraufwand an Material wird durch die Erhöhung der Festigkeit ausgeglichen bzw. durch Ersparnis von Material an anderer Stelle des Längsträgers.

Erstreckt sich der Aufbau mit einem Brückenhaus nur über den mittleren Teil des Schiffes, so tritt an den Aufbauenden durch den Abfall des Widerstandsmomentes des tragenden Querschnittes eine Störung im geradlinigen Spannungsverlauf ein. Da zudem die Spannungen infolge des Richtungswechsels der Biegungsmomente im Seegang ihre Richtungen ebenfalls dauernd wechseln, sind an diesen Stellen Ermüdungserscheinungen des Materials zu erwarten. Die zulässigen Spannungen müssen deswegen für diese Querschnitte um etwa 15% herabgesetzt werden. Eine namentlich in der Nietarbeit sorgfältige verstärkte Ausbildung der oberen Gurtung ist demnach geboten, wobei vor allem für einen allmählichen Übergang der Gurtung in den Aufbau zu sorgen ist.

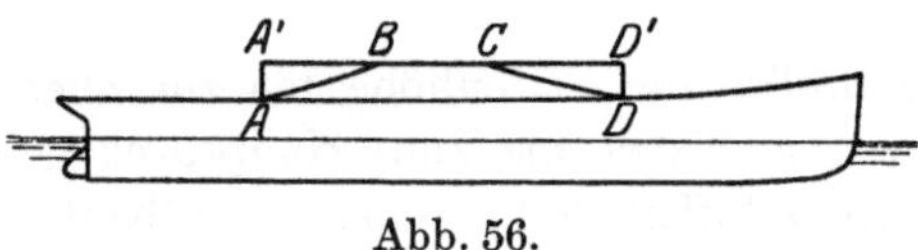

Abb. 56.

Nach Meldahl[1]) werden die Spannungen dem Zuge $A—B—C—D$ (vgl. Abb. 56) folgen, wobei die Strecken AB und CD etwa je gleich 5—6 mal der Aufbauhöhe sind, also im Mittel $5 \cdot 2{,}4 = 12$ m. Nach dieser Anschauung käme für eine wirksame Höherlegung der oberen Gurtung erst eine Aufbaulänge von mehr als 24 m in Frage. Die in den Schnitten $A—B$ und $C—D$ wirkenden Schubkräfte sind bestrebt, die Ecken A' und D' zu verwerfen. Diese Teile des Aufbaues sind also besonders knickfest auszubilden.

6. Festigkeit und Freibord.

Um den engen Zusammenhang zwischen Festigkeit und Freibord zu erkennen, muß man ein Schiff nicht als ein mit toter und lebender Ladung gefülltes Transportmittel, sondern als einen unterstützten und belasteten Träger betrachten, denn der Schiffsrumpf ist ein durch den Auftrieb auf seiner ganzen Länge ungleichmäßig unterstützter Träger, der durch sein Eigengewicht und durch die Gewichte der Treibkraftanlage, des Brennstoffvorrats, der Ladung usw. auf seiner ganzen Länge ungleichmäßig belastet wird. Es treten in ihm wie bei jedem auf Biegung beanspruchten Träger Zug-, Druck- und Schubspannungen auf und auch hier ist die Größe der Spannungen von der Größe, der Verteilung und der Art der Lasten (Einzel- oder verteilte Lasten) sowie von der Verteilung der Unterstützung

[1]) Vortrag Schiffbautechn. Gesellschaft (Jahrbuch 1904).

abhängig. Das zeigen in übersichtlicher Weise die durch das bekannte graphische Verfahren ermittelten Kurven der Scherkräfte und der Biegungsmomente in der Längsschiffsrichtung.

Die Art und die Verteilung der Lasten sowohl wie der Unterstützung sind für ein Schiff sehr veränderlich. Erstere hängen von der Raumeinteilung des Schiffes und der Stauung der Ladung, letztere von der Trimmlage und der Form des Unterwasserschiffes ab. Die Größe der Belastung und also auch der Unterstützung hingegen steht bei ein und demselben Schiffe in Wechselbeziehung mit dem Tiefgang des Schiffes. Da der veränderliche Tiefgang und der veränderliche Freibord aber zusammen gleich der unveränderlichen Seitentiefe des Schiffes sind, so kann die Größe der in einem Schiffsrumpfe auftretenden Scherkräfte und Biegungsmomente durch die Größe des Freibords unmittelbar beeinflußt werden. Unter Voraussetzung gleich hoher Biegungsspannungen kann ein festes Schiff einen kleinen Freibord vertragen; ein Schiff mit großem Freibord braucht bei gleicher Festigkeit verhältnismäßig weniger Material in den Längsverbänden.

Damit ist jedoch der Zusammenhang zwischen Festigkeit und Freibord noch keineswegs erschöpft. Mit dem Tiefgang nimmt der hydrostatische Wasserdruck gegen den Boden und die Seitenwände des Schiffes zu und somit wachsen die durch den Wasserdruck in der Außenhaut hervorgerufenen Spannungen, die von den Spanten, Decksbalken, Bodenwrangen, Schotten usw. aufgenommen werden müssen.

Wieweit und auf welche Weise wird nun dieser Zusammenhang zwischen Festigkeit und Freibord in den gesetzlichen und behördlichen Vorschriften beachtet?

Der Germ. Lloyd erkennt dadurch, daß er die Klasse 100 A_4 „mit Freibord" erteilt, grundsätzlich den Zusammenhang zwischen Freibord und Festigkeit an, auch qualitativ. Denn, wie die Unfallverhütungsvorschriften der Seeberufsgenossenschaft bestimmen, hat der Germ. Lloyd überhaupt den Freibord der deutschen Schiffe zu berechnen, wozu er die erforderlichen Unterlagen von der Werft oder Reederei erhält. Allerdings hört bei einer gewissen Schwächung der Verbände eines Schiffes gegenüber denen eines normalfesten (Volldeckschiffes) die Abhängigkeit zwischen Festigkeit und Freibord praktisch auf, denn nach den Bauvorschriften des Germ. Lloyd darf die Verjüngung der Längsverbände und Querverbände ein von der Größe des Schiffes abhängiges Maß niemals überschreiten, auch wenn der Freibord aus anderen Gründen noch so groß gewählt worden ist. Dazu kommt, daß bei der Verjüngung der Spanten das Widerstandsmoment derselben nicht in bedenklichem Maße verringert werden darf.

Die Seeberufsgenossenschaft arbeitet betreffs des Freibords mit dem Germ. Lloyd Hand in Hand, wie schon oben angedeutet wurde. Sind doch die Freibordvorschriften von dem ehemaligen technischen Direktor Middendorf des Germ. Lloyd auf Grund statistischen Materials der Seeberufsgenossenschaft ausgearbeitet worden. Wenn daher die Seeberufsgenossenschaft von „Schiffen mit geringeren Materialstärken" spricht, so sind das heute, wo es keine Spardeckschiffe mehr gibt, nichts anderes als die „Schiffe mit Freibord" des Germ. Lloyd.

Die Geschichte des Freibords zeigt, daß seine Größe im Laufe der Jahrzehnte von den verschiedensten Eigenschaften der Schiffe bestimmt wurde. Bald überwog die Rücksicht auf die allgemeine Seetüchtigkeit, bald die auf einen ausreichenden Reserveauftrieb, bald die auf die Stabilität alle anderen Rücksichten. In den zur Zeit gültigen Freibordvorschriften mißt man aber wohl die größte Bedeutung einer genügenden Festigkeit des Schiffsrumpfes bei.

Der Festigkeitsvergleich zwischen Schiffen mit geringeren und Schiffen mit normalen Materialstärken ist nach den Freibordvorschriften der Seeberufsgenossenschaft noch nicht sehr genau. Denn es wird zwar das Widerstandsmoment der Längsverbände mit 60%, aber nur der Querschnitt der Querverbände mit 40% zum Vergleich herangezogen. Dabei wird die neutrale Achse auf zwei Fünftel der Seitenhöhe H von Oberkante Kiel entfernt angenommen. Durch solche vereinfachenden Annahmen wird der Festigkeitsvergleich zwar vereinfacht, aber auf Kosten der Genauigkeit. Die Vorschläge des britischen Freibordausschusses von 1916 gehen auf diesem Gebiete schon weiter. Sie berücksichtigen u. a. nämlich das Widerstandsmoment der Raumspanten. Es ist wohl anzunehmen, daß, nachdem die Bedeutung der Festigkeit des Schiffsrumpfes für den Freibord der Schiffe allerseits richtig erkannt ist, auch die Methoden für ihre Bestimmung weiter vervollkommnet werden.

Außer dem für alle Schiffe außerhalb der kleinen Küstenfahrt einzuhaltenden Freibord kommt für Passagierdampfer in außereuropäischer Fahrt noch der sogenannte Schottenfreibord in Frage. Zweifellos ist der Grundgedanke in den Schottvorschriften der Seeberufsgenossenschaft der, die Passagierschiffe so unsinkbar zu machen, wie es die Wirtschaftlichkeit und der Bordbetrieb zulassen. Ein genügender Reserveauftrieb soll gesichert werden. Je kleiner der Freibord des Schiffes ist, um so kleiner müssen die wasserdichten Abteilungen sein, um so enger die wasserdichten Schotte stehen und umgekehrt. Eine wenn auch zunächst ungewollte, so doch unausbleibliche Folge davon ist es jedoch, daß die Schiffe mit geringem Schottenfreibord (großes Verhältnis $T:H$), also die stark belasteten Schiffe, viele Schotte erhalten und, zumal querschiffs, besonders fest gebaut werden. Auch hier besteht also ein nur zu begrüßender Zusammenhang zwischen der Festigkeit und dem Freibord der Schiffe.

7. Längsfestigkeit beim Stapellauf.

Während des Ablaufes in der Längsrichtung nimmt das Schiff Lagen ein, welche Beanspruchungen im Längsverband hervorrufen, deren Nachrechnung besonders dann notwendig ist, wenn der Schiffskörper die Helling in noch unfertigem Zustande verläßt, vor allem, wenn die obere Gurtung noch nicht vollständig vorhanden bzw. vernietet ist.

Eine solche Lage tritt zunächst ein, wenn das ablaufende Schiff im Hinterschiff durch Auftrieb noch nicht hinreichend gestützt wird, der Schiffskörper also über Vorkante Helling frei überhängt. Das alsdann über Vorkante Helling auftretende Biegungsmoment erreicht seinen größten Wert nach einem bestimmten Ablaufweg und nimmt dann in dem Maße ab, als das Hinterschiff durch Auftrieb gestützt wird. Diese zunehmende Stützung führt schließlich zu einem neuen Belastungsfall. Im Moment des Aufschwimmens hebt sich das Schiff von der Bahn und, vorn durch den Druck auf Vorkante Schlitten und hinten durch den Auftrieb gestützt, gleicht es einem Träger auf zwei Stützen. Das in dieser Lage in etwa Mitte Schiff auftretende Biegungsmoment ist dem vorhergehenden entgegengesetzt gerichtet. Es treten also im Längsverband kurz hintereinander Beanspruchungen in entgegengesetzter Richtung auf.

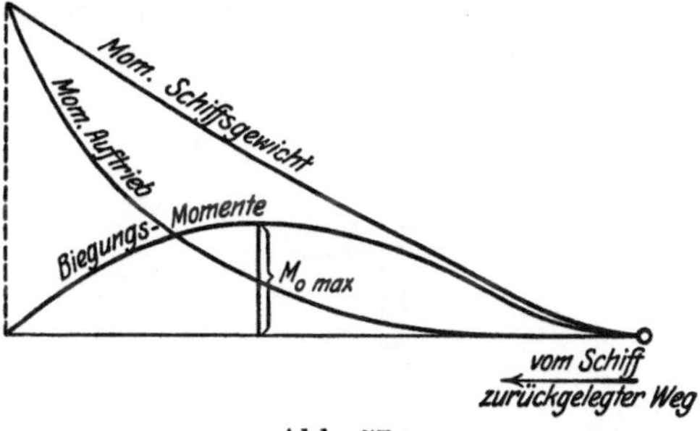

Abb. 57.

Für beide Belastungsfälle ergeben sich die Kurven der Biegungsmomente wie bei der Längsfestigkeitsrechnung durch zweimalige Integration der Belastungskurve (Differenzkurve aus Gewicht und Auftrieb).

Abb. 57 gibt die Momente von Auftrieb und überhängendem Schiffsgewicht in bezug auf Vorkante Helling als Funktion des Ablaufweges. Die Kurve der Auftriebsmomente bezogen auf Vorkante Helling ist mit der Ablaufrechnung gegeben. Die Differenzkurve liefert Größe und Lage des maximalen Biegungsmomentes im Schiff.

Abb. 58.

Eine Überschlagsformel für das Moment aus dem überhängenden Schiffsgewicht läßt sich ableiten, wenn man die Verteilung des Schiffsgewichtes als Trapezlast[1]) annimmt. Entsprechend den Bezeichnungen der Abb. 58 wird dann

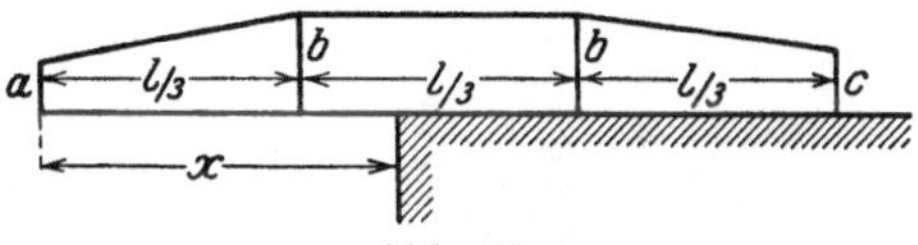

$$M_x = \frac{l}{6}\left[\frac{3\,b\,x^2}{l} - (b-a)\left(x - \frac{l}{9}\right)\right], \quad \text{wo} \quad x > \frac{l}{3} < \frac{2}{3}\,l\,.$$

Für $x < \frac{l}{3}$ wird

$$M_x = \frac{x^2}{2}\left[a + \frac{(b-a)\,x}{l}\right].$$

Der zweite Belastungsfall ist in Abb. 59 veranschaulicht, welche auch die Durchführung der Rechnung für beide Fälle angibt. Die Belastungskurve ergibt sich wieder als Differenzkurve zwischen Gewicht und Auftrieb, wobei der Auftrieb für den Augenblick des Aufschwimmens zu berechnen ist. Diese Belastungskurve und der Druck auf Vorkante Schlitten liefern durch Integration die Kurve der Scherkräfte. Sie hat an den Schiffsenden die Werte Null. Ihre Integration liefert die Kurve der Biegungsmomente. Bei der Ausführung dieser Rechnung ist darauf zu achten, daß das Schiff im statischen Gleichgewicht ist, d. h. daß Schiffsgewicht = Auftrieb + Druck auf Vorkante Helling. Bei Ungenauigkeiten in der Zeichnung schließt die Kurve der Biegungsmomente nicht. Es empfiehlt sich daher, die Zeichnung in möglichst großem Maßstab auszuführen.

Abb. 60 zeigt die Rechnung für einen Rheinkahn von 1370 Tonnen Tragfähigkeit[2]). Die Rechnung ergibt für ein Biegungsmoment von 1527 mt (entsprechend $M_{\max} = \frac{P \cdot L}{12}$) eine maximale Druckspannung von 1318 kg/cm².

---

[1]) Vgl. S. 71.

[2]) Abb. 60 ist dem Aufsatz entnommen: Wrobbel: Festigkeitsfragen bei Flußfahrzeugen. Werft Reederei Hafen Heft 21 vom 7. XI. 1923.

H des Schiffes vor dem Stapellauf
Hinterschiff berührt das Wasser
Vorkante Helling
x = 10 m
x = 20 m
x = 30 m
x = 50 m
x = 60 m
Gewichtsmomente (Vorkt. Helling)
Momenten-Differenz-Kurve 1cm = 2500 mto
M max
Auftriebsmomente (Vorkt. Helling)
Beginn des Aufschwimmens
max Biegemoment = 13100 mto
1 cm = 10000 mto
1cm = 1,5 m
L/3
L/3
L/3
Schiffsgewicht
Helling
Spiegel
Wasser
Gewicht
Auftrieb
max. Druck auf Helling = 960 to
(960 to)
Scheerkräfte 1cm = 50 to
Biegemomente 1cm = 1000 mto
max. Biegemoment = 13100 mto
Belastungs-Kurve 1cm = 5 to/m
Differenzkurve
max. Scheerkraft = 380 to
Deplacement 1cm = 5 to/m
Schiffsgewicht 1cm = 5 to/m
1cm = 1,5 m

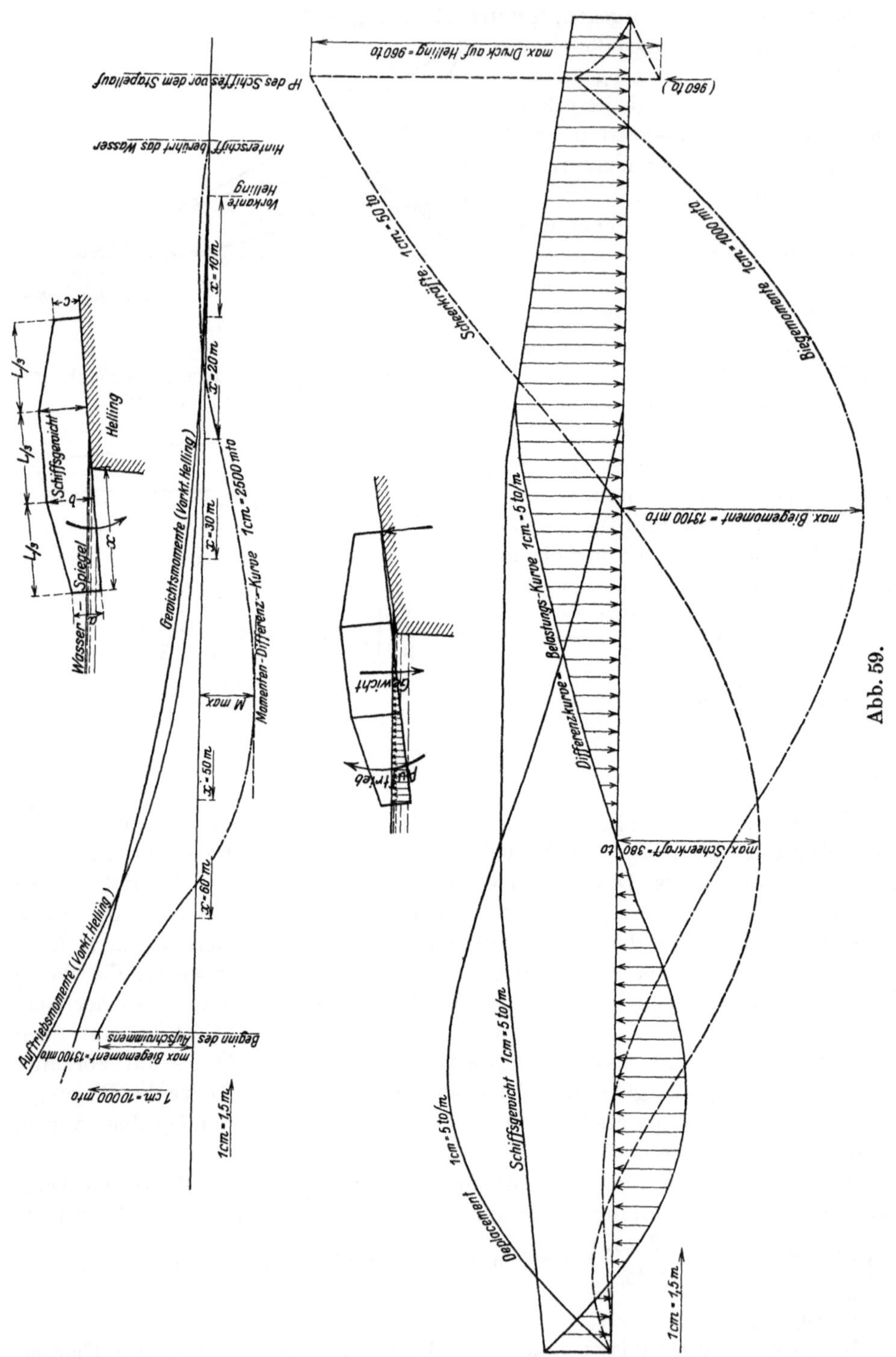

Abb. 59.

Druck auf Vorkante Schlitten = 98,73 t
Biegemomente 1cm = 5 Mill. cmkg
Tangentialwerte der elastischen Linie
Scherkraftkurve 1cm = 2t
Differenzenkurve 1cm² = 0,2 t
Elastische Linie (Durchbiegung in cm 1:1)
Größte Durchbiegung, bezogen auf die Meßlänge Spt. 10–146 = 16,7 cm
Wasserverdrängung 1cm² = 0,2t
Maßstab

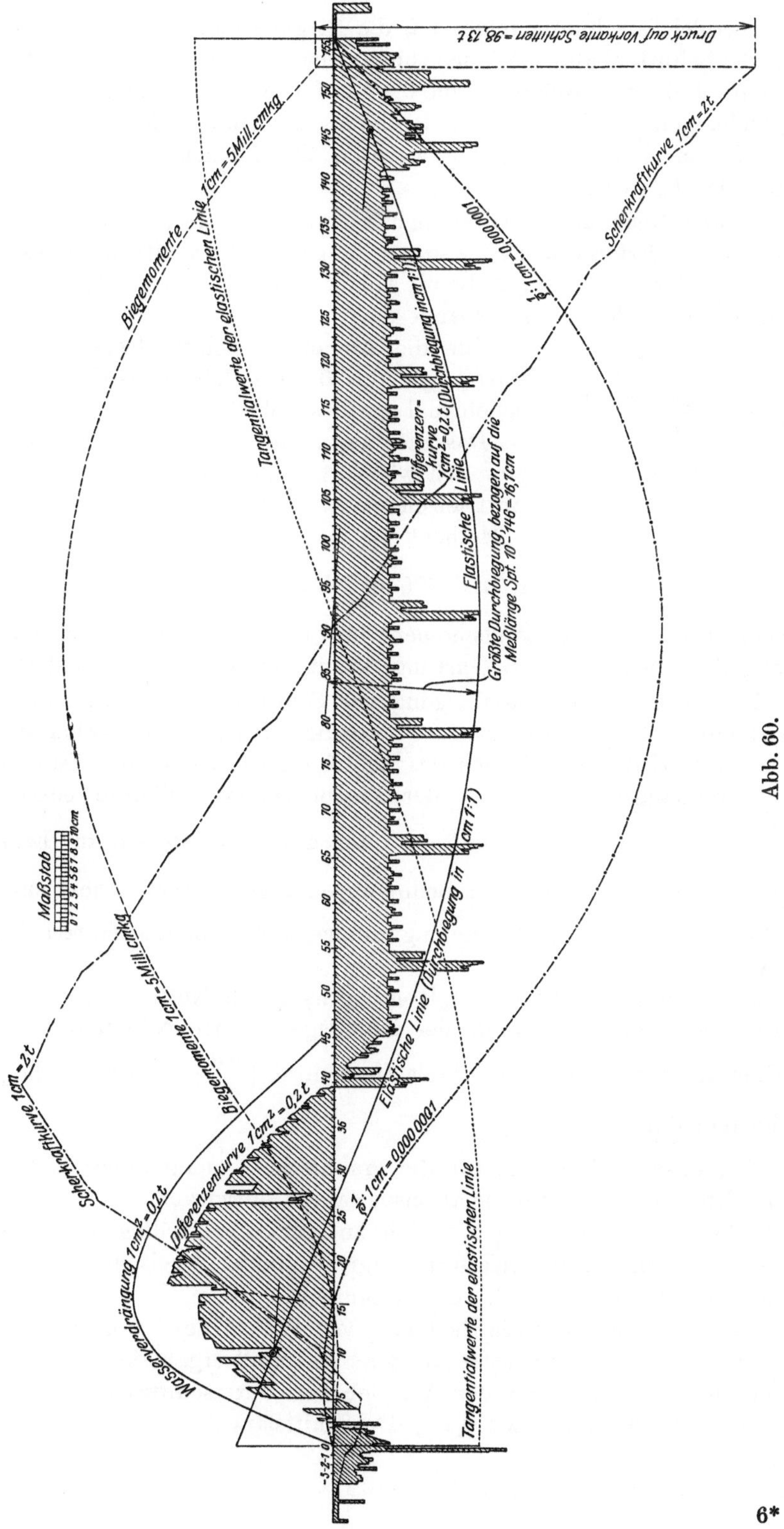

Abb. 60.

Eine Vergleichsrechnung zeigt, daß die Biegungsmomente mit zunehmender Neigung der Schlittenbahn, also auch zunehmendem Druck auf Vorkante Schlitten, anwachsen. Bei einer Neigung von 6 cm auf 1 m ergeben sich ca. 8% höhere Beanspruchungen als bei der der Rechnung zugrunde gelegten Neigung von 10 cm auf 1 m (1: 10). Ebenfalls wachsen die Momente mit zunehmender Völligkeit des Hinterschiffes.

Die genaue Rechnung muß ähnlich wie die Längsfestigkeitsrechnung ausgeführt werden. Erforderlich ist alsdann die genaue Gewichtskurve des Schiffes entsprechend dem Bauzustand beim Ablauf und die Kurve der zugehörigen Trägheitsmomente des Längsverbandes.

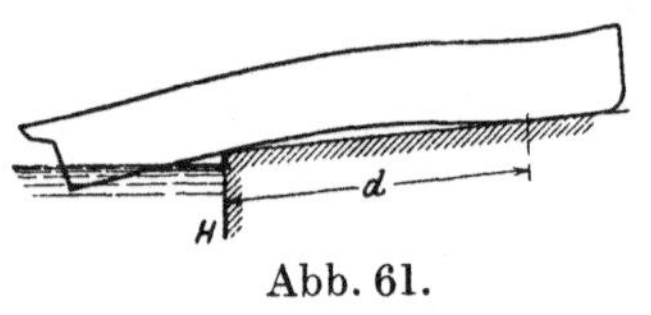

Abb. 61.

Für die Annahme: Schiff elastisch, Unterlage starr zeigt Abb. 61 das Belastungsschema für eine beliebige Lage des Schiffes.

Das Biegungsmoment über Vorkante Helling ergibt sich wie vorher als Differenz von Gewichts- und Auftriebsmoment. Für „Kaiserin Auguste Viktoria“ erhält Weitbrecht[1]) dieses Moment zu maximal etwa 145 000 mt, was für 14000 Tonnen Ablaufgewicht und 206 m Schiffslänge ergibt $C = \frac{D \cdot L}{M_{max}} = 20$. Bei einem kleinsten Widerstandsmoment im ⊗ von 15,2 m³ erreichte die größte Spannung (Zug in der oberen Gurtung) somit den Wert $k_z = 950$ kg/cm².

Die Bestimmung der Durchbiegung des Schiffes ist zweifach statisch unbestimmt mit dem — konzentrischen — Stützendruck H an Vorkante Helling und der Länge d des Hohlliegens des Schiffes über der Bahn. Da außerdem bei der zweimaligen Integration der Biegungsmomentenkurve entsprechend $E \cdot J \frac{d^2 y}{dx^2} = M_x$ zwei Integrationskonstanten auftreten, müssen zur Ermittlung der Unbekannten insgesamt vier Bedingungen gegeben sein. Diese sind:

1. Durchbiegung Vorkante Helling infolge der Annahme starrer Stützung gleich Null,
2. Durchbiegung am Ende des Hohlliegens gleich Null,
3. Biegungsmoment am Ende des Hohlliegens gleich Null und
4. Richtung der Tangente an die elastische Linie $\left(\frac{dy}{dx}\right)$ an dieser Stelle parallel der Schlittenbahn.

Die theoretische Unterlage für die graphische Lösung dieser Aufgabe hat Weitbrecht mit einem Interpolationsverfahren entwickelt.

Nach dieser Rechnung ergeben sich an Vorkante Helling außerordentlich hohe Kantenpressungen, für „Kaiserin Auguste Viktoria“ beispielsweise maximal 7800 Tonnen entsprechend 56% des Ablaufgewichtes.

Als weitere Werte liefert die Rechnung von Weitbrecht die Durchbiegung des Schiffskörpers. Für „Kaiserin Auguste Viktoria“ ergab sich bei 90 m Überhang trotz der Stützung durch den Auftrieb des Hinterschiffes eine Senkung des Hecks von noch 209 mm (etwa 0,1% der Schiffslänge).

[1]) Schiffbau 1908, Nr. 19 und 20.

Die Rechnungsmethode von Weitbrecht ist auch verwendbar, wenn die Unterlage, also Schlitten, Schlittenstapelung, Hellingsohle und Hellingunterbau, als elastisch angenommen werden[1]).

Die Pressung an Vorkante Helling verteilt sich alsdann keilförmig entsprechend der elastischen Linie des Schiffes. Der größte Wert für diesen verteilten Druck ergibt sich an Vorkante Helling zu

$$p_{\max} = \sqrt{\frac{H \cdot h}{E \cdot b} \frac{dy}{dx}},$$

wo H der konzentrierte Druck bei starrer Unterlage, also nach vorhergehender Rechnung, h die Dicke der Unterlage (nach Weitbrecht für normale Hellingkonstruktion mit gerammten Pfählen etwa 10 m), b die Breite der Unterlage im Bereich eines Schlittens, E der Elastizitätsmodul der Unterlage (nach Weitbrecht etwa gleich dem des Holzes, also 10^5 kg/cm²) und $\frac{dy}{dx}$ die Neigung der elastischen Linie an Vorkante Helling in Bezug auf die Schlittenbahn, auch entsprechend der Rechnung für starre Unterlage, bedeutet.

Die Rechnung für elastische Unterlage setzt also diejenige für starre Unterlage voraus.

In Anwendung auf den Stapellauf der „Kaiserin Auguste Viktoria" erhält Weitbrecht als größte Kantenpressung $p_{\max} = 66$ kg/cm², was einer etwa achtfachen Sicherheit gegen Bruch entspricht.

8. Schubbeanspruchung aus der Längsbiegung.

Wie beim gebogenen Stab wirken auch in den Querschnitten des Längsträgers Querkräfte, die sich nicht gleichmäßig über die Querschnittsfläche verteilen. Die Größe dieser Querkräfte ergibt sich ohne weiteres aus der Scherkraftkurve der Längsfestigkeitsrechnung. Die Verteilung der durch sie hervorgerufenen Schubspannungen über den Querschnitt folgt dem Gesetz:

$$\tau = \frac{Q \cdot S}{b \cdot J} \quad \text{(vgl. Seite 4).}$$

b ist die Breite des Querschnittes an der betrachteten Stelle.

Nach dem Satz von der Gleichheit der einander zugeordneten Schubspannungen[2]) wirkt diese Schubspannung an der betrachteten Stelle des Querschnittes auch senkrecht zum Querschnitt, also horizontal in der Längsrichtung des Schiffes.

Aus der Gleichung ergibt sich, daß das Maximum dieser Schubbeanspruchungen im Bereich der neutralen Achse, wo S seinen Größtwert erhält, liegt, und zwar der Längsrichtung nach an den Stellen, wo die Scherkraftkurve Größtwerte erreicht (etwa $^1/_4$ Schiffslänge von den Schiffsenden gerechnet).

Schubspannung multipliziert mit der Breite des Querschnittes (Stegdicke) ergibt die in 1 cm Länge wirkende Schubkraft.

Diese Schubkraft ist bestrebt, den verhältnismäßig dünnen Steg des Trägers (Außenhaut) zu verwerfen (vgl. S. 49). Verhindert wird dies durch die Spanten.

---

[1]) Weitbrecht: Stapellaufberechnungen. Schiffbau Jg. 10, S. 1.

[2]) Föppl: Techn. Mechanik Bd. III, Abschn. I.

Konstruktiv ist sie maßgebend für die Nahtnietung der Außenhautplatten, vor allem im Bereich der neutralen Achse.

Ist der Nietabstand der Nahtnietung $t = n \cdot d$, so ist die Schubkraft in dem Querschnitt, in welchem die Nieten liegen, für die Länge eines Nietabstandes

$$V = \frac{Q \cdot S}{J} t .$$

Die Gegenkraft ist der Scherwiderstand des Nietquerschnittes in demselben Bereich, bei m Nietquerschnitten also

$$m \cdot \frac{\pi d^2}{4} \cdot k_s ,$$

wo k_s die im Nietquerschnitt zulässige Scherbeanspruchung ist. Es folgt somit

$$m \cdot \frac{\pi d^2}{4} \cdot k_s = \frac{Q \cdot S}{J} \cdot n \cdot d .$$

Infolge der notwendigen Wasserdichtigkeit ist $n = 4$. d ist gegeben nach der Dicke der Außenhaut, und S ist zu berechnen für die neutrale Achse. Für gegebenes k_s (5—600 kg/cm²) folgt alsdann

$$m = \frac{5{,}1\, Q \cdot S}{d \cdot J \cdot k_s} .$$

Da bei dreireihiger Nietung die mittlere Reihe erst nach Überschreitung der Gleitgrenze trägt, muß in diesem Falle der mittlere Nietquerschnitt kleiner eingesetzt werden. Man rechnet als wirksam $0{,}8 \frac{\pi d^2}{4}$, setzt also statt d $0{,}9\, d$.

Beispiel: Für ein Fracht- und Passagierschiff von 62 m Länge wird nach der Längsfestigkeitsrechnung die größte Scherkraft 300 Tonnen. Ferner ist bezogen auf die neutrale Achse:

$$S = 0{,}64 \text{ m}^3 , \qquad J = 3{,}5 \text{ m}^4 .$$

Die Schubkraft in der neutralen Längsfaser wird also für 1 cm Länge:

$$V = \frac{300\,000 \cdot 640\,000}{350\,000\,000} = 550 \text{ kg} .$$

Für $k_s = 500$ kg/cm² und $d = 1{,}9$ cm folgt

$$m = \frac{5{,}1 \cdot 300\,000 \cdot 640\,000}{1{,}9 \cdot 500 \cdot 350\,000\,000} = \backsim 3 .$$

Man wird somit jede Naht der beiden Schiffsseiten zweireihig vernieten. Bei einer Dicke der Außenhaut von 9 mm wird die Schubbeanspruchung im Blech

$$\tau = \frac{550}{2 \cdot 0{,}9} = \backsim 300 \text{ kg/cm}^2$$

und die Schubbeanspruchung in der Nietung

$$k_s = \frac{550 \cdot 4 \cdot 1{,}9}{1{,}9 \cdot 4} = 550 \text{ kg/cm}^2$$ [1]).

[1]) Für Flußfahrzeuge errechnet Wrobbel (Werft Reederei Hafen Heft 21. 1923) beim Stapellauf Schubbeanspruchungen bis 750 kg/cm², die bei dieser einmaligen Belastung noch als zulässig betrachtet werden.

9. Die Durchbiegung des Schiffskörpers.

Als Balken von verhältnismäßig geringer Durchbiegung betrachtet, ergibt sich für den Längsverband die elastische Linie nach der Gleichung

$$E J_x \frac{d^2 y}{d x^2} = M_x ,$$

aus der für konstanten Wert von E die Durchbiegung folgt zu

$$y_x = \frac{1}{E} \iint\limits_{x=0}^{x=L} \frac{M_x}{J_x} \cdot dx \cdot dx .$$

Für die graphische Integration ist somit die Kurve der $\frac{M_x}{J_x}$-Werte erforderlich. Es genügt, die Trägheitsmomente für das Hauptspant und je zwei nach den Enden zu liegende Querschnitte zu berechnen und die Werte als „Kurve der Trägheitsmomente" durchzustraken. Im Bereich des Mittelschiffes ist J_x angenähert konstant.

Die erste Integration der $\frac{M_x}{J_x}$-Kurve liefert die Kurve der $E \cdot \frac{dy}{dx}$-Werte, d. h. die Tangentenrichtungen an die Durchbiegungskurve. Für die Lage dieser Kurve ist maßgebend, daß sie dort die Achse schneidet, also den Wert $E \frac{dy}{dx} = 0$ annimmt, wo die $\frac{M_x}{J_x}$-Kurve, ihre Differentialkurve, ihr Maximum hat. Diese Stelle ist ohne weiteres erkenntlich, und man integriert demnach von dieser Stelle aus nach den Schiffsenden zu.

Die zweite Integration, welche die y-Werte liefert, muß von einem Schiffsende aus erfolgen, denn wird als Basis für die y-Werte etwa der ursprünglich gerade Kiel angenommen, so muß an den Enden $y = 0$ werden. Gewöhnlich wird nun der Endpunkt dieser zweiten Integralkurve nicht auf die Basis der ersten Integralkurve fallen, sondern in bezug auf diese einen Ordinatenwert haben. Entsprechend den Grenzbedingungen muß die Basis der erhaltenen — zweiten — Integralkurve demnach durch den angenommenen Anfangspunkt der Integration und den Endpunkt der Schlußordinate gehen, so daß für diese gedrehte Basis an beiden Enden $y = 0$ wird. Das Maximum der Durchbiegung liegt an der Stelle $E \frac{dy}{dx} = 0$. Die Durchführung der Rechnung ergibt sich aus Abb. 48, S. 67.

Aus den auf Seite 74 dargelegten Gründen kann als Elastizitätsmodul des ganzen als Träger betrachteten Schiffes nicht derjenige des Materials (S. M. Flußeisen $E = 2\,175\,000$ kg/cm²) genommen werden.

Nach den Versuchen von Biles[1]) errechnete sich der Elastizitätsmodul zu $E = 1\,600\,000$ kg/cm². Biles machte seine Versuche mit einem Torpedoboot. Leider liegen keine analogen Versuche mit den allgemein fester gebauten Handelsschiffen vor. Es ist anzunehmen, daß für diese der Wert etwas höher ist. Es wird daher zweckmäßig sein, bei Handelsschiffen mit $E = 1\,600\,000 - 1\,800\,000$ kg/cm²

[1]) Transactions of the Institution of Naval Arch. 1905.

zu rechnen je nach Bauart und Höhe der Beanspruchungen in der Nietung des Längsverbandes.

Abzulehnen ist der Vorschlag, den unzweifelhaft bestehenden Abfall des Elastizitätsmoduls durch eine Verringerung der wirksamen Trägheitsmomente der Spantquerschnitte auszugleichen und dafür mit dem Elastizitätsmodul des Materials zu rechnen.

10. Biegungsschwingungen.

Wie jeder Träger kann auch das Schiff unter dem Einfluß in bestimmter Zeitfolge sich wiederholender Impulse Schwingungen ausführen, die sich als Vibrationen bemerkbar machen und die, falls die Impulse mit der Eigenschwingung in Resonanz stehen, erhebliche, unter Umständen gefährliche Beanspruchungen in den Schiffsverbänden hervorrufen können. Theoretisch muß jede Resonanz bei hinreichend langer und ungestörter Wirkung zum Bruch führen, da die Schwingung durch jeden Impuls in ihrer Amplitude verstärkt wird und mit dem Anwachsen der Massenkräfte auch die Beanspruchungen wachsen.

Aus diesem Grunde ist bei den Schwingungen von Körpern, die in Resonanz mit den sie hervorrufenden Kraftimpulsen treten können, weniger von Interesse, zu wissen, welche Beanspruchungen auftreten, als vielmehr zu ermitteln, in welchen Zeitintervallen der Kraftwirkung Resonanz auftreten kann. Diese Schwingungszeit des Kraftimpulses wird die kritische genannt.

Wird der Längsverband des Schiffes als ein frei schwingender Stab aufgefaßt, so ist das Problem seiner Biegungsschwingungen gegeben durch die Differentialgleichung[1])

$$E J \frac{\partial y^4}{\partial x^4} = -\mu \frac{\partial y^2}{\partial x^2},$$

wo E der Elastizitätsmodul des Materials, J das im allgemeinsten Falle veränderliche Trägheitsmoment des Querschnittes des Längsverbandes und μ die im allgemeinsten Falle ebenfalls veränderliche Massenverteilung bezogen auf die Längeneinheit bedeutet.

Um zu einer mathematischen Lösung der Gleichung und damit zu einer ersten Annäherung für die Schiffsschwingungen zu gelangen, werde angenommen, daß das Trägheitsmoment und die Massenverteilung über die ganze Stablänge konstant sei, oder, was mathematisch dasselbe bedeutet, daß das Verhältnis $\frac{\mu}{J}$ für jeden Querschnitt dasselbe bleibt. Die Lösung der Gleichung liefert dann für die einfachste Form der Schwingung mit zwei Knotenpunkten, für die sog. Grundschwingung, die Zeit für eine volle Schwingung zu

$$T = 0{,}281 \sqrt{\frac{G \cdot L^3}{g E J}} \text{ Sekunden,}$$

wo G das Schiffsgewicht, L die Schiffslänge und g die Beschleunigung durch die Anziehungskraft der Erde ist. Die Lage der zur Mitte Schiff symmetrisch

[1]) Föppl: Technische Mechanik Bd. IV.

liegenden Knotenpunkte ergibt sich nach Gleichung

$$a = 0{,}276 \cdot L\,,$$

wo a von Mitte Schiff aus gemessen ist.

Die kritische Umdrehungszahl in der Minute der Maschine oder des Propellers, bei welcher Resonanz und damit Vibrationen zu erwarten sind, ist demnach

$$N_k = \frac{60}{T} = 213\sqrt{\frac{g\,E \cdot J}{G \cdot L^3}}\,.$$

Als Trägheitsmoment ist das des Längsverbandes im Hauptspantquerschnitt einzusetzen und für den Elastizitätsmodul des Schiffes wie bei der statischen Längsbiegung im Wellengang $E = 1\,800\,000$ kg/cm².

Die von Schlick für T aufgestellte Annäherungsformel geht von der Schwingungsgleichung des an einem Ende eingespannten Stabes aus. Diese lautet für konstante J- und μ-Werte

$$T = 0{,}181\sqrt{\frac{G\,L^3}{g \cdot E\,J}}\,,$$

welche sich von der des frei schwingenden Stabes nur durch den Wert der Konstanten unterscheidet.

Die Übereinstimmung mit den für T am Schiff beobachteten Werten sucht Schlick durch Einführung eines Erfahrungskoeffizienten C zu erreichen, durch welchen seine Formel für die kritische minutliche Schwingungszahl die Form

$$N_k = C \cdot \sqrt{\frac{J}{G \cdot L^3}} \qquad \text{erhält.}$$

Für Frachtdampfer mit vollen Linien gibt Schlick $C = 2\,800\,000$ an. Dieser Wert entspricht ziemlich genau der Konstanten der Formel für den frei schwingenden Stab, wenn gesetzt wird $E = 18\,000\,000$ t/m².

Eine einfache graphische Methode zur Bestimmung von N_k unter Berücksichtigung der tatsächlichen Verteilung der Schiffsmasse und der Trägheitsmomente der im Längsverband tragenden Querschnitte ergibt sich nach einer von Kull[1]) abgeleiteten Formel.

Für einen masselos gedachten Stab auf zwei Stützen, der in der Mitte durch eine Last P beansprucht wird, ergibt sich die Schwingungszahl der Eigenbiegung zu

$$T = 2\,\pi\sqrt{\frac{f}{g}}\,,$$

wo f die statische Durchbiegung bedeutet, die der Stab unter der Wirkung der Last P annimmt. Hat der Stab eine bestimmte gegebene Massenverteilung, so ist nach Kull an Stelle der statischen Durchbiegung f eine „repräsentierende" Durchbiegung f' zu setzen, die zu einer ideellen Resultierenden der wirkenden Kräfte — einschließlich der eigenen Gewichtsbelastung — gehört. Diese ergibt sich nach der Gleichung

$$f' = \frac{P_1 \cdot f_1^2 + P_2 f_2^2 + P_3 f_3^2 + \dots}{P_1 f_1 + P_2 f_2 + P_3 f_3 + \dots}\,.$$

[1]) Z. V. d. I. Mai 1918.

Hierin bedeuten die P-Werte die einzelnen Kräfte bzw. Gewichte, in welche die Gesamtbelastung des Stabes zerlegt werden kann, und die f-Werte die zugehörigen statischen Durchbiegungen unter den Angriffspunkten dieser Lasten.

In Anwendung auf das Schiff ergibt sich damit folgender Rechnungsgang: Die Belastung des Längsträgers ist gegeben durch die Differenzkurve aus Auftrieb und Gewicht, von der auch bei der Längsfestigkeitsrechnung ausgegangen wird. Diese Belastungskurve ergibt viermal integriert (vgl. S. 87) die zu der Belastung gehörende statische Durchbiegung. Durch sinngemäße Unterteilung der Belastungskurve in etwa 5 bis 7 Abschnitte ergeben sich die P-Werte als Inhalte der einzelnen Flächenteile und unter deren Schwerpunkten die zugehörigen f-Werte als Aufmaße aus der Kurve der statischen Durchbiegung.

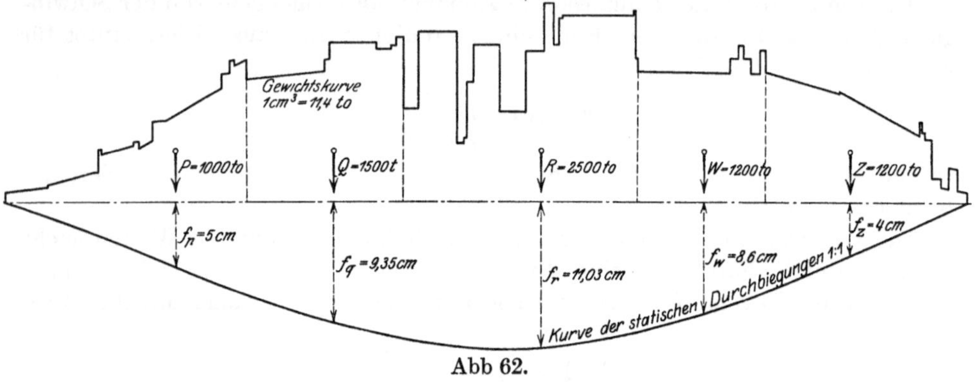

Abb 62.

Damit ist f' ohne weiteres gegeben und somit auch T. In Abb. 62 ist das Verfahren an einem Beispiel durchgeführt. Es wird

$$f' = \frac{1000 \cdot 25 + 1500 \cdot 87 + 2500 \cdot 122 + 1200 \cdot 74 + 1200 \cdot 16}{1000 \cdot 5 + 1500 \cdot 9{,}4 + 2500 \cdot 11 + 1200 \cdot 8{,}6 + 1200 \cdot 4} = 9{,}2 \text{ cm}.$$

Also wird

$$T = 2\pi \cdot \sqrt{\frac{0{,}092}{9{,}81}} = 0{,}6$$

und damit

$$N_k = \frac{60}{T} = 100.$$

Außer den Biegungsschwingungen des Schiffskörpers, die infolge von Kraftimpulsen aus der Maschine oder aus dem Propeller hervorgerufen werden, treten Biegungsschwingungen auf, wenn das Schiff im Seegang vertikale Tauch- und Stampfschwingungen ausführt. Beide rufen im Hauptspant Beanspruchungen hervor, die periodisch entsprechend der Bewegung des Schiffes ihre Richtung wechseln. Die Kräfte, welche diese Biegungsmomente hervorrufen, sind Massenkräfte und ergeben sich nach den dynamischen Grundgleichungen für die Tauchschwingungen als Produkt aus Masse und Beschleunigung, für die Stampfbewegung als Produkt aus Winkelbeschleunigung und Massenträgheitsmoment.

Die Bestimmung dieses dynamischen Einflusses der Schiffsbewegung auf die Längsbeanspruchung des Schiffskörpers ist von Horn[1]) in einer umfassenden

[1]) Horn: Dissertation Techn. Hochschule Berlin 1910.

Arbeit klargestellt. Diese Untersuchung hat als hauptsächliches Ergebnis, daß in den weitaus meisten Fällen, nämlich in denen, wo bei der statischen Betrachtung das größte Biegungsmoment bei der Lage des Schiffes auf einem Wellenberg auftritt, das dynamische Biegungsmoment dem statischen entgegengesetzt gerichtet ist, es also verringert. Damit ergibt sich für die Praxis, daß die übliche Längsfestigkeitsrechnung bei statischer Gleichgewichtslage in der Welle den ungünstigsten Fall der Beanspruchung darstellt und eine besondere Berücksichtigung der dynamischen Zusatzmomente nicht erforderlich ist. Nur bei sehr langen Schiffen, bei denen die Belastung auf Mitte Schiff konzentriert ist, erreichen die dynamischen Zusatzmomente Größen in den ungünstigsten Fällen bis 30% der statischen Momente. Für ein Torpedoboot von 64 m Länge und 472 t Verdrängung (Kohlenbunker in Mitte Schiff und gefüllt) ermittelt Horn das größte statische Biegungsmoment (im Wellental) zu 1350 mt $= \frac{P \cdot L}{22{,}4}$ und das dynamische Zusatzmoment zu 240 mt = 17,8% des statischen Momentes.

IV. Querfestigkeit.

Wie bei der Längsfestigkeit ist auch bei der Querfestigkeit zu unterscheiden zwischen statischer und dynamischer Belastung. Während bei der Längsfestigkeit die erstere von entscheidender Bedeutung ist, tritt sie bei der Querfestigkeit gegenüber der dynamischen Belastung zurück. Der Grund hierfür ist die Schlingerbewegung des Schiffes, die Massenkräfte hervorruft, welche bestrebt sind, den aus Bodenwrangen, Spanten und Deckbalken gebildeten Rahmen des Querverbandes zu deformieren. Infolge der verschiedenartigen Belastungen der einzelnen Spantquerschnitte sowie der Ungleichmäßigkeit des Wellenangriffs im Vor- und Hinterschiff werden die Auftriebsverhältnisse in den einzelnen Querschnitten verschieden und die Folge ist eine Torsionsbeanspruchung des gesamten Schiffskörpers, die im Seegang dauernd nach Größe und Richtung wechselt. Die Schwierigkeiten in der rechnerischen Klarstellung dieser Torsionsbeanspruchungen, vor allem in der Ermittlung der Massenkräfte, und das Fehlen einer für die Praxis brauchbaren Rechnungsmethode, ähnlich der Methode zur Bestimmung der Längsfestigkeit, rechtfertigen eine induktive Behandlung des Problems. Dabei ist von statischen Belastungen auszugehen, um zunächst brauchbare Verhältniszahlen für Vergleichszwecke zu erhalten.

Die Grundlagen zur Bestimmung der statischen Querfestigkeit.

Der Querverband der Schiffe wird gebildet von Schotten und Rahmenverbänden, die im einfachsten Falle aus Bodenwrangen, Spanten und Deckbalken bestehen. Eine große Anzahl dieser Rahmenverbände, nämlich die neben den Decksöffnungen liegenden, sind offene Rahmen.

Eine erhebliche Entlastung erhalten diese Rahmen durch die als starrer Verband zu betrachtenden Schotte. Da diese jedoch in Abständen bis zu 28 m voneinander stehen können, wird sich der Einfluß der Schotte in der Mitte zwischen denselben nicht mehr bemerkbar machen, und es ist daher berechtigt, auf die Querschotte zunächst keine Rücksicht zu nehmen, zumal die Rechnung alsdann auf der sicheren Seite liegt.

Die rechnerische Behandlung des geschlossenen Rahmenträgers gestaltet sich am einfachsten, wenn an jeder Stelle ein konstantes Trägheitsmoment des Rahmenquerschnittes angenommen wird und die Balkenbucht, Aufkimmung und der Kimmradius unberücksichtigt bleiben. Mit diesen Annahmen ergibt sich aus den Biegungsmomenten, die in dem Rahmen auftreten, der erste Anhaltspunkt für die konstruktive Gestaltung des Rahmens. Liegt dieser dann in erster Annäherung vor, so können bei einer Kontrollrechnung die verschiedenen Trägheitsmomente von Bodenwrangen, Spanten und Deckbalken berücksichtigt werden.

Die normale Belastung des Rahmens bilden:

1. Das Gewicht des Verbandes selbst und das Gewicht der mit ihm verbundenen Teile des Schiffes;
2. das Gewicht der Decklast (auch der überkommenden Seen);
3. der statische Wasserdruck auf Seitenwand und Boden;
4. der statische Ladungsdruck auf Seitenwand und Boden.

Für die Errechnung der Biegungsmomente kommt zunächst der Satz vom Minimum der Formänderungsarbeit in Betracht, welcher die statisch unbestimmten Größen mittels der Gleichungen

$$\frac{\partial A}{\partial M_0} = \int \frac{M}{EJ} \frac{\partial M}{\partial M_0} ds = 0 ,$$

$$\frac{\partial A}{\partial H} = \int \frac{M}{EJ} \frac{\partial M}{\partial H} ds = 0 ,$$

$$\frac{\partial A}{\partial K} = \int \frac{M}{EJ} \frac{\partial M}{\partial K} ds = 0$$

liefert. In diesen ist M_0 das Einspannmoment, H und K sind die Komponenten der Auflagerreaktion in den Achsenrichtungen. Der Einfluß der Schubkräfte auf die Spannungen und Deformationen bleibe unberücksichtigt. Alle Abstützungen werden als vollkommen starr angenommen.

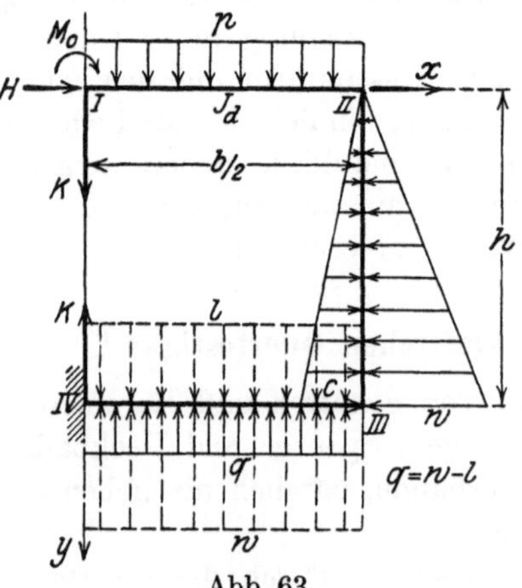

Abb. 63.

Der hiermit gegebene Rechnungsgang sei zunächst an einfachen schematisierten Belastungsfällen klargestellt.

In dem Belastungsschema der Abb. 63, welches die eine Hälfte des Hauptspantes eines Eindeckschiffes von der Seitenhöhe h und der Breite b schematisch darstellen möge, sei p die Deckbelastung, l der Ladungsdruck und w der Bodendruck für die Flächeneinheit, also etwa für 1 m². Wird von dem Eigengewicht des Querschnittes abgesehen, so ergibt das Gleichgewicht der vertikal gerichteten Kräfte die Bedingung

$$p + l = w \quad \text{oder} \quad p = w - l .$$

Wird $w - l = q$ gesetzt, so werden p und q die entgegengesetzt wirkenden Kräfte in vertikaler Richtung.

Seitlich wirkt von außen der Wasserdruck mit dem Größtwert w. Der Einfachheit halber sei eine Tauchung bis Seite Deck angenommen. Von innen wirkt der Ladungsdruck in entgegengesetzter Richtung. Wird eine homogene, vollständige Füllung des Raumes angenommen, so nimmt der seitliche Ladungsdruck, ähnlich wie der seitliche Wasserdruck von Seite Deck ausgehend proportional bis zum Werte c am Boden zu. Das Belastungsdiagramm der Seitenwand ist also ein Dreieck von der Grundlinie entsprechend $w - c$. Da die Beanspruchung des Querschnittes am größten wird, wenn der seitliche Ladungsdruck gleich Null wird, so sei weiterhin nur der äußere Wasserdruck berücksichtigt. Damit ergibt sich das Belastungsschema nach Abb. 64.

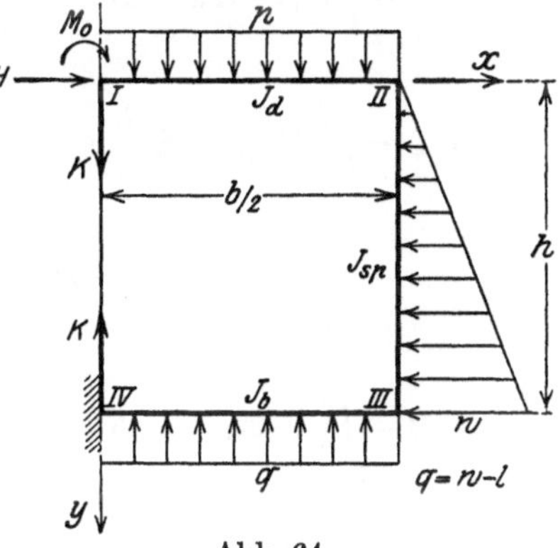

Abb. 64.

Da der Querschnitt in der Symmetrieebene eine Stütze hat, wird die Aufgabe mit dem Einspannmoment M_0, den Auflagekomponenten H und K in I 3fach statisch unbestimmt. Für konstante Werte von E und J ergeben sich somit nach dem Satze vom Minimum der Formänderungsarbeit für diese drei Unbekannten die Gleichungen:

$$\int\limits_{\mathrm{I}}^{\mathrm{IV}} M \cdot \frac{\partial M}{\partial M_0} ds = 0; \quad \int\limits_{\mathrm{I}}^{\mathrm{IV}} M \cdot \frac{\partial M}{\partial H} ds = 0; \quad \int\limits_{\mathrm{I}}^{\mathrm{IV}} M \cdot \frac{\partial M}{\partial K} ds = 0 .$$

Das Biegungsmoment umfaßt die 3 Stetigkeitsbereiche I—II, II—III, III—IV und wird:

Bereich I—II: $M_x = M_0 - Kx - \frac{p x^2}{2}$,

„ II—III: $M_y = M_0 - K\frac{b}{2} + Hy - \frac{p b^2}{8} - \frac{w y^3}{6h}$,

„ III—IV: $M_x = M_0 - Kx + Hh + \frac{p b^2}{8} - \frac{p b x}{2} - \frac{w h^2}{6} - \frac{q\left(\frac{b}{2} - x\right)^2}{2}$.

Damit ergibt sich für die partiellen Ableitungen von M nach den statisch unbestimmten Größen

		$\frac{\partial M}{\partial M_0}$	$\frac{\partial M}{\partial H}$	$\frac{\partial M}{\partial K}$
Bereich:	I—II:	1	0	$-x$
„	II—III:	1	$+y$	$-\frac{b}{2}$
	III—IV:	1	$+h$	$-x$

Die Bestimmungsgleichungen für M_0, H und K lauten demnach:

$$\frac{\partial A}{\partial M_0} = 0 = \int\limits_{\mathrm{I}}^{\mathrm{IV}} \left(M_0 - Kx - \frac{p x^2}{2}\right)_{x=0}^{x=\frac{b}{2}} dx + \left(M_0 - K\frac{b}{2} + Hy - \frac{p b^2}{8} - \frac{w y^3}{6h}\right)_{y=0}^{y=h} dy$$

$$+ \left(M_0 - Kx + Hh + \frac{p b^2}{8} - \frac{pbx}{2} - \frac{w h^2}{6} - \frac{qb^2}{8} + \frac{qbx}{2} - \frac{qx^2}{2}\right)_{x=\frac{b}{2}}^{x=0} dx\,,$$

$$\frac{\partial A}{\partial H} = 0 = \int\limits_{\mathrm{I}}^{\mathrm{IV}} \left(M_0 y - K\frac{b}{2} y + H y^2 - \frac{p b^2 y}{8} - \frac{w y^4}{6h}\right)_{y=0}^{y=h} dy$$

$$+ \left(M_0 h - Khx + Hh^2 + \frac{phb^2}{8} - \frac{pbhx}{2} - \frac{wh^3}{6} - \frac{qhb^2}{8} + \frac{qhbx}{2} - \frac{qhx^2}{2}\right)_{x=\frac{b}{2}}^{x=0} dx\,,$$

$$\frac{\partial A}{\partial K} = 0 = \int\limits_{\mathrm{I}}^{\mathrm{IV}} \left(-M_0 x + Kx^2 + \frac{p x^3}{2}\right)_{x=0}^{x=\frac{b}{2}} dx$$

$$+ \left(-M_0\frac{b}{2} + K\frac{b^2}{4} - H\frac{by}{2} + \frac{p b^3}{16} + \frac{w b y^3}{12h}\right)_{y=0}^{y=h} dy$$

$$+ \left(-M_0 x + Kx^2 - Hhx - \frac{p b^2 x}{8} + \frac{p b x^2}{2} + \frac{w h^2 x}{6} + \frac{q b^2 x}{8}\right.$$

$$\left. - \frac{q b x^2}{2} + \frac{q x^3}{2}\right)_{x=\frac{b}{2}}^{x=0} dx\,.$$

Die Integration liefert die Gleichungen

$$0 = M_0 h + H\frac{h^2}{2} - H\frac{hb}{2} - K\frac{hb}{2} - \frac{w h^3}{24} + \frac{w h^2 b}{12} - \frac{p b^3}{48} - \frac{p b^2 h}{8} + \frac{q b^3}{48}\,,$$

$$0 = M_0\frac{h^2}{2} - M_0\frac{hb}{2} - H\frac{h^2 b}{2} + H\frac{h^3}{3} - K\frac{bh^2}{4} + K\frac{hb^2}{8} - \frac{wh^4}{30} + \frac{wh^3 b}{12} - \frac{pb^2h^2}{16} + \frac{qhb^3}{48}\,,$$

$$0 = -M_0\frac{bh}{2} - H\frac{bh^2}{4} + H\frac{hb^2}{8} + K\frac{hb^2}{4} + \frac{wbh^3}{48} - \frac{wh^2b^2}{48} + \frac{pb^3h}{16} + \frac{pb^4}{384} - \frac{qb^4}{384}.$$

Sind die Abmessungen des Rahmens beispielsweise $b = 10$ m und $h = 6$ m, so wird $w = 6000$ kg/m².

Für $p = 1500$ kg/m² wird $l = 4500$ kg/m² und $q = 1500$ kg/m². Dann gehen die Gleichungen über in

$$\begin{aligned} 0 &= M_0 - 2H - 5K + 2250\,, \\ 0 &= -2M_0 - 18H - 2{,}5K + 111\,800\,, \\ 0 &= -M_0 - 0{,}5H + 5K + 12\,750\,. \end{aligned}$$

Damit wird $\boldsymbol{M_0 = +3470}$ **mkg,** $\boldsymbol{H = 6000}$ **kg** und $\boldsymbol{K = -1257}$ **kg.**

Der durch diese Werte bestimmte Verlauf der Biegemomente ist aus Abb. 65 (volle Linien) ersichtlich. Die Werte sind senkrecht zu der neutralen Achse des Rahmens in dem zugehörigen Querschnitt aufgetragen, die + Momente nach außen, die — Momente nach innen.

Bei dieser Rechnung war angenommen, daß der Rahmen überall gleiche Trägheitsmomente hat. Tatsächlich haben Deckbalken, Spanten und Bodenwrangen verschiedene Trägheitsmomente. Nimmt man beispielsweise die Verbände nach dem Germanischen Lloyd für eine Schiffsbreite von 10 m und eine Seitenhöhe gleich 6 m an, so werden die Trägheitsmomente für 1 m Schiffslänge (oder etwa für eine Spantentfernung als Längeneinheit) im

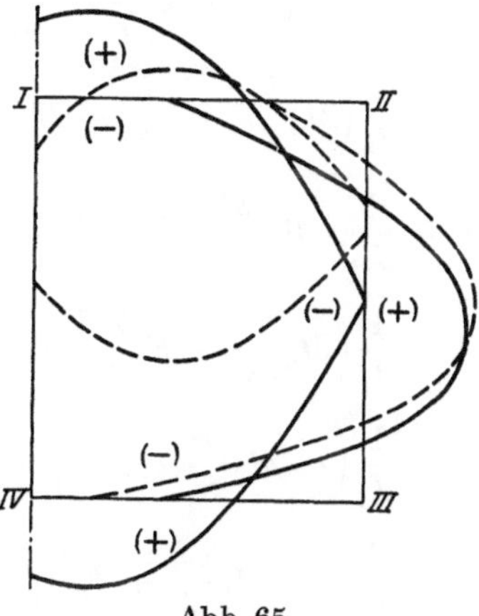

Abb. 65.

Bereich I—II (Deckbalken)

$$J_d = 0{,}00001210 \text{ m}^4 ,$$

„ II—III (Spant)

$$J_{sp} = 0{,}00002532 \text{ „}$$

„ III—IV (Bodenwrange)

$$J_b = 0{,}00325565 \text{ „}$$

Die Beplattungen sind dabei wie üblich in vierzigfacher Dicke als Breite mitgerechnet.

Für die gleiche Belastung wie vorher lauten die Bestimmungsgleichungen für M_0, H und K alsdann:

$$\frac{\partial A}{\partial M_0} = 0 = \int\limits_{\mathrm{I}}^{\mathrm{IV}} \frac{1}{J_d}\left(M_0 - Kx - \frac{p x^2}{2}\right)_{x=0}^{x=\frac{b}{2}} dx + \frac{1}{J_{sp}}\left(M_0 - K\frac{b}{2} + Hy - \frac{p b^2}{8} - \frac{w y^3}{6h}\right)_{y=0}^{y=h} dy + \frac{1}{J_b}\left(M_0 - Kx + Hh + \frac{p b^2}{8} - \frac{p b x}{2} - \frac{w h^2}{6} - \frac{q b^2}{8} + \frac{q b x}{2} - \frac{q x^2}{2}\right)_{x=\frac{b}{2}}^{x=0} dx ,$$

$$\frac{\partial A}{\partial H} = 0 = \int\limits_{\mathrm{I}}^{\mathrm{IV}} \frac{1}{J_{sp}}\left(M_0 y - K\frac{b y}{2} + H y^2 - \frac{p b^2 y}{8} - \frac{w y^4}{6h}\right)_{y=0}^{y=h} dy + \frac{1}{J_b}\left(M_0 h - K h x + H h^2 + \frac{p h b^2}{8} - \frac{p b h x}{2} - \frac{w h^3}{6} - \frac{q h b^2}{8} + \frac{q h b x}{2} - \frac{q h x^2}{2}\right)_{x=\frac{b}{2}}^{x=0} dx ,$$

$$\frac{\partial A}{\partial K} = 0 = \int\limits_{\mathrm{I}}^{\mathrm{IV}} \frac{1}{J_a}\left(-M_0 x + K x^2 + \frac{p x^3}{2}\right)_{x=0}^{x=\frac{b}{2}} dx + \frac{1}{J_{sp}}\left(-M_0\frac{b}{2} + K\frac{b^2}{4} - H\frac{b y}{2} + \frac{p b^3}{16} + \frac{w b y^3}{12h}\right)_{y=0}^{y=h} dy + \frac{1}{J_b}\left(-M_0 x + K x^2 - H h x - \frac{p b^2 x}{8} + \frac{p b x^2}{2} + \frac{w h^2 x}{6} + \frac{q b^2 x}{8} - \frac{q b x^2}{2} + \frac{q x^3}{2}\right)_{x=\frac{b}{2}}^{x=0} dx .$$

Die Integration liefert:

$$0=\frac{1}{J_d}\left(M_0\frac{b}{2}-K\frac{b^2}{8}-\frac{p\,b^3}{48}\right)+\frac{1}{J_{sp}}\left(M_0 h-K\frac{b\,h}{2}+H\frac{h^2}{2}-\frac{p\,b^2 h}{8}-\frac{w\,h^3}{24}\right)$$

$$-\frac{1}{J_b}\left(M_0\frac{b}{2}-K\frac{b^2}{8}+H\frac{h\,b}{2}-\frac{w\,h^2\,b}{12}-\frac{q\,b^3}{48}\right),$$

$$0=\frac{1}{J_{sp}}\left(M_0\frac{h^2}{2}-K\frac{b\,h^2}{4}+H\frac{h^3}{3}-\frac{p\,b^2\,h^2}{16}-\frac{w\,h^4}{30}\right)$$

$$-\frac{1}{J_b}\left(M_0\frac{h\,b}{2}-K\frac{h\,b^2}{8}+H\frac{h^2\,b}{2}-\frac{w\,h^3\,b}{12}-\frac{q\,h\,b^3}{48}\right),$$

$$0=\frac{1}{J_d}\left(-M_0\frac{b^2}{8}+K\frac{b^3}{24}+\frac{p\,b^4}{128}\right)$$

$$+\frac{1}{J_{sp}}\left(-M_0\frac{b\,h}{2}+K\frac{b^2\,h}{4}-H\frac{b\,h^2}{4}+\frac{p\,b^3\,h}{16}+\frac{w\,b\,h^3}{48}\right)$$

$$-\frac{1}{J_b}\left(-M_0\frac{b^2}{8}+K\frac{b^3}{24}-H\frac{h\,b^2}{8}+\frac{p\,b^4}{192}+\frac{w\,h^2\,b^2}{48}+\frac{q\,b^4}{384}\right).$$

Werden die Zahlen von vorher eingesetzt, so folgt

$$\boldsymbol{M_0=-2320\,\mathrm{mkg};\quad K=-3290\,\mathrm{kg};\quad H=+4740\,\mathrm{kg}.}$$

Der Verlauf der mit diesen Werten gegebenen Biegemomente ist vergleichshalber in Abb. 65 gestrichelt eingetragen.

Die Bestimmungsgleichungen für die statisch unbestimmten Größen können auch aus den Bedingungen abgeleitet werden, daß im Punkte I

1. die Winkeländerung β, die sich als Summe der Winkeländerungen $d\,\beta$ über die Rahmenhälfte ergibt, gleich Null ist;
2. die Verschiebung $\Delta\,x$ in horizontaler Richtung als Summe der Horizontalverschiebungen über die gesamte Rahmenhälfte Null sein muß und
3. wegen der als starr angenommenen Stütze die Summe der Verschiebungen in vertikaler Richtung über die Rahmenhälfte ebenfalls gleich Null sein muß.

Diese Bedingungen liefern die Gleichungen:

1. Winkeländerung $\beta=\int\limits_{\mathrm{I}}^{\mathrm{IV}}\frac{M}{E\,J}\,ds=0\,,$

2. Verschiebung in x-Richtung $\Delta\,x=\int\limits_{\mathrm{I}}^{\mathrm{IV}}\beta\,dy=\int\limits_{\mathrm{I}}^{\mathrm{IV}}\int\frac{M}{E\,J}\,ds\,dy=0\,,$

3. Verschiebung in y-Richtung $\Delta\,y=\int\limits_{\mathrm{I}}^{\mathrm{IV}}\beta\,dx=\int\limits_{\mathrm{I}}^{\mathrm{IV}}\int\frac{M}{E\,J}\,ds\,dx=0\,.$

Die Lösung der drei Gleichungen ist rechnerisch und graphisch möglich. Das graphische Verfahren empfiehlt sich bei Berücksichtigung der verschiedenen Trägheitsmomente und der genauen Form des Querverbandes, da alsdann die

Rechnung zwar genauer und allgemein gültig, dafür aber komplizierter, wenn nicht unmöglich wird.

Für den in Abb. 66 angegebenen Querverband des Schiffes ergibt die Gleichgewichtsbedingung in vertikaler Richtung, daß Deckladung, Ladung, Gewicht und Bodendruck sich aufheben, also

$$w \cdot \frac{b}{2} = p\,\frac{b}{2} + l \cdot \frac{b}{2} + G\,.$$

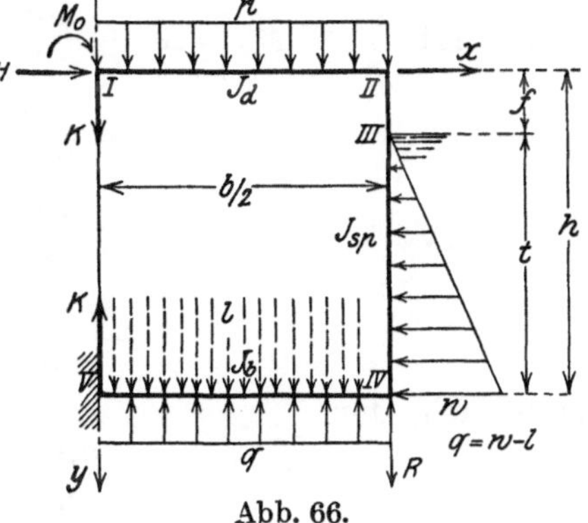

Abb. 66.

w, p und l beziehen sich auf die Einheit der Länge, etwa 1 m oder 1 Spantentfernung.

Das Gewicht des Trägers G zergliedert sich in:

1. das Gewicht der oberen Gurtung, welches, über die Länge gleichmäßig verteilt, zu der Deckbelastung hinzugefügt werden kann;
2. das Gewicht der unteren Gurtung, das man gleicherweise durch Erhöhung des Ladungsdruckes in Rechnung ziehen kann;
3. das Gewicht des Steges (Außenhaut), das als Einzelkraft E auf den Boden IV—V biegend wirkt.

In nachfolgender Gleichung ist also das Trägergewicht sowohl in p, l und R zu verschiedenen Teilen enthalten.

Diese Gleichgewichtsbedingung erfährt noch eine Erweiterung. Da das Schiff der Länge nach eine Summe von Querverbänden darstellt, gilt wohl für dieses die Bedingung: Auftrieb = Gesamtgewicht, nicht aber für die einzelnen Querverbände. Die Gleichheit wird dadurch wieder hergestellt, daß dem überschüssigen Auftrieb oder Gesamtgewicht eine gleich große, aber entgegengesetzt gerichtete Kraft gegenübersteht, die sich aus der Scherbeanspruchung der Längsverbände ergibt. Diese Kraft wird hinreichend berücksichtigt, indem man sie in Richtung des Steges wirken läßt. Sie wirkt zwischen zwei benachbarten Querschnitten mit der Differenz dS der entsprechenden Werte aus dem Scherkraftdiagramm der Längsfestigkeitsrechnung. Bezeichnet man die Scherkraft mit S, so ergibt sich als Resultierende durch Vereinigung mit E die als Einzelkraft in IV angreifende Kraft R

$$R = E \pm S\,.$$

Durch Berücksichtigung des Eigengewichtes und der Scherkraft ergibt sich somit die Gleichung

$$w \cdot \frac{b}{2} = p\,\frac{b}{2} + l\,\frac{b}{2} + R\,,$$

worin p und l naturgemäß andere Zahlenwerte haben als in der Gleichung oben.

Entsprechend den Bezeichnungen der Abb. 66 ergibt sich für die Biegungsmomente:

Bereich I—II: $M_x = M_0 - \frac{p x^2}{2} - K x\,,$

„ II—III: $M_y = M_0 - \frac{p b^2}{8} - K \frac{b}{2} + H \cdot y\,,$

„ III—IV: $M_y = M_0 - \frac{p b^2}{8} - K \frac{b}{2} + H \cdot y - \frac{w y^3}{6(h-f)} + \frac{w y^2 f}{2(h-f)}$

$$- \frac{w y f^2}{2(h-f)} + \frac{w f^3}{6(h-f)}\,,$$

„ IV—V: $M_x = M_0 + \frac{p b^2}{8} - \frac{p b x}{2} - K x + H \cdot h - \frac{w t^2}{6} + R \frac{b}{2} - R x$

$$- \frac{q b^2}{8} + \frac{q b x}{2} - \frac{q x^2}{2}\,.$$

Damit folgt für

	$\frac{\partial M}{\partial M_0}$	$\frac{\partial M}{\partial H}$	$\frac{\partial M}{\partial K}$
Bereich I—II:	1	0	$-x$
„ II—III:	1	y	$-\frac{b}{2}$
„ III—IV:	1	y	$-\frac{b}{2}$
„ IV—V:	1	h	$-x$

Die Bestimmungsgleichungen für die statisch unbestimmten Größen M_0, H und K werden somit

$$\frac{\partial A}{\partial M_0} = 0 = \int\limits_{\mathrm{I}}^{\mathrm{V}} \frac{1}{J_d}\left(M_0 - \frac{p x^2}{2} - K x\right)_{x=0}^{x=\frac{b}{2}} dx + \frac{1}{J_{sp}}\left(M_0 - \frac{p b^2}{8} - K \frac{b}{2} + H y\right)_{y=0}^{y=f} dy$$

$$+ \frac{1}{J_{sp}}\left(M_0 - \frac{p b^2}{8} - K \frac{b}{2} + H y - \frac{w y^3}{6(h-f)} + \frac{w y^2 f}{2(h-f)} - \frac{w y f^2}{2(h-f)}\right.$$

$$\left. + \frac{w f^3}{6(h-f)}\right)_{y=f}^{y=h} dy + \frac{1}{J_b}\left(M_0 + \frac{p b^2}{8} - \frac{p b x}{2} - K x + H h - \frac{w t^2}{6}\right.$$

$$\left. + R \frac{b}{2} - R x - \frac{q b^2}{8} + \frac{q b x}{2} - \frac{q x^2}{2}\right)_{x=\frac{b}{2}}^{x=0} dx\,.$$

$$\frac{\partial A}{\partial H} = 0 = \int\limits_{\mathrm{I}}^{\mathrm{V}} \frac{1}{J_{sp}}\left(M_0 y - \frac{p b^2}{8} y - K \frac{b}{2} y + H y^2\right)_{y=0}^{y=f} dy + \frac{1}{J_{sp}}\left(M_0 y - \frac{p b^2}{8} y\right.$$

$$\left. - K \frac{b}{2} y + H y^2 - \frac{w y^4}{6(h-f)} + \frac{w y^3 f}{2(h-f)} - \frac{w y^2 f^2}{2(h-f)} + \frac{w y f^3}{6(h-f)}\right)_{y=f}^{y=h} dy$$

$$+ \frac{1}{J_b}\left(M_0 \cdot h + \frac{p b^2}{8} \cdot h - \frac{p b x}{2} h - K x h + H h^2 - \frac{w t^2 h}{6} + R \frac{b h}{2}\right.$$

$$\left. - R x h - \frac{q b^2 h}{8} + \frac{q b x h}{2} - \frac{q x^2 h}{2}\right)_{x=\frac{b}{2}}^{x=0} dx\,.$$

$$\frac{\partial A}{\partial K} = 0 = \int_{I}^{V} -\frac{1}{J_d}\left(M_0 x - \frac{p x^3}{2} - K x^2\right)_{x=0}^{x=\frac{b}{2}} dx - \frac{1}{J_{sp}}\left(M_0 \frac{b}{2} - \frac{p b^3}{16} - K \frac{b^2}{4}\right.$$

$$\left. + H \frac{b y}{2}\right)_{y=0}^{y=f} dy - \frac{1}{J_{sp}}\left(M_0 \frac{b}{2} - \frac{p b^3}{16} - K \frac{b^2}{4} + H \frac{b y}{2} - \frac{w b y^3}{12(h-f)}\right.$$

$$\left. + \frac{w b y^2 f}{4(h-f)} - \frac{w b y f^2}{4(h-f)} + \frac{w b f^3}{12(h-f)}\right)_{y=f}^{y=h} dy - \frac{1}{J_b}\left(M_0 x + \frac{p b^2 x}{8}\right.$$

$$- \frac{p b x^2}{2} - K x^2 + H h x - \frac{w t^2 x}{6} + R \frac{b x}{2} - R x^2 - \frac{q b^2 x}{8} + \frac{q b x^2}{2}$$

$$\left. - \frac{q x^3}{2}\right)_{x=\frac{b}{2}}^{x=0} dx ,$$

oder nach Integration

$$\left.\begin{aligned} 0 = \frac{1}{J_d}\left(M_0 \frac{b}{2} - \frac{p b^3}{48} - K \frac{b^2}{8}\right) + \frac{1}{J_{sp}}\left(M_0 h - \frac{p b^2 h}{8} - K \frac{b h}{2} + H \frac{h^2}{2}\right. \\ \left. - \frac{w t^3}{24}\right) - \frac{1}{J_b}\left(M_0 \frac{b}{2} - K \frac{b^2}{8} + H \frac{h b}{2} - \frac{w t^2 b}{12} + R \frac{b^2}{8} - \frac{q b^3}{48}\right), \end{aligned}\right\} \quad (1)$$

$$\left.\begin{aligned} 0 = \frac{1}{J_{sp}}\left(M_0 \frac{h^2}{2} - \frac{p b^2 h^2}{16} - K \frac{b h^2}{4} + H \frac{h^3}{3} - \frac{w h^5}{30(h-f)} + \frac{w h^4 f}{8(h-f)}\right. \\ \left. - \frac{w h^3 f^2}{6(h-f)} + \frac{w h^2 f^3}{12(h-f)} - \frac{w f^5}{120(h-f)}\right) - \frac{1}{J_b}\left(M_0 \frac{h b}{2} - K \frac{b^2 h}{8}\right. \\ \left. + H \frac{h^2 b}{2} - \frac{w t^2 h b}{12} + R \frac{b^2 h}{8} - \frac{q b^3 h}{48}\right), \end{aligned}\right\} \quad (2)$$

$$\left.\begin{aligned} 0 = -\frac{1}{J_d}\left(M_0 \frac{b^2}{8} - \frac{p b^4}{128} - K \frac{b^3}{24}\right) - \frac{1}{J_{sp}}\left(M_0 \frac{b h}{2} - \frac{p b^3 h}{16} - K \frac{b^2 h}{4}\right. \\ \left. + H \frac{b h^2}{4} - \frac{w b t^3}{48}\right) + \frac{1}{J_b}\left(M_0 \frac{b^2}{8} - \frac{p b^4}{192} - K \frac{b^3}{24} + H \frac{h b^2}{8}\right. \\ \left. - \frac{w t^2 b^2}{48} + R \frac{b^3}{48} - \frac{q b^4}{384}\right). \end{aligned}\right\} \quad (3)$$

Als Beispiel diene ein Querschnitt von gleichen Abmessungen wie vorher. f sei 1 m, also $t = 5$ m. Das Eigengewicht des Rahmens werde vernachlässigt.

Gegeben somit: $b = 10$ m, $h = 6{,}0$ m, $f = 1{,}0$ m, $t = 5{,}0$ m, $p = 1500$ kg/m², $w = 5000$ kg/m², $l = 3500$ kg/m², $q = 1500$ kg/m². Da diese Belastung für alle Querschnitte gelten soll, wird $R = 0$.

Wie vorher sei

$$J_d = 0{,}00001210 \text{ m}^4$$
$$J_{sp} = 0{,}00002532 \text{ ,,}$$
$$J_b = 0{,}00325565 \text{ ,,}$$

Die Größen sind für 1 m Schiffslänge gerechnet. Damit ergeben sich aus vorstehenden drei Gleichungen folgende Werte:

$\boldsymbol{M_0 = -2830}$ **mkg;** $\boldsymbol{K = -3600}$ **kg;** $\boldsymbol{H = +2690}$ **kg.**

Der Verlauf der Biegungsmomente über den Rahmen ist in Abb. 67 gegeben.

Sind an Stelle der einen Stützenreihe zwei Reihen symmetrisch zu Mitte Schiff angeordnet, so werden entsprechend Abb. 68 die Biegungsmomente

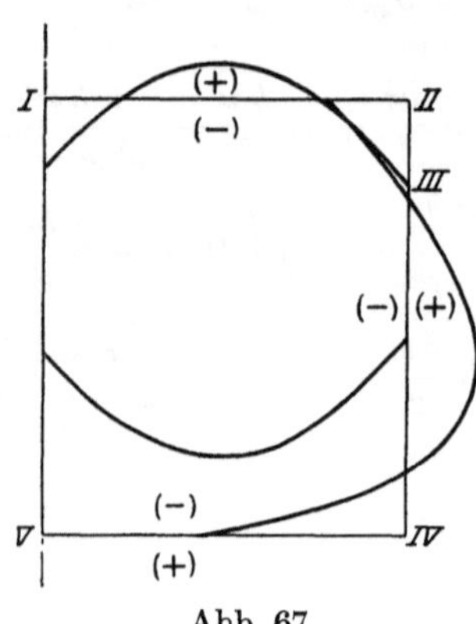

Abb. 67.

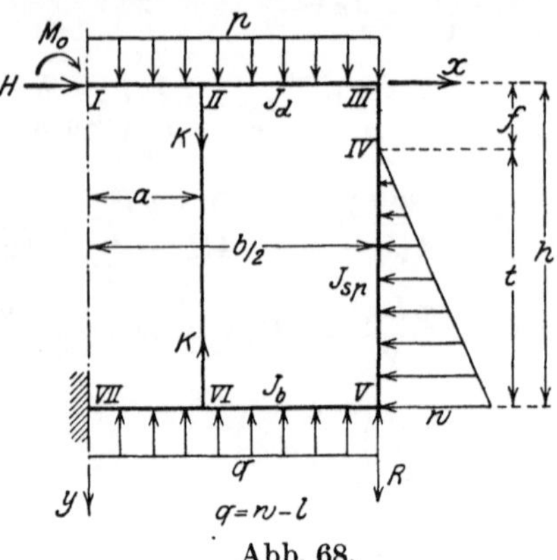

Abb. 68.

Bereich I—II: $$M_x = M_0 - \frac{p\,x^2}{2}\,,$$

„ II—III: $$M_x = M_0 - \frac{p\,x^2}{2} - K\,x + K\cdot a\,,$$

„ III—IV: $$M_y = M_0 - \frac{p\,b^2}{8} - K\,\frac{b}{2} + K\cdot a + H\,y\,,$$

„ IV—V: $$M_y = M_0 - \frac{p\,b^2}{8} - K\,\frac{b}{2} + K\cdot a + H\,y - \frac{w\,y^3}{6(h-f)} + \frac{w\,y^2\,f}{2(h-f)} - \frac{w\,y\,f^2}{2(h-f)} + \frac{w\,f^3}{6(h-f)}\,,$$

„ V—VI: $$M_x = M_0 + \frac{p\,b^2}{8} - \frac{p\,b\,x}{2} + K\cdot a - K\,x + H\cdot h - \frac{w\,t^2}{6} + R\,\frac{b}{2} - R\,x - \frac{q\,b^2}{8} + \frac{q\,b\,x}{2} - \frac{q\,x^2}{2}\,,$$

„ VI—VII: $$M_x = M_0 + \frac{p\,b^2}{8} - \frac{p\,b\,x}{2} + H\,h - \frac{w\,t^2}{6} + R\,\frac{b}{2} - R\,x - \frac{q\,b^2}{8} + \frac{q\,b\,x}{2} - \frac{q\,x^2}{2}\,.$$

Also wird:

	$\frac{\partial M}{\partial M_0}$	$\frac{\partial M}{\partial H}$	$\frac{\partial M}{\partial K}$
Bereich I—II:	1	0	0
„ II—III:	1	0	$a - x$
„ III—IV:	1	y	$a - \frac{b}{2}$
„ IV—V:	1	y	$a - \frac{b}{2}$
„ V—VI:	1	h	$a - x$
„ VI—VII:	1	h	0

Damit folgen die Gleichungen:

$$\frac{\partial A}{\partial M_0} = 0 = \int\limits_{\mathrm{I}}^{\mathrm{VII}} \frac{1}{J_d}\left(M_0 - \frac{p x^2}{2}\right)_{x=0}^{x=a} dx + \frac{1}{J_d}\left(M_0 - \frac{p x^2}{2} - K x + K a\right)_{x=a}^{x=\frac{b}{2}} dx$$

$$+ \frac{1}{J_{sp}}\left(M_0 - \frac{p b^2}{8} - K \frac{b}{2} + K a + H y\right)_{y=0}^{y=f} dy + \frac{1}{J_{sp}}\left(M_0 - \frac{p b^2}{8}\right.$$

$$- K \frac{b}{2} + K \cdot a + H y - \frac{w y^3}{6(h-f)} + \frac{w y^2 f}{2(h-f)} - \frac{w y f^2}{2(h-f)}$$

$$\left. + \frac{w f^3}{6(h-f)}\right)_{y=f}^{y=h} dy + \frac{1}{J_b}\left(M_0 + \frac{p b^2}{8} - \frac{p b x}{2} + K a - K x + H \cdot h\right.$$

$$\left. - \frac{w t^2}{6} + R \frac{b}{2} - R x - \frac{q b^2}{8} + \frac{q b x}{2} - \frac{q x^2}{2}\right)_{x=\frac{b}{2}}^{x=a} dx + \frac{1}{J_b}\left(M_0 + \frac{p b^2}{8}\right.$$

$$\left. - \frac{p b x}{2} + H \cdot h - \frac{w t^2}{6} + R \frac{b}{2} - R x - \frac{q b^2}{8} + \frac{q b x}{2} - \frac{q x^2}{2}\right)_{x=a}^{x=0} dx,$$

$$\frac{\partial A}{\partial H} = 0 = \int\limits_{\mathrm{I}}^{\mathrm{VII}} \frac{1}{J_{sp}}\left(M_0 y - \frac{p b^2}{8} y - K \frac{b y}{2} + K a y + H y^2\right)_{y=0}^{y=f} dy + \frac{1}{J_{sp}}\left(M_0 y\right.$$

$$- \frac{p b^2}{8} y - K \frac{b y}{2} + K a y + H y^2 - \frac{w y^4}{6(h-f)} + \frac{w y^3 f}{2(h-f)} - \frac{w y^2 f^2}{2(h-f)}$$

$$\left. + \frac{w f^3 y}{6(h-f)}\right)_{y=f}^{y=h} dy + \frac{1}{J_b}\left(M_0 h + \frac{p b^2 h}{8} - \frac{p b x h}{2} + K a h - K x h\right.$$

$$\left. + H h^2 - \frac{w t^2 h}{6} + R \frac{b h}{2} - R h x - \frac{q b^2 h}{8} + \frac{q b x h}{2} - \frac{q x^2 h}{2}\right)_{x=\frac{b}{2}}^{x=a} dx$$

$$+ \frac{1}{J_b}\left(M_0 h + \frac{p b^2 h}{8} - \frac{p b x h}{2} + H h^2 - \frac{w t^2 h}{6} + R \frac{b h}{2} - R x h\right.$$

$$\left. - \frac{q b^2 h}{8} + \frac{q b x h}{2} - \frac{q x^2 h}{2}\right)_{x=a}^{x=0} dx,$$

$$\frac{\partial A}{\partial K} = 0 = \int\limits_{\mathrm{I}}^{\mathrm{VII}} \frac{1}{J_a}\left(M_0 a - \frac{p x^2 a}{2} - 2 K x a + K a^2 - M_0 x + \frac{p x^3}{2} + K x^2\right)_{x=a}^{x=\frac{b}{2}} dx$$

$$+ \frac{1}{J_{sp}}\left(M_0 a - \frac{p b^2 a}{8} - K \frac{b a}{2} + K a^2 + H a y - M_0 \frac{b}{2} + \frac{p b^3}{16} + K \frac{b^2}{4}\right.$$

$$\left. - K \frac{a b}{2} - H \frac{b y}{2}\right)_{y=0}^{y=f} dy + \frac{1}{J_{sp}}\left(M_0 a - \frac{p b^2 a}{8} - K b a + K a^2 + H a y\right.$$

$$- \frac{w a y^3}{6(h-f)} + \frac{w a y^2 f}{2(h-f)} - \frac{w a y f^2}{2(h-f)} + \frac{w a f^3}{6(h-f)} - M_0 \frac{b}{2} + \frac{p b^3}{16}$$

$$+ K \frac{b^2}{4} - H \frac{b y}{2} + \frac{w b y^3}{12(h-f)} - \frac{w b y^2 f}{4(h-f)} + \frac{w b y f^2}{4(h-f)}$$

$$-\frac{w\,b\,f^3}{12(h-f)}\Big)_{y=f}^{y=h} dy+\frac{1}{J_b}\Big(M_0 a+\frac{p\,b^2 a}{8}-\frac{p\,b\,x\,a}{2}+K a^2-2\,K a\,x$$

$$+H\,h\,a-\frac{w\,a\,t^2}{6}+R\frac{a\,b}{2}-R\,a\,x-\frac{q\,a\,b^2}{8}+\frac{q\,a\,b\,x}{2}-\frac{q\,a\,x^2}{2}$$

$$-M_0 x-\frac{p\,b^2 x}{8}+\frac{p\,b\,x^2}{2}+K x^2-H\,h\,x+\frac{w\,t^2 x}{6}-R\frac{b\,x}{2}+R\,x^2$$

$$+\frac{q\,b^2 x}{8}-\frac{q\,b\,x^2}{2}+\frac{q\,x^3}{2}\Big)_{x=\frac{b}{2}}^{x=a} dx\,.$$

Die Integration liefert die Gleichungen:

$$0=\frac{1}{J_d}\Big(M_0\frac{b}{2}-\frac{p\,b^3}{48}-K\frac{b^2}{8}+K\frac{a\,b}{2}-K\frac{a^2}{2}\Big)$$

$$+\frac{1}{J_{sp}}\Big(M_0 h-\frac{p\,b^2 h}{8}-K\frac{b\,h}{2}+K\,a\,h+H\frac{h^2}{2}-\frac{w\,t^3}{24}\Big)$$

$$-\frac{1}{J_b}\Big(-K\frac{a^2}{2}+M_0\frac{b}{2}+K\frac{a\,b}{2}-K\frac{b^2}{8}+H\frac{h\,b}{2}-\frac{w\,t^2 b}{12}+R\frac{b^2}{8}-\frac{q\,b^3}{48}\Big),$$

$$0=\frac{1}{J_{sp}}\Big(M_0\frac{h^2}{2}-\frac{p\,b^2 h^2}{16}-K\frac{b\,h^2}{4}+K\frac{a\,h^2}{2}+H\frac{h^3}{3}-\frac{w\,h^5}{30(h-f)}+\frac{w\,h^4 f}{8(h-f)}$$

$$-\frac{w\,h^3 f^2}{6(h-f)}+\frac{w\,h^2 f^3}{12(h-f)}-\frac{w\,f^5}{120(h-f)}\Big)-\frac{1}{J_b}\Big(-K\frac{a^2 h}{2}+M_0\frac{h\,b}{2}+K\frac{a\,h\,b}{2}$$

$$-K\frac{b^2 h}{8}+H\frac{h^2 b}{2}-\frac{w\,t^2 h\,b}{12}+R\frac{b^2 h}{8}-\frac{q\,b^3 h}{48}\Big),$$

$$0=\frac{1}{J_d}\Big(M_0\frac{a\,b}{2}-\frac{p\,b^3 a}{48}-K\frac{b^2 a}{4}+K\frac{a^2 b}{2}-M_0\frac{b^2}{8}+\frac{p\,b^4}{128}+K\frac{b^3}{24}-M_0\frac{a^2}{2}$$

$$+\frac{p\,a^4}{24}-K\frac{a^3}{3}\Big)+\frac{1}{J_{sp}}\Big(M_0 a\,h-\frac{p\,b^2 a\,h}{8}-K\,b\,a\,h+K a^2 h+H\frac{a\,h^2}{2}$$

$$-\frac{w\,a\,t^3}{24}-M_0\frac{b\,h}{2}+\frac{p\,b^3 h}{16}+K\frac{b^2 h}{4}-H\frac{b\,h^2}{4}+\frac{w\,b\,t^3}{48}\Big)$$

$$-\frac{1}{J_b}\Big(M_0\frac{a\,b}{2}+K\frac{a^2 b}{2}-K\frac{a\,b^2}{4}+H\frac{h\,a\,b}{2}-\frac{w\,a\,t^2 b}{12}+R\frac{a\,b^2}{8}-\frac{q\,a\,b^3}{48}$$

$$-M_0\frac{b^2}{8}+\frac{p\,b^4}{192}+K\frac{b^3}{24}-H\frac{h\,b^2}{8}+\frac{w\,t^2 b^2}{48}-R\frac{b^3}{48}+\frac{q\,b^4}{384}-M_0\frac{a^2}{2}$$

$$-\frac{p\,b^2 a^2}{16}+\frac{p\,b\,a^3}{12}-K\frac{a^3}{3}-H\frac{h\,a^2}{2}+\frac{w\,a^2 t^2}{12}-R\frac{a^2 b}{4}+R\frac{a^3}{6}+\frac{q\,a^2 b^2}{16}$$

$$-\frac{q\,a^3 b}{12}+\frac{q\,a^4}{24}\Big).$$

Für dasselbe Beispiel wie vorher sei die Lage der Stütze aus Mitte Schiff $a = 2{,}0$ m. Das Gewicht des Rahmens werde vernachlässigt.

Gegeben somit: $b = 10$ m, $h = 6{,}0$ m, $f = 1{,}0$ m, $t = 5{,}0$ m, $a = 2{,}0$ m $p = 1500$ kg/m², $w = 5000$ kg/m², $l = 3500$ kg/m², $q = 1500$ kg/m².

$J_d = 0{,}00001210$ m⁴ (für 1 m Schiffslänge gerechnet)

$J_{sp} = 0{,}00002532$ „

$J_b = 0{,}00325565$ „

Die unbekannten Größen errechnen sich zu:

$$M_0 = +1510\ \text{mkg}; \qquad K = -4960\ \text{kg}; \qquad H = +2380\ \text{kg}.$$

In Abb. 69 ist der Verlauf der Biegungsmomente dargestellt.

Als weiterer Fall sei die Querfestigkeit eines Zweideckschiffes betrachtet, bei dem die Stützen symmetrisch zur Schiffsmitte liegen. Hierbei handelt es sich um 6 unbekannte Größen

$$M_1, \quad H_1, \quad K_1, \quad M_2, \quad H_2 \text{ und } K_2,$$

zu deren Ermittlung 6 Bestimmungsgleichungen nötig sind:

$$\frac{\partial A}{\partial M_1} = \frac{\partial A}{\partial H_1} = \frac{\partial A}{\partial K_1} = \frac{\partial A}{\partial M_2} = \frac{\partial A}{\partial H_2} = \frac{\partial A}{\partial K_2} = 0\,.$$

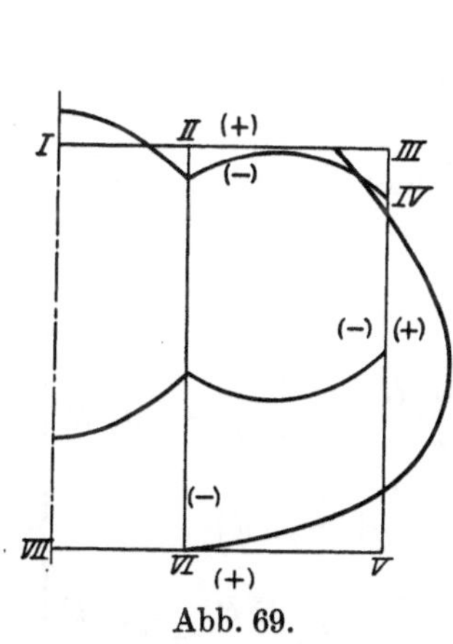

Abb. 69.

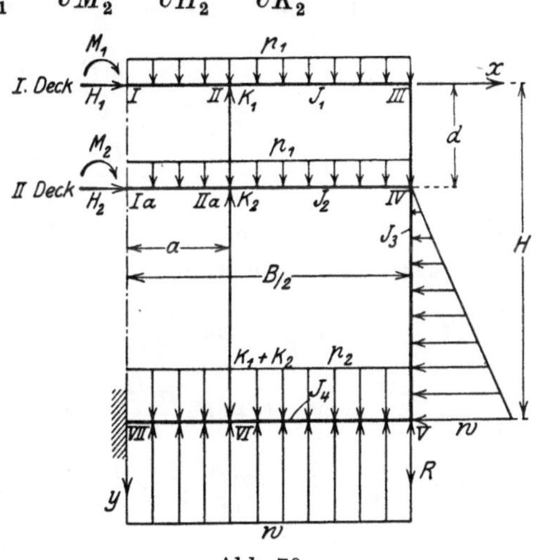

Abb. 70.

Abb. 70 ergibt das Belastungsschema. Die Biegungsmomente in den einzelnen Abschnitten werden:

Abschnitt I—II: $M_x = M_1 - \frac{p_1 x^2}{2}$,

„ II—III: $M_x = M_1 + K_1 x - K_1 a - \frac{p_1 x^2}{2}$,

„ III—IV: $M_y = M_1 + K_1 \frac{B}{2} - K_1 a - \frac{p_1 B^2}{8} + H_1 y$,

„ Ia—IIa: $M_x = M_2 - \frac{p_1 x^2}{2}$,

„ IIa—IV: $M_x = M_2 + K_2 x - K_2 a - \frac{p_1 x^2}{2}$,

„ IV—V:
$$M_y = M_1 + K_1 \frac{B}{2} - K_1 a - \frac{p_1 B^2}{4} + H_1 \cdot y + M_2 + K_2 \frac{B}{2} - K_2 a + H_2 y - H_2 d - \frac{w y^3}{6(H-d)} + \frac{w y^2 d}{2(H-d)} - \frac{w y d^2}{2(H-d)} + \frac{w d^3}{6(H-d)},$$

Abschnitt V—VI: $$M_x = M_1 - K_1 a + K_1 x + \frac{p_1 B^2}{4} - p_1 B x + H_1 H + M_2 - K_2 a + K_2 x + H_2 H - H_2 d - \frac{w t^2}{6} + \frac{(w - p_2) B^2}{8} + \frac{(w - p_2) B x}{2} - \frac{(w - p_2) x^2}{2} + R \frac{B}{2} - R x, \quad \text{wo} \quad t = H - d.$$

„ VI—VII: $$M_x = M_1 + \frac{p_1 B^2}{4} - p_1 B x + H_1 H + M_2 + H_2 H - H_2 d - \frac{w t^2}{6} - \frac{(w - p_2) B^2}{8} + \frac{(w - p_2) B x}{2} - \frac{(w - p_2) x^2}{2} + R \frac{B}{2} - R \cdot x.$$

Nach den Integrationen wie in den vorher behandelten Fällen ergeben sich folgende Bestimmungsgleichungen:

$$\left.\begin{aligned} 0 = {} & \frac{1}{J_1}\left(M_1 \frac{B}{2} + K_1 \frac{B^2}{8} - K_1 \frac{a B}{2} - \frac{p_1 B^3}{48} + K_1 \frac{a^2}{2}\right) \\ & + \frac{1}{J_3}\left(\frac{p_1 B^2 d}{8} + M_1 H + K_1 \frac{B H}{2} - K_1 a H - \frac{p_1 B^2 H}{4} + H_1 \frac{H^2}{2} + M_2 H\right. \\ & \left. + K_2 \frac{B H}{2} - K_2 a H - \frac{w t^3}{24} + H_2 \frac{t^2}{2} - M_2 d - K_2 \frac{B d}{2} + K_2 a d\right) \\ & + \frac{1}{J_4}\left(-K_1 \frac{a^2}{2} - K_2 \frac{a^2}{2} - M_1 \frac{B}{2} + K_1 \frac{a B}{2} - K_1 \frac{B^2}{8} - H_1 \frac{H B}{2} - M_2 \frac{B}{2}\right. \\ & \left. + K_2 \frac{a B}{2} - K_2 \frac{B^2}{8} - H_2 \frac{H B}{2} + H_2 \frac{d B}{2} + \frac{w B t^2}{12} + \frac{(w - p_2) B^3}{48} - R \frac{B^2}{8}\right). \end{aligned}\right\} \quad (1)$$

$$\left.\begin{aligned} 0 = {} & \frac{1}{J_3}\left(\frac{p_1 B^2 d^2}{16} + M_1 \frac{H^2}{2} + K_1 \frac{B H^2}{4} - K_1 \frac{a H^2}{2} - \frac{p_1 B^2 H^2}{8} + H_1 \frac{H^3}{3}\right. \\ & + M_2 \frac{H^2}{2} + K_2 \frac{B H^2}{4} - K_2 \frac{a H^2}{2} + H_2 \frac{H^3}{3} - H_2 \frac{d H^2}{2} - \frac{w H^5}{30(H - d)} \\ & + \frac{w H^4 d}{8(H - d)} - \frac{w H^3 d^2}{6(H - d)} + \frac{w H^2 d^3}{12(H - d)} - M_2 \frac{d^2}{2} - K_2 \frac{B d^2}{4} + K_2 \frac{a d^2}{2} \\ & \left. + H_2 \frac{d^3}{6} - \frac{w d^5}{120(H - d)}\right) \\ & + \frac{1}{J_4}\left(-K_1 \frac{a^2 H}{2} - K_2 \frac{a^2 H}{2} - M_1 \frac{H B}{2} + K_1 \frac{a H B}{2} - K_1 \frac{B^2 H}{8}\right. \\ & - H_1 \frac{H^2 B}{2} - M_2 \frac{H B}{2} + K_2 \frac{a H B}{2} - K_2 \frac{B^2 H}{8} - H_2 \frac{H^2 B}{2} + H_2 \frac{d H B}{2} \\ & \left. + \frac{w H B t^2}{12} + \frac{(w - p_2) B^3 H}{48} - R \frac{B^2 H}{8}\right). \end{aligned}\right\} \quad (2)$$

$$\left.\begin{aligned}
0 = \frac{1}{J_1}\Big(&M_1\frac{B^2}{8} + K_1\frac{B^3}{24} - K_1\frac{a\,B^2}{4} - \frac{p_1 B^4}{128} - M_1\frac{a\,B}{2} + K_1\frac{a^2\,B}{2} + \frac{p_1\,a\,B^3}{48}\\
&+ M_1\frac{a^2}{2} - K_1\frac{a^3}{3} - \frac{p_1\,a^4}{24}\Big)\\
+ \frac{1}{J_3}\Big(&\frac{p_1 B^3 d}{16} - \frac{p_1\,a\,B^2\,d}{8} + M_1\frac{H\,B}{2} + K_1\frac{H\,B^2}{4} - K_1\,H\,a\,B - \frac{p_1\,H\,B^3}{8}\\
&+ H_1\frac{H^2\,B}{4} + M_2\frac{B\,H}{2} + K_2\frac{B^2\,H}{4} - K_2\,a\,BH + H_2\frac{BH^2}{4} - H_2\frac{d\,BH}{2}\\
&- \frac{w\,B\,t^3}{48} - M_1\,a\,H + K_1\,a^2\,H + \frac{p_1\,B^2\,a\,H}{4} - H_1\frac{a\,H^2}{2} - M_2\,a\,H + K_2\,a^2\,H\\
&- \frac{H_2\,a\,t^2}{2} - M_2\frac{B\,d}{2} - K_2\frac{B^2\,d}{4} + K_2\,a\,B\,d - H_2\frac{B\,d^2}{4} + H_2\frac{d^2\,B}{2}\\
&+ \frac{w\,a\,t^3}{24} + M_2\,a\,d - K_2\,a^2\,d\Big)\\
+ \frac{1}{J_4}\Big(&-M_1\frac{a^2}{2} - \frac{p_1\,B^2\,a^2}{8} - H_1\frac{H\,a^2}{2} - M_2\frac{a^2}{2} - H_2\frac{H\,a^2}{2} + H_2\frac{da^2}{2}\\
&+ \frac{w\,a^2\,t^2}{12} + \frac{(w-p_2)\,B^2\,a^2}{16} + K_1\frac{a^3}{3} + \frac{p_1\,B\,a^3}{6} + K_2\frac{a^3}{3} - \frac{(w-p_2)\,B\,a^3}{12}\\
&+ \frac{(w-p_2)\,a^4}{24} - M_1\frac{B^2}{8} + K_1\frac{a\,B^2}{4} - K_1\frac{B^3}{24} + \frac{p_1\,B^4}{96} - H_1\frac{H\,B^2}{8} - M_2\frac{B^2}{8}\\
&+ K_2\frac{a\,B^2}{4} - K_2\frac{B^3}{24} - H_2\frac{H\,B^2}{8} + H_2\frac{d\,B^2}{8} + \frac{w\,B^2\,t^2}{48} + \frac{(w-p_2)\,B^4}{384}\\
&+ M_1\frac{a\,B}{2} - K_1\frac{a^2\,B}{2} + H_1\frac{H\,a\,B}{2} + M_2\frac{a\,B}{2} - K_2\frac{a^2\,B}{2} + H_2\frac{H\,a\,B}{2}\\
&- H_2\frac{d\,a\,B}{2} - \frac{w\,a\,B\,t^2}{12} - \frac{(w-p_2)\,B^3\,a}{48} - R\frac{B\,a^2}{4} + R\frac{a^3}{6} - R\frac{B^3}{48} + R\frac{a\,B^2}{8}\Big)
\end{aligned}\right\} \quad (3)$$

$$\left.\begin{aligned}
0 = \frac{1}{J_2}\Big(&M_2\frac{B}{2} + K_2\frac{B^2}{8} - K_2\frac{a\,B}{2} - \frac{p_1 B^3}{48} + K_2\frac{a^2}{2}\Big)\\
+ \frac{1}{J_3}\Big(&M_1\,H + K_1\frac{B\,H}{2} - K_1\,a\,H - \frac{p_1\,B^2\,H}{4} + H_1\frac{H^2}{2} + M_2\,H + K_2\frac{B\,H}{2}\\
&- K_2\,a\,H - \frac{w\,t^3}{24} - M_1\,d - K_1\frac{B\,d}{2} + K_1\,a\,d + \frac{p_1\,B^2\,d}{4} - H_1\frac{d^2}{2} - M_2\,d\\
&- K_2\frac{B\,d}{2} + K_2\,a\,d + \frac{H_2\,t^2}{2}\Big)\\
+ \frac{1}{J_4}\Big(&-K_1\frac{a^2}{2} - K_2\frac{a^2}{2} - M_1\frac{B}{2} + K_1\frac{a\,B}{2} - K_1\frac{B^2}{8} - H_1\frac{H\,B}{2} - M_2\frac{B}{2}\\
&+ K_2\frac{a\,B}{2} - K_2\frac{B^2}{8} - H_2\frac{H\,B}{2} + H_2\frac{d\,B}{2} + \frac{w\,B\,t^2}{12} + \frac{(w-p_2)\,B^3}{48} - R\frac{B^2}{8}\Big).
\end{aligned}\right\} \quad (4)$$

$$\left.\begin{aligned}
0 = {} & \frac{1}{J_3}\Big(\frac{M_1 t^2}{2} + \frac{M_2 t^2}{2} + K_1 \frac{B t^2}{4} + K_2 \frac{B t^2}{4} - K_1 \frac{a t^2}{2} - K_2 \frac{a t^2}{2} + H_1 \frac{H^3}{3} \\
& + H_2 \frac{t^3}{3} - H_1 \frac{H^2 d}{2} + H_1 \frac{d^3}{6} - p_1 \frac{B^2 t^2}{8} - \frac{w t^4}{30}\Big) \\
& + \frac{1}{J_4}\Big(- K_1 \frac{a^2 H}{2} - K_2 \frac{a^2 H}{2} + K_1 \frac{a^2 d}{2} + K_2 \frac{a^2 d}{2} - M_1 \frac{H B}{2} + K_1 \frac{a H B}{2} \\
& - K_1 \frac{B^2 H}{8} - H_1 \frac{H^2 B}{2} - M_2 \frac{H B}{2} + K_2 \frac{a H B}{2} - K_2 \frac{B^2 H}{8} - H_2 \frac{B t^2}{2} \\
& + \frac{w B H t^2}{12} + \frac{(w - p_2) B^3 H}{48} + M_1 \frac{d B}{2} - K_1 \frac{a d B}{2} + K_1 \frac{B^2 d}{8} + H_1 \frac{H d B}{2} \\
& + M_2 \frac{d B}{2} - K_2 \frac{a d B}{2} + K_2 \frac{B^2 d}{8} - \frac{w d B t^2}{12} - \frac{(w - p_2) B^3 d}{48} - R \frac{H B^2}{8} \\
& + R \frac{d B^2}{8}\Big).
\end{aligned}\right\} \quad (5)$$

$$\left.\begin{aligned}
0 = {} & \frac{1}{J_2}\Big(M_2 \frac{B^2}{8} + K_2 \frac{B^3}{24} - \frac{p_1 B^4}{128} - M_2 \frac{a B}{2} - K_2 \frac{a B^2}{4} + K_2 \frac{a^2 B}{2} \\
& + \frac{p_1 a B^3}{48} + M_2 \frac{a^2}{2} - \frac{K_2 a^3}{3} - \frac{p_1 a^4}{24}\Big) \\
& + \frac{1}{J_3}\Big(M_1 \frac{H B}{2} + K_1 \frac{H B^2}{4} - K_1 a B H - \frac{p_1 B^3 H}{8} + H_1 \frac{H^2 B}{4} + M_2 \frac{B H}{2} \\
& + K_2 \frac{H B^2}{4} - K_2 a B H - \frac{w B t^3}{48} + H_2 \frac{B t^2}{4} - M_1 a H + K_1 a^2 H \\
& + \frac{p_1 B^2 a H}{4} - H_1 \frac{a H^2}{2} - M_2 a H + K_2 a^2 H + \frac{w a t^3}{24} - H_2 \frac{a t^2}{2} - M_1 \frac{d B}{2} \\
& - K_1 \frac{d B^2}{4} + K_1 a d B + \frac{p_1 d B^3}{8} - H_1 \frac{d^2 B}{4} - M_2 \frac{d B}{2} - K_2 \frac{d B^2}{4} + K_2 a d B \\
& + M_1 a d - K_1 a^2 d - \frac{p_1 B^2 a d}{4} + H_1 \frac{a d^2}{2} + M_2 a d - K_2 a^2 d\Big) \\
& + \frac{1}{J_4}\Big(- M_1 \frac{a^2}{2} - \frac{p_1 B^2 a^2}{8} - H_1 \frac{H a^2}{2} - M_2 \frac{a^2}{2} + K_2 \frac{a^3}{3} - H_2 \frac{H a^2}{2} \\
& + H_2 \frac{d a^2}{2} + \frac{w a^2 t^2}{12} + \frac{(w - p_2) B^2 a^2}{16} + K_1 \frac{a^3}{3} + \frac{p_1 B a^3}{6} - \frac{(w - p_2) B a^3}{12} \\
& + \frac{(w - p_2) a^4}{24} - M_1 \frac{B^2}{8} + K_1 \frac{a B^2}{4} - K_1 \frac{B^3}{24} + \frac{p_1 B^4}{96} - H_1 \frac{H B^2}{8} - M_2 \frac{B^2}{8} \\
& + K_2 \frac{a B^2}{4} - K_2 \frac{B^3}{24} - H_2 \frac{H B^2}{8} + H_2 \frac{d B^2}{8} + \frac{w B^2 t^2}{48} + \frac{(w - p_2) B^4}{384} \\
& + M_1 \frac{a B}{2} - K_1 \frac{a^2 B}{2} + H_1 \frac{H a B}{2} + M_2 \frac{a B}{2} - K_2 \frac{a^2 B}{2} + H_2 \frac{H a B}{2} \\
& - H_2 \frac{d a B}{2} - \frac{w a B t^2}{12} - \frac{(w - p_2) B^3 a}{48} - R \frac{B a^2}{4} + R \frac{a^3}{6} - R \frac{B^3}{48} + R \frac{a B^2}{8}\Big).
\end{aligned}\right\} \quad (6)$$

Als Beispiel ist ein Zweideckschiff angenommen von folgenden Abmessungen:

Länge	= 120	m
Breite	= 17,2	„
Seitenhöhe	= 10	„
Zwischendeckshöhe	= 2,4	„
Abstand der Stützen aus Mitte Schiff	= 3,65	„
Spantentfernung	= 0,7	„

Die Tiefladelinie kann mit großer Annäherung als bis zur Zwischendeckshöhe reichend angenommen werden. Zeichnet man den Querverband für diese Abmessungen, und nimmt man für die einzusetzenden Werte den Abstand zwischen den neutralen Fasern an, so ergibt sich:

$$B = 17{,}10 \text{ m}; \qquad H = 9{,}75 \text{ m}; \qquad d = 2{,}425 \text{ m}; \qquad a = 3{,}65 \text{ m};$$

Hierin ist schon Aufkimmung und Balkenbucht durch Annahme mittlerer Werte berücksichtigt.

Nimmt man die Länge des Rahmens gleich der Spantentfernung = 700 mm, dann wird der spezifische Wasserdruck auf den Boden

$$w = 5{,}3 \text{ t/m}.$$

Die Belastung des Decks und der Tankdecke wird gewählt zu

$$p_1 = 0{,}7 \text{ t/m}; \qquad p_2 = 4{,}0 \text{ t/m}.$$

Läßt man das Eigengewicht des Rahmens unberücksichtigt[1]), so wird, da die vertikalen Kräfte sich aufheben, der Wert $R = 0$.

Die Trägheitsmomente haben folgende Größen:

$J_1 = 0{,}00004950$ m^4 für das I. Deck,
$J_2 = 0{,}00005220$ „ „ „ II. „
$J_3 = 0{,}00015060$ „ „ „ Spant,
$J_4 = 0{,}00562100$ „ „ die Bodenwrange.

Die Beplattung ist in 40facher Dicke als Breite mitgerechnet.

Setzt man die gegebenen Größen ein, so folgen aus den 6 Bestimmungsgleichungen die Unbekannten zu

$M_1 = 1{,}63$ mt;
$M_2 = 2{,}44$ mt;
$H_1 = -2{,}12$ t;
$H_2 = 7{,}37$ t;
$K_1 = 4{,}93$ t;
$K_2 = 4{,}25$ t.

Werden diese Werte in die Gleichungen der Biegungsmomente eingesetzt und diese graphisch aufgetragen, so ergibt sich die Verteilung der Biegemomente über den Querschnitt entsprechend Abb. 71. In dieser sind ebenfalls die Beanspruchungen an den hoch beanspruchten Stellen angegeben.

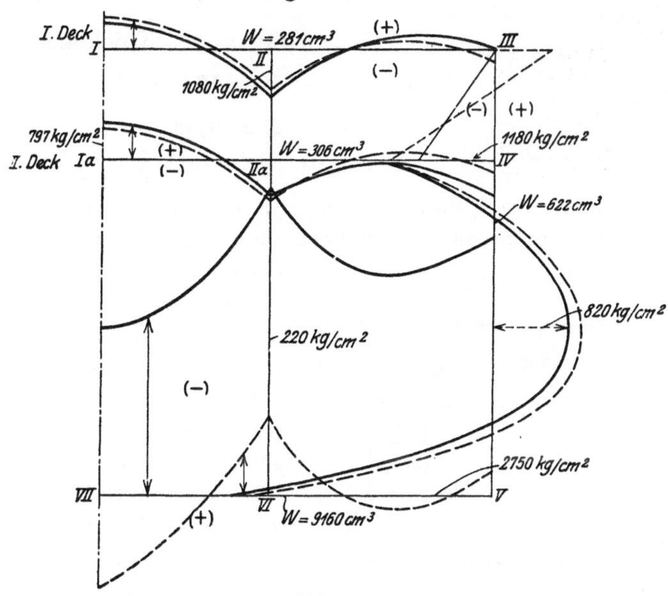

Abb. 71.

In der Praxis wird bei angenäherten Rechnungen vielfach nicht der ganze Querverband berücksichtigt, sondern es werden seine einzelnen Teile, wie Deck-

[1]) Bei genaueren Rechnungen empfiehlt es sich, das Eigengewicht zu berücksichtigen.

balken, Spanten und Bodenwrangen, für sich betrachtet. Es liegt daher nahe, Vergleiche anzustellen zwischen den so erhaltenen Biegemomenten und den aus der genaueren Querfestigkeitsrechnung. Der Vergleich ist in Abb. 71 durchgeführt. Die gestrichelten Kurven stellen den Verlauf der Biegungsmomente aus den Teilrechnungen dar. In den Teilrechnungen ist beiderseitige Einspannung angenommen. Man erkennt, daß die Übereinstimmung bei den Deckbalken und Spanten ziemlich gut ist; nur im Boden ist eine große konstante Differenz in den Werten vorhanden.

Es sei noch die Knicksicherheit der Stützen untersucht.

Stütze zwischen Haupt- und Zwischendeck:

$$P = 4930 \text{ kg}, \quad \text{Knicklänge} = 200 \text{ cm}.$$

Das Trägheitsmoment der hohlen Stütze nach Germ. Lloyd beträgt

$$J = 177 \text{ cm}^4 .$$

Wird drehbare Endlagerung angenommen, so folgt aus

$$P = \frac{\pi^2 \cdot E \cdot J}{\mathfrak{S} \cdot l^2}; \qquad \mathfrak{S} = 17{,}7 \text{ fach}.$$

Die Stützen stehen an jedem zweiten Spant; das zwischenliegende Spant wird durch Unterzüge abgefangen. Wäre das Trägheitsmoment dieses Unterzuges unendlich groß, so käme auf die Stütze die Kraft $2\,P$, und in diesem Falle wäre die Sicherheit

$$\underline{\mathfrak{S} \sim 9 .}$$

Raumstütze:

$$P = K_1 + K_2 = 9180 \text{ kg}; \qquad \text{Knicklänge} = 630 \text{ cm};$$

$$J = 1742 \text{ cm}^4 ,$$

$$\mathfrak{S} = 9{,}43 .$$

$$\text{Geringste Sicherheit } \underline{\mathfrak{S} = 4{,}7} .$$

Für den Fall, daß nur eine Stützenreihe in Mitte Schiff aufgestellt ist, erhält man die entsprechenden 6 Bestimmungsgleichungen, indem in den angegebenen Gleichungen $a = 0$ gesetzt wird.

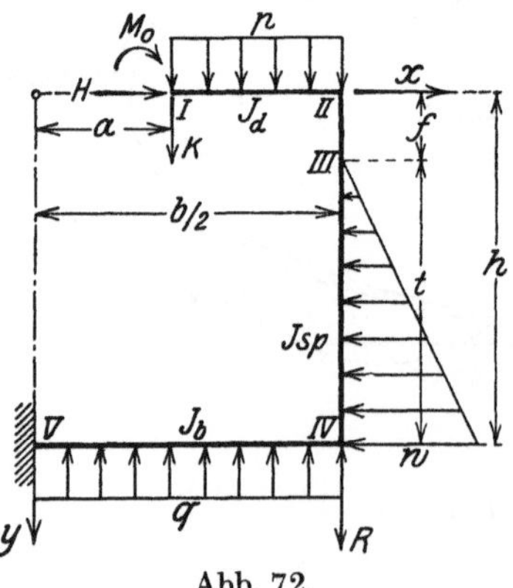

Abb. 72.

Im Bereiche der Decksöffnungen ist der Querverband in der oberen Gurtung unterbrochen. Ein Ausgleich für die damit gegebene Schwächung des Verbandes wird am wirksamsten erreicht durch entsprechende Verstärkung des Querverbandes an den Enden der Öffnungen. Weiter ist ein teilweiser Ausgleich möglich durch die Längssülle neben den Öffnungen, insbesondere neben den Luken. Das Süll ersetzt bis zu einem gewissen Grade die Decksabstützung. Für die rechnerische Durchführung sei angenommen, daß der Punkt I in der Abb. 72 unverrückbar gelagert ist, d. h. gegen eine Verdrehung und gegen eine Verschiebung in der x-Richtung wie in der y-Richtung gesichert ist. Die unbekannten Größen hierbei sind M_0, H und K. Die Reaktionen von

H und K werden durch das Längssüll auf den Lukenendbalken weitergeleitet. Die Biegungsmomente in den einzelnen Teilen des Rahmens werden:

Bereich I—II: $$M_x = M_0 - \frac{p\,x^2}{2} + p\,x\,a - \frac{p\,a^2}{2} - K\,x + K\,a\,,$$

„ II—III: $$M_y = M_0 - \frac{p\,b^2}{8} + \frac{p\,a\,b}{2} - \frac{p\,a^2}{2} - K\frac{b}{2} + K\,a + H\cdot y\,,$$

„ III—IV: $$M_y = M_0 - \frac{p\,b^2}{8} + \frac{p\,a\,b}{2} - \frac{p\,a^2}{2} - K\frac{b}{2} + K\,a + H\,y - \frac{w\,y^3}{6(h-f)} + \frac{w\,y^2\,f}{2(h-f)} - \frac{w\,y\,f^2}{2(h-f)} + \frac{w\,f^3}{6(h-f)}\,,$$

„ IV—V: $$M_x = M_0 + \frac{p\,b^2}{8} - \frac{p\,a^2}{2} - \frac{p\,b\,x}{2} + p\,a\,x + K\,a - K\,x + H\cdot h - \frac{w\,t^2}{6} + R\frac{b}{2} - R\,x - \frac{q\,b^2}{8} + \frac{q\,b\,x}{2} - \frac{q\,x^2}{2}\,.$$

Damit wird:

	$\frac{\partial M}{\partial M_0}$	$\frac{\partial M}{\partial H}$	$\frac{\partial M}{\partial K}$
Bereich I—II:	1	0	$-x+a$
„ II—III:	1	y	$-\frac{b}{2}+a$
„ III—IV:	1	y	$-\frac{b}{2}+a$
„ IV—V:	1	h	$-x+a$

Die Bestimmungsgleichungen für die Unbekannten werden:

$$\frac{\partial A}{\partial M_0} = 0 = \int\limits_{\mathrm{I}}^{\mathrm{V}} \frac{1}{J_d}\left(M_0 - \frac{p\,x^2}{2} + p\,x\,a - \frac{p\,a^2}{2} - K\,x + K\,a\right)_{x=a}^{x=\frac{b}{2}} dx$$
$$+ \frac{1}{J_{sp}}\left(M_0 - \frac{p\,b^2}{8} + \frac{p\,a\,b}{2} - \frac{p\,a^2}{2} - K\frac{b}{2} + K\,a + H\,y\right)_{y=0}^{y=f} dy$$
$$+ \frac{1}{J_{sp}}\left(M_0 - \frac{p\,b^2}{8} + \frac{p\,a\,b}{2} - \frac{p\,a^2}{2} - K\frac{b}{2} + K\,a + H\,y - \frac{w\,y^3}{6(h-f)} + \frac{w\,y^2\,f}{2(h-f)} - \frac{w\,y\,f^2}{2(h-f)} + \frac{w\,f^3}{6(h-f)}\right)_{y=f}^{y=h} dy$$
$$+ \frac{1}{J_b}\left(M_0 + \frac{p\,b^2}{8} - \frac{p\,a^2}{2} - \frac{p\,b\,x}{2} + p\,a\,x + K\,a - K\,x + H\,h - \frac{w\,t^2}{6} + R\frac{b}{2} - R\,x - \frac{q\,b^2}{8} + \frac{q\,b\,x}{2} - \frac{q\,x^2}{2}\right)_{x=\frac{b}{2}}^{x=0} dx\,.$$

$$\frac{\partial A}{\partial H} = 0 = \int_{\mathrm{I}}^{\mathrm{V}} \frac{1}{J_{sp}}\left(M_0 y - \frac{p b^2 y}{8} + \frac{p a b y}{2} - \frac{p a^2 y}{2} - K\frac{b y}{2} + K a y + H y^2\right)_{y=0}^{y=f} dy$$

$$+ \frac{1}{J_{sp}}\left(M_0 y - \frac{p b^2 y}{8} + \frac{p a b y}{2} - \frac{p a^2 y}{2} - K\frac{b y}{2} + K a y + H y^2\right.$$

$$\left. - \frac{w y^4}{6(h-f)} + \frac{w y^3 f}{2(h-f)} - \frac{w y^2 f^2}{2(h-f)} + \frac{w y f^3}{6(h-f)}\right)_{y=f}^{y=h} dy$$

$$+ \frac{1}{J_b}\left(M_0 h + \frac{p b^2 h}{8} - \frac{p a^2 h}{2} - \frac{p b x h}{2} + p a x h + K a h - K x h\right.$$

$$\left. + H h^2 - \frac{w t^2 h}{6} + R\frac{b h}{2} - R x h - \frac{q b^2 h}{8} + \frac{q b x h}{2} - \frac{q x^2 h}{2}\right)_{x=\frac{b}{2}}^{x=0} dx\,.$$

$$\frac{\partial A}{\partial K} = 0 = \int_{\mathrm{I}}^{\mathrm{V}} \frac{1}{J_d}\left(-M_0 x + \frac{p x^3}{2} + \frac{3 p a^2 x}{2} + K x^2 - 2 K a x + M_0 a - \frac{3 p a x^2}{2}\right.$$

$$\left. - \frac{p a^3}{2} + K a^2\right)_{x=a}^{x=\frac{b}{2}} dx + \frac{1}{J_{sp}}\left(-M_0\frac{b}{2} + \frac{p b^3}{16} + \frac{3 p a^2 b}{4} + K\frac{b^2}{4}\right.$$

$$\left. - K a b - H\frac{b y}{2} + M_0 a - \frac{3 p b^2 a}{8} - \frac{p a^3}{2} + K a^2 + H a y\right)_{y=0}^{y=f} dy$$

$$+ \frac{1}{J_{sp}}\left(-M_0\frac{b}{2} + \frac{p b^3}{16} + \frac{3 p a^2 b}{4} + K\frac{b^2}{4} - K a b - H\frac{b y}{2}\right.$$

$$+ \frac{w y^3 b}{12(h-f)} - \frac{w y^2 f b}{4(h-f)} + \frac{w y f^2 b}{4(h-f)} - \frac{w b f^3}{12(h-f)} + M_0 a - \frac{3 p a b^2}{8}$$

$$- \frac{p a^3}{2} + K a^2 + H a y - \frac{w a y^3}{6(h-f)} + \frac{w y^2 f a}{2(h-f)} - \frac{w y f^2 a}{2(h-f)}$$

$$\left. + \frac{w a f^3}{6(h-f)}\right)_{y=f}^{y=h} dy + \frac{1}{J_b}\left(-M_0 x - \frac{p b^2 x}{8} + \frac{3 p a^2 x}{2} + \frac{p b x^2}{2} - p a x^2\right.$$

$$- 2 K a x + K x^2 - H h x + \frac{w t^2 x}{6} - R\frac{b x}{2} + R x^2 + \frac{q b^2 x}{8} - \frac{q b x^2}{2}$$

$$+ \frac{q x^3}{2} + M_0 a + \frac{p b^2 a}{8} - \frac{p a^3}{2} - \frac{p b a x}{2} + K a^2 + H h a - \frac{w t^2 a}{6}$$

$$\left. + R\frac{a b}{2} - R a x - \frac{q b^2 a}{8} + \frac{q a b x}{2} - \frac{q a x^2}{2}\right)_{x=\frac{b}{2}}^{x=0} dx\,.$$

Die Integration liefert:

$$\left.\begin{aligned} 0 = {} & \frac{1}{J_d}\left(M_0\frac{b}{2} - \frac{p b^3}{48} + \frac{p b^2 a}{8} - \frac{p a^2 b}{4} - K\frac{b^2}{8} + K\frac{a b}{2} - M_0 a + \frac{p a^3}{6}\right. \\ & \left. - K\frac{a^2}{2}\right) + \frac{1}{J_{sp}}\left(M_0 h - \frac{p b^2 h}{8} + \frac{p a b h}{2} - \frac{p a^2 h}{2} - K\frac{b h}{2} + K a h\right. \\ & \left. + H\frac{h^2}{2} - \frac{w t^3}{24}\right) \end{aligned}\right\} \quad (1)$$

$$-\frac{1}{J_b}\left(M_0\frac{b}{2}-\frac{p\,a^2 b}{4}+\frac{p\,a\,b^2}{8}+K\frac{a\,b}{2}-K\frac{b^2}{8}+H\frac{h\,b}{2}-\frac{w\,t^2 b}{12}\right.$$
$$\left.+R\frac{b^2}{8}-\frac{q\,b^3}{48}\right),$$

$$\left.\begin{aligned}0=&\frac{1}{J_{sp}}\left(M_0\frac{h^2}{2}-\frac{p\,b^2 h^2}{16}+\frac{p\,a\,b\,h^2}{4}-\frac{p\,a^2 h^2}{4}-K\frac{b\,h^2}{4}+K\,a\frac{h^2}{2}\right.\\&+H\frac{h^3}{3}-\frac{w\,h^5}{30(h-f)}+\frac{w\,h^4 f}{8(h-f)}-\frac{w\,h^3 f^2}{6(h-f)}+\frac{w\,h^2 f^3}{12(h-f)}\\&\left.-\frac{w\,f^5}{120(h-f)}\right)-\frac{1}{J_b}\left(M_0\frac{h\,b}{2}-\frac{p\,a^2 h\,b}{4}+\frac{p\,a\,b^2 h}{8}+K\frac{a\,h\,b}{2}\right.\\&\left.-K\frac{b^2 h}{8}+H\frac{h^2 b}{2}-\frac{w\,t^2 h\,b}{12}+R\frac{b^2 h}{8}-\frac{q\,b^3 h}{48}\right),\end{aligned}\right\}\quad(2)$$

$$\left.\begin{aligned}0=&\frac{1}{J_d}\left(-M_0\frac{b^2}{8}+\frac{p\,b^4}{128}+\frac{3\,p\,a^2 b^2}{16}+K\frac{b^3}{24}-K\frac{a\,b^2}{4}+M_0\frac{a\,b}{2}-\frac{p\,a\,b^3}{16}\right.\\&\left.-\frac{p\,a^3 b}{4}+K\frac{a^2 b}{2}-M_0\frac{a^2}{2}+\frac{p\,a^4}{8}-K\frac{a^3}{3}\right)+\frac{1}{J_{sp}}\left(-M_0\frac{b\,h}{2}+\frac{p\,b^3 h}{16}\right.\\&+\frac{3\,p\,a^2 b\,h}{4}+K\frac{b^2 h}{4}-K\,a\,b\,h-H\frac{b\,h^2}{4}+\frac{w\,b\,t^3}{48}+M_0 a\,h-\frac{3\,p\,a\,b^2 h}{8}\\&\left.-\frac{p\,a^3 h}{2}+K\,a^2 h+H\,a\frac{h^2}{2}-\frac{w\,a\,t^3}{24}\right)\\&-\frac{1}{J_b}\left(-M_0\frac{b^2}{8}+\frac{p\,b^4}{192}+\frac{3\,p\,a^2 b^2}{16}-\frac{p\,a\,b^3}{24}-K\frac{a\,b^2}{4}+K\frac{b^3}{24}-H\frac{h\,b^2}{8}\right.\\&+\frac{w\,t^2 b^2}{48}-R\frac{b^3}{48}+\frac{q\,b^4}{384}+M_0\frac{a\,b}{2}-\frac{p\,a^3 b}{4}+K\frac{a^2 b}{2}+H\frac{h\,a\,b}{2}\\&\left.-\frac{w\,t^2 a\,b}{12}+R\frac{a\,b^2}{8}-\frac{q\,a\,b^3}{48}\right).\end{aligned}\right\}\quad(3)$$

Als **Beispiel** sei ein Rahmen gegeben mit folgenden Abmessungen: $h = 6{,}0$ m; $t = 5{,}0$ m; $f = 1{,}0$ m; $b = 10$ m; $a = 2{,}0$ m; $w = 5000$ kg/m²; $l = 3500$ kg/m²; $q = w - l = 1500$ kg/m²; $p = 1500$ kg/m².

$$J_d = 0{,}00001210\ \mathrm{m}^4$$
$$J_{sp} = 0{,}00002532\ „$$
$$J_b = 0{,}00325565\ „$$

(für 1 m Schiffslänge gerechnet).

Wird das Gewicht des Rahmens vernachlässigt, so ergibt sich für R

$$R = 5\cdot 1500 - 3\cdot 1500 = 3000\ \mathrm{kg}.$$

Die Unbekannten werden alsdann:

$$\boldsymbol{M_0 = -60\ \mathrm{mkg};\qquad K = -1300\ \mathrm{kg};\qquad H = +2550\ \mathrm{kg}.}$$

Der Verlauf der Biegungsmomente ist in Abb. 73 wiedergegeben.

Für die Berechnung des Rahmens, welcher die Lukenendbalken enthält, gilt das in Abb. 74 dargestellte Belastungsschema. P ist der Auflagerdruck

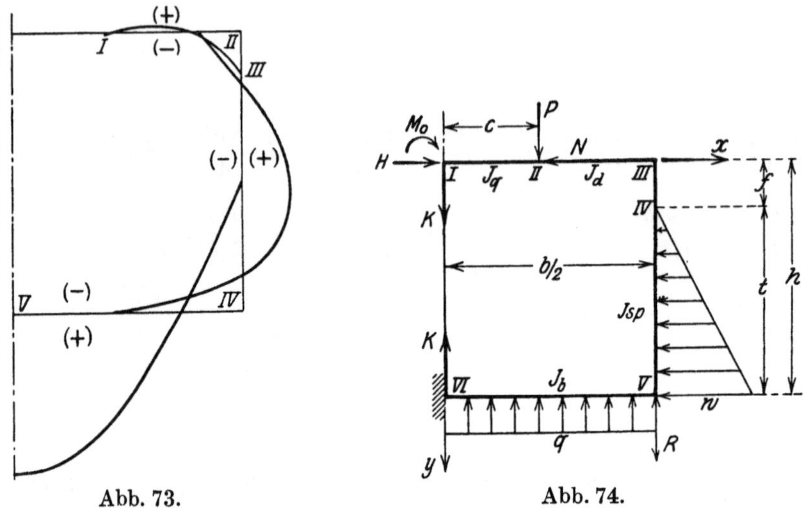

Abb. 73. Abb. 74.

des Längssülls und N der horizontale. Angenommen ist eine Deckabstützung in Mitte Schiff. Für die einzelnen Bereiche ergibt sich folgender Verlauf der Biegungsmomente:

Bereich I—II: $M_x = M_0 - K \cdot x\,,$

,, II—III: $M_x = M_0 - Kx - Px + Pc\,,$

,, III—IV: $M_y = M_0 - K\frac{b}{2} - P\frac{b}{2} + Pc - N \cdot y + Hy\,,$

,, IV—V:
$$M_y = M_0 - K\frac{b}{2} - P\frac{b}{2} + Pc - Ny + Hy - \frac{w\,y^3}{6(h-f)} + \frac{w\,y^2 f}{2(h-f)} - \frac{w\,y f^2}{2(h-f)} + \frac{w f^3}{6(h-f)}\,,$$

,, V—VI:
$$M_x = M_0 - Kx + Pc - Px - N \cdot h + H \cdot h - \frac{w t^2}{6} + R\frac{b}{2} - Rx - \frac{q b^2}{8} + \frac{q b x}{2} - \frac{q x^2}{2}\,.$$

Damit folgt

	$\frac{\partial M}{\partial M_0}$	$\frac{\partial M}{\partial H}$	$\frac{\partial M}{\partial K}$
Bereich I—II:	1	0	$-x$
,, II—III:	1	0	$-x$
,, III—IV:	1	y	$-\frac{b}{2}$
,, IV—V:	1	y	$-\frac{b}{2}$
,, V—VI:	1	h	$-x$

Die Bestimmungsgleichungen werden:

$$\frac{\partial A}{\partial M_0} = 0 = \int_{\mathrm{I}}^{\mathrm{VI}} \frac{1}{J_q}\left(M_0 - Kx\right)_{x=0}^{x=c} dx + \frac{1}{J_d}\left(M_0 - Kx - Px + Pc\right)_{x=c}^{x=\frac{b}{2}} dx$$

$$+ \frac{1}{J_{sp}}\left(M_0 - K\frac{b}{2} - P\frac{b}{2} + Pc - Ny + Hy\right)_{y=0}^{y=f} dy + \frac{1}{J_{sp}}\left(M_0 - K\frac{b}{2}\right.$$

$$- P\frac{b}{2} + Pc - Ny + Hy - \frac{wy^3}{6(h-f)} + \frac{wy^2 f}{2(h-f)} - \frac{wyf^2}{2(h-f)}$$

$$\left. + \frac{wf^3}{6(h-f)}\right)_{y=f}^{y=h} dy + \frac{1}{J_b}\left(M_0 - Kx + Pc - Px - N\cdot h + H\cdot h - \frac{wt^2}{6}\right.$$

$$\left. + R\frac{b}{2} - Rx - \frac{qb^2}{8} + \frac{qbx}{2} - \frac{qx^2}{2}\right)_{x=\frac{b}{2}}^{x=0} dx\,.$$

$$\frac{\partial A}{\partial H} = 0 = \int_{\mathrm{I}}^{\mathrm{VI}} \frac{1}{J_{sp}}\left(M_0 y - K\frac{by}{2} - P\frac{by}{2} + Pcy - Ny^2 + Hy^2\right)_{y=0}^{y=f} dy$$

$$+ \frac{1}{J_{sp}}\left(M_0 y - K\frac{by}{2} - P\frac{by}{2} + Pcy - Ny^2 + Hy^2 - \frac{wy^4}{6(h-f)}\right.$$

$$\left. + \frac{wy^3 f}{2(h-f)} - \frac{wy^2 f^2}{2(h-f)} + \frac{wyf^3}{6(h-f)}\right)_{y=f}^{y=h} dy + \frac{1}{J_b}\left(M_0 h - Kxh\right.$$

$$+ Pch - Pxh - Nh^2 + Hh^2 - \frac{wt^2 h}{6} + R\frac{bh}{2} - Rxh - \frac{qb^2 h}{8}$$

$$\left. + \frac{qbxh}{2} - \frac{qx^2 h}{2}\right)_{x=\frac{b}{2}}^{x=0} dx\,,$$

$$\frac{\partial A}{\partial K} = 0 = \int_{\mathrm{I}}^{\mathrm{VI}} - \frac{1}{J_q}\left(M_0 x - Kx^2\right)_{x=0}^{x=c} dx - \frac{1}{J_d}\left(M_0 x - Kx^2 - Px^2 + Pcx\right)_{x=c}^{x=\frac{b}{2}} dx$$

$$- \frac{1}{J_{sp}}\left(M_0\frac{b}{2} - K\frac{b^2}{4} - P\frac{b^2}{4} + P\frac{cb}{2} - N\frac{by}{2} + H\frac{by}{2}\right)_{y=0}^{y=f} dy$$

$$- \frac{1}{J_{sp}}\left(M_0\frac{b}{2} - K\frac{b^2}{4} - P\frac{b^2}{4} + P\frac{cb}{2} - N\frac{by}{2} + H\frac{by}{2} - \frac{wy^3 b}{12(h-f)}\right.$$

$$\left. + \frac{wy^2 fb}{4(h-f)} - \frac{wyf^2 b}{4(h-f)} + \frac{wf^3 b}{12(h-f)}\right)_{y=f}^{y=h} dy - \frac{1}{J_b}\left(M_0 x - Kx^2 + Pcx\right.$$

$$\left. - Px^2 - Nhx + Hhx - \frac{wt^2 x}{6} + R\frac{bx}{2} - Rx^2 - \frac{qb^2 x}{8} + \frac{qbx^2}{2} - \frac{qx^3}{2}\right)_{x=\frac{b}{2}}^{x=0} dx\,.$$

Die Integration ergibt:

$$\left.\begin{aligned}
0 = {} & \frac{1}{J_q}\left(M_0 c - K\frac{c^2}{2}\right) + \frac{1}{J_d}\left(M_0\frac{b}{2} - K\frac{b^2}{8} - P\frac{b^2}{8} + P\frac{cb}{2} - M_0 c\right. \\
& \left. + K\frac{c^2}{2} - P\frac{c^2}{2}\right) + \frac{1}{J_{sp}}\left(M_0 h - K\frac{bh}{2} - P\frac{bh}{2} + Pch - N\frac{h^2}{2}\right. \\
& \left. + H\frac{h^2}{2} - \frac{wt^3}{24}\right)
\end{aligned}\right\} \quad (1)$$

$$
\left.\begin{aligned}
&-\frac{1}{J_b}\Big(M_0\frac{b}{2}-K\frac{b^2}{8}+P\frac{c\,b}{2}-P\frac{b^2}{8}-N\frac{h\,b}{2}+H\frac{h\,b}{2}-\frac{w\,t^2\,b}{12}\\
&+R\frac{b^2}{8}-\frac{q\,b^3}{48}\Big),
\end{aligned}\right|
$$

$$
\left.\begin{aligned}
0=&\frac{1}{J_{sp}}\Big(M_0\frac{h^2}{2}-K\frac{b\,h^2}{4}-P\frac{b\,h^2}{4}+P\frac{c\,h^2}{2}-N\frac{h^3}{3}+H\frac{h^3}{3}-\frac{w\,h^5}{30(h-f)}\\
&+\frac{w\,h^4\,f}{8(h-f)}-\frac{w\,h^3\,f^2}{6(h-f)}+\frac{w\,h^2\,f^3}{12(h-f)}-\frac{w\,f^5}{120(h-f)}\Big)-\frac{1}{J_b}\Big(M_0\frac{h\,b}{2}\\
&-K\frac{b^2\,h}{8}+P\frac{c\,h\,b}{2}-P\frac{b^2\,h}{8}-N\frac{h^2\,b}{2}+H\frac{h^2\,b}{2}-\frac{w\,t^2\,h\,b}{12}+R\frac{b^2\,h}{8}\\
&-\frac{q\,b^3\,h}{48}\Big),
\end{aligned}\right\}\quad(2)
$$

$$
\left.\begin{aligned}
0=&-\frac{1}{J_q}\Big(M_0\frac{c^2}{2}-K\frac{c^3}{3}\Big)-\frac{1}{J_d}\Big(M_0\frac{b^2}{8}-K\frac{b^3}{24}-P\frac{b^3}{24}+P\frac{c\,b^2}{8}-M_0\frac{c^2}{2}\\
&+K\frac{c^3}{3}-P\frac{c^3}{6}\Big)-\frac{1}{J_{sp}}\Big(M_0\frac{h\,b}{2}-K\frac{b^2\,h}{4}-P\frac{b^2\,h}{4}+P\frac{c\,b\,h}{2}-N\frac{b\,h^2}{4}\\
&+H\frac{b\,h^2}{4}-\frac{w\,b\,t^3}{48}\Big)\\
&+\frac{1}{J_b}\Big(M_0\frac{b^2}{8}-K\frac{b^3}{24}+P\frac{c\,b^2}{8}-P\frac{b^3}{24}-N\frac{h\,b^2}{8}+H\frac{h\,b^2}{8}-\frac{w\,t^2\,b^2}{48}\\
&+R\frac{b^3}{48}-\frac{q\,b^4}{384}\Big).
\end{aligned}\right\}\quad(3)
$$

Für eine zahlenmäßige Anwendung sei ein Rahmen gewählt von den Abmessungen:

$$h = 6{,}0\text{ m};\qquad b = 10{,}0\text{ m};\qquad f = 1{,}0\text{ m};\qquad t = 5{,}0\text{ m};\qquad c = 2{,}0\text{ m}.$$

Die Lukenlänge betrage 6,0 m, das Längssüll werde als starr angenommen. Dann wird

$$P = 3900\text{ kg}\qquad\text{und}\qquad N = 7650\text{ kg}.$$

Die Auflagerkräfte H und K des vorherigen Beispiels wirken in entgegengesetzter Richtung auf die Lukenendbalken.

Die Belastungen werden:

$$w = 5000\text{ kg/m}^2;\qquad l = 3500\text{ kg/m}^2;\qquad q = 1500\text{ kg/m}^2.$$

Wird das Eigengewicht des Rahmens nicht in Rechnung gezogen, so wird:

$$R = 5\cdot 1500 - 3900 = 3600\text{ kg}\downarrow.$$

Werden für die Trägheitsmomente dieselben Werte eingesetzt wie in den vorherigen Beispielen, ist also keine Verstärkung des Querverbandes angenommen, so ist zu setzen:

$$J_q = 0{,}0037\text{ m}^4;\qquad J_d = 0{,}00001210\text{ m}^4;$$
$$J_{sp} = 0{,}00002532\text{ m}^4;\qquad J_b = 0{,}00325565\text{ m}^4.$$

Mit diesen Werten ergeben sich für die Unbekannten:

$$M_0 = -2470 \text{ mkg}; \qquad K = -2320 \text{ kg}; \qquad H = +10\,100 \text{ kg}.$$

Der Verlauf der Biegemomente ist in Abb. 75 dargestellt.

Die vorstehenden Betrachtungen beziehen sich auf den Querverband von Seeschiffen. Für offene Binnenschiffe wie Schuten und Prähme kommt für die Berechnung des Querverbandes in erster Annäherung das in Abb. 76 angegebene Belastungsschema in Frage.

Es bedeute G_1 das Gewicht der Seitenwand, G_2 das der Bodenhälfte, w der Auftrieb am Boden und l der Ladungsdruck, bezogen auf die Längen- bzw.

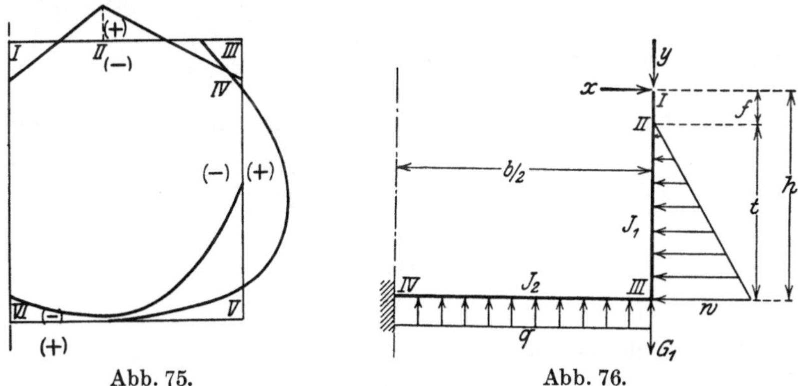

Abb. 75. Abb. 76.

Flächeneinheit. Y ist die Scherkraft, die in Richtung des Steges wirkt. Aus dem Gleichgewicht der vertikalen Kräfte folgt für die Schiffshälfte

$$w \cdot \frac{b}{2} = G_1 + G_2 + l\,\frac{b}{2} + Y.$$

Da w und l entgegengesetzt gerichtet sind, wirkt als gleichmäßig über den Boden verteilte Belastung

$$q = w - (g_2 + l),$$

wenn g_2 das entsprechende Gewicht des Bodens, bezogen auf die Flächeneinheit, ist. Wird q in die obere Gleichung eingesetzt, so ergibt sich

$$Y = q \cdot \frac{b}{2} - G_1.$$

Ist die Ladung nicht gleichförmig verteilt, sondern konzentriert, wie beispielsweise beim Transport großer Kessel, so wird $l = 0$ und die vorherige Gleichung geht über in

$$q = w - g_2.$$

Soll trotz der Belastung die Form des Querschnittes gewahrt werden, so muß Punkt I gegen Verschiebung gesichert werden. Die dazu erforderliche Gegenkraft X liefert der an Seite Deck in der Schiffslängsrichtung verlaufende und als starr angenommene Bordbalken.

Ihre Bestimmung erfolgt am einfachsten mittels des Satzes vom Minimum der Formänderungsarbeit. Nach diesem wird:

$$0 = \int_{\mathrm{I}}^{\mathrm{IV}} \frac{M}{EJ} \frac{\partial M}{\partial X} ds ;$$

Für das Biegungsmoment ergeben sich innerhalb der Stetigkeitsbereiche die Ausdrücke:

Bereich I—II $\quad M_y = X \cdot y$,

,, II—III $\quad M_y = X \cdot y - \frac{w(y-f)^3}{6t}$,

,, III—IV $\quad M_x = X \cdot h - \frac{w t^2}{6} + G_1\left(\frac{b}{2} - x\right) + Y\left(\frac{b}{2} - x\right) - \frac{q\left(\frac{b}{2} - x\right)^2}{2}$.

Der partielle Differentialquotient nach der statisch Unbestimmten wird:

		$\frac{\partial M}{\partial X}$
Bereich	I—II	y
,,	II—III	y
,,	III—IV	h

Damit ergibt sich die Bestimmungsgleichung zu

$$0 = \int_{\mathrm{I}}^{\mathrm{IV}} \frac{1}{J_1}\left(X \cdot y^2\right)_{y=0}^{y=f} dy + \frac{1}{J_1}\left(X y^2 - \frac{w y^4}{6t} + \frac{w y^3 f}{2t} - \frac{w y^2 f^2}{2t} + \frac{w y f^3}{6t}\right)_{y=f}^{y=h} dy$$
$$+ \frac{1}{J_2}\left(X \cdot h^2 - \frac{w t^2 h}{6} + G_1 \frac{b h}{2} - G_1 x h + Y \cdot \frac{b h}{2} - Y x h - \frac{q b^2 h}{8} + \frac{q b x h}{2}\right.$$
$$\left. - \frac{q x^2 h}{2}\right)_{x=\frac{b}{2}}^{x=0} dx .$$

Die Integration liefert:

$$0 = \frac{1}{J_1}\left(X \frac{h^3}{3} - \frac{w h^5}{30 t} + \frac{w h^4 f}{8 t} - \frac{w h^3 f^2}{6 t} + \frac{w h^2 f^3}{12 t} - \frac{w f^5}{120 t}\right)$$
$$- \frac{1}{J_2}\left(X \frac{h^2 b}{2} - \frac{w t^2 h b}{12} + G_1 \frac{b^2 h}{8} + Y \frac{b^2 h}{8} - \frac{q b^3 h}{48}\right).$$

Mit X sind die Biegungsmomente an jeder Stelle des Querschnitts gegeben.

Fahren die Schiffe Sand oder sonstige gleichmäßig verteilte lose Ladung, so könnte der Erddruck gegen die Seitenwand berücksichtigt werden, wodurch der seitliche Wasserdruck verringert wird und die Biegungsmomente fallen können. Da jedoch dieser seitliche Druck bei Stückgütern und dgl. fortfällt, empfiehlt es sich, um den ungünstigsten Fall in Rechnung zu setzen, immer mit dem vollen Wasserdruck zu rechnen.

Um die X Kräfte aufzunehmen, muß der Bordbalken in seiner Gesamtlänge diesen Kräften gegenüber als biegungsfest ausgebildet werden. Bei kleineren Fahrzeugen wird dies erreicht durch die parabelartige Form der in den Steven fest gelagerten und miteinander verbundenen Balken, bei größeren mit parallelem Mittelschiff durch Querschotte bzw. durchlaufende Decksbalken. Zwischen diesen vollen Querverbänden ist der Bordbalken als eingespannter, durch die X-Kräfte gleichmäßig belasteter Träger zu berechnen.

Beispiel: Gegeben der Querschnitt eines Campinekahnes entsprechend Abb. 76. Es ist

$$b = 6{,}6\ \text{m}; \quad h = 2{,}5\ \text{m}; \quad t = 2{,}2\ \text{m}, \quad \text{also} \quad f = 0{,}3\ \text{m}; \quad w = 2200\ \text{kg/m}^2.$$

Das Gewicht einer Seitenwand für 1 m Länge ist $G_1 = 250$ kg. Die Trägheitsmomente J_1 und J_2 werden

$$J_1 = 77\ \text{cm}^4 = 0{,}00000077\ \text{m}^4,$$

$$J_2 = 2100\ \text{,,} \ = 0{,}00002100\ \text{,,}.$$

Wird $Y = 0$ gesetzt, so folgt

$$G_1 = \frac{q \cdot b}{2};$$

$$q = \frac{G_1}{\frac{b}{2}} = \frac{250}{3{,}3} = 75{,}8\ \text{kg/m}^2.$$

Diese Werte in die Bestimmungsgleichung eingesetzt, ergibt

$$X = 349\ \text{kg}.$$

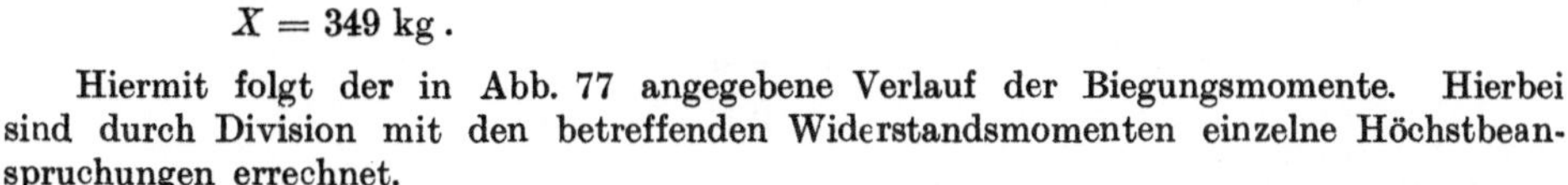

Abb. 77.

Hiermit folgt der in Abb. 77 angegebene Verlauf der Biegungsmomente. Hierbei sind durch Division mit den betreffenden Widerstandsmomenten einzelne Höchstbeanspruchungen errechnet.

Dynamische Querfestigkeit.

Als bewegte Kräfte, welche den Querverband beanspruchen, kommen in Betracht:

1. Stoßbelastungen durch Wellen, Wind und durch örtliche Kräfte, wie beim Anlegen, Laden und Löschen usw.

Der dynamische Einfluß der Wellen wird am einfachsten angenähert dadurch berücksichtigt, daß der statische Wasserdruck an Seite Schiff bis zu einem entsprechend höher gelegenen Punkt (z. B. Seite Hauptdeck) gerechnet wird.

Ist Richtung und Größe der stoßenden Kraft gegeben, so kann die Rechnung entsprechend den Darlegungen auf Seite 62 statisch durchgeführt werden.

In den meisten Fällen sind die in Frage kommenden Kräfte nicht eindeutig gegeben, z. B. die Stoßkraft auf Außenhaut und Spantwerk beim Anlegen. In diesen Fällen können nur die Forderungen der Klassifikationsgesellschaften als Grundlage für Vergleichsrechnungen dienen, indem aus den Vorschriften für normale Konstruktionen Vergleichswerte für die zulässigen Beanspruchungen bei abweichenden Konstruktionen errechnet werden. Ein solcher Rechnungsgang ist beispielsweise gegeben, wenn der Spantabstand ein anderes Maß als nach den Vorschriften haben soll.

Für die Umrechnung der Außenhautdicken auf der Grundlage gleicher zulässiger Beanspruchungen ergeben sich die Formeln

$$\frac{d}{d_1} = \sqrt{\frac{l}{l_1}} \quad \text{(Biegung)}, \qquad \frac{l}{l_1} = \sqrt{\frac{d^3}{d_1^3}} \quad \text{(Knickung)},$$

wo d die Dicken und l die entsprechenden Spantentfernungen angeben.

Kielhorn[1]) hat für die Beziehung zwischen Bodenbeplattung und Spantabstand nach ausgeführten Schiffen empirisch die Gleichung aufgestellt:

$$d' = \frac{l}{2}\sqrt{\frac{12{,}4\,H + 33{,}2}{67\,600 + l^2}},$$

worin d' die vorläufige Plattendicke in cm,
l die Spantentfernung in cm,
H die Seitenhöhe des Schiffes (bis Hauptdeck gemessen) in m bedeuten.

Die hierbei für die Bodenbeplattung zugrunde gelegte zulässige, gleichmäßig verteilte Belastung p in kg/cm² entspricht angenähert der Gleichung

$$p = 0{,}242\,H + 0{,}645 \quad (H \text{ wie vorher in m}).$$

Vorstehende Gleichung für d' berücksichtigt alle Spannungen in der Bodenbeplattung.

Da nun einige Spannungen, z. B. die aus der Längsfestigkeit, unabhängig von der Spantentfernung sind, muß d' korrigiert werden. Für die erforderliche Plattendicke δ ergibt sich alsdann

$$\delta = \frac{d' + d''}{2},$$

wo d'' die tabellarische Dicke für normale Spantentfernungen bedeutet.

2. Massenkräfte bei der Bewegung des Schiffes im Seegang.

Denkt man sich das Schiff als gleichmäßig gebauten Kasten — also ohne Schotte, Rahmenspanten und Aufbauten — mit homogener Ladung, und nimmt man an, daß es sich um die Längsachse durch den Systemschwerpunkt dreht, so treten in allen Querschnitten gleiche Massenkräfte P auf, die Momente bilden, welche alle Querschnitte gleichmäßig deformieren wollen. Das Maximum der Kräfte tritt bei der größten Neigung φ auf, wobei die Winkelbeschleunigung gegeben ist durch die Gleichung

$$\varepsilon = \frac{4\,\pi^2 \sin\varphi}{T^2} \quad \text{(vgl. Seite 160)}.$$

Ferner ist

$$T = 2\,\pi\sqrt{\frac{J}{P \cdot MG}},$$

wo J das Massenträgheitsmoment des Schiffes bedeutet.

Werden diese zum Schwingungskreis des jeweils betrachteten Massenpunktes tangential gerichteten Massenkräfte als statisch wirkend auf den Querverband betrachtet, so ergibt sich beispielsweise für die Komponenten der Kräfte in Richtung Deck bzw. Doppelboden das in Abb. 78 dargestellte Belastungs-

[1]) Schiffbau Jg. XII, S. 661.

schema. Die Momente werden gebildet von dem Schiffskörper (Außenhaut, Deck und Boden) sowie von der Ladung.

Die betrachtete Komponente des wirkenden Massenkraftmomentes wäre also entsprechend den Beziehungen der Abb. 78

$$M = 2A + G + L\,.$$

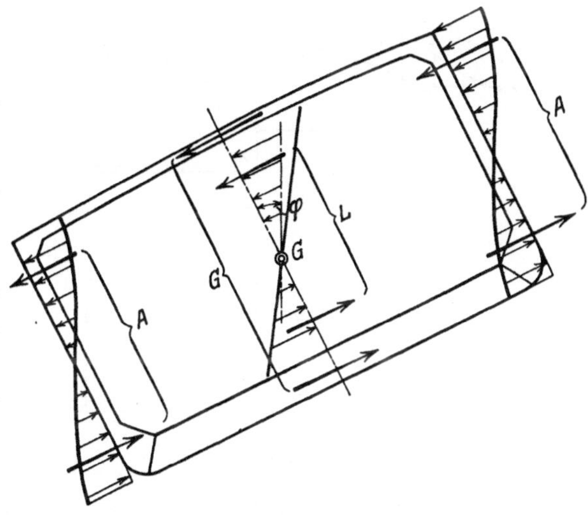

Abb. 78.

Eine gleiche Ableitung ergibt sich für die Komponenten in Richtung der Symmetrieachse des Schiffes, also senkrecht zu den in der Abbildung angegebenen Kräften.

Diesen Momenten wirkt das Stabilitätsmoment in gleicher Größe entgegen, dessen Kräfte für die Länge des Querverbandes gleicherweise belastend auf den Träger wirken.

Nach dem Satz vom Minimum der Formänderungsarbeit können alsdann die statisch Unbestimmten der Aufgabe ermittelt werden, womit der Verlauf der Biegungsmomente gegeben ist.

Praktisch ist ein solcher Rechnungsansatz, der nur angedeutet ist, um die wirkenden Kräfte qualitativ klarzustellen, wenig brauchbar; denn in Wirklichkeit sind Schiffsform und -gewichte über die Schiffslänge sehr ungleichmäßig verteilt, womit sich Torsionsbeanspruchungen ergeben. Die aus diesen resultierenden Scherkräfte werden vom Längsverband aufgenommen und auf den Querverband übergeleitet, der damit auf Biegung beansprucht wird.

Torsionsfestigkeit.

Auch bei der Torsionsfestigkeit kann unterschieden werden zwischen statischer und dynamischer Belastung.

Die statische Belastung tritt ein, wenn ein Schiff durch ein Moment (z. B. Winddruck) in geneigter Lage gehalten wird. Der Gleichgewichtszustand ist bestimmt durch die Gleichung

$$\text{Krängungsmoment} = \text{Stabilitätsmoment}.$$

Das Stabilitätsmoment für das ganze Schiff setzt sich zusammen aus den Momenten in den Längeneinheiten — etwa eine Spantentfernung —, die infolge der Veränderungen von Auftrieb und Gewicht von Spant zu Spant stetig ihren Wert ändern. Dasselbe gilt für die krängenden Momente.

Bildet man die Kurven der Krängungs- und Stabilitätsmomente pro Längeneinheit als Funktion der Schiffslänge, so gibt die Differenzkurve der Momente in den Ordinaten das an jeder Stelle der Schiffslänge wirkende Drehmoment pro Längeneinheit. Die Summe dieser Drehmomente, gerechnet von HP bis zu einem beliebigen Schnitt ergibt das dort herrschende statische Torsionsmoment. Das Integral von HP bis VP muß gleich Null sein.

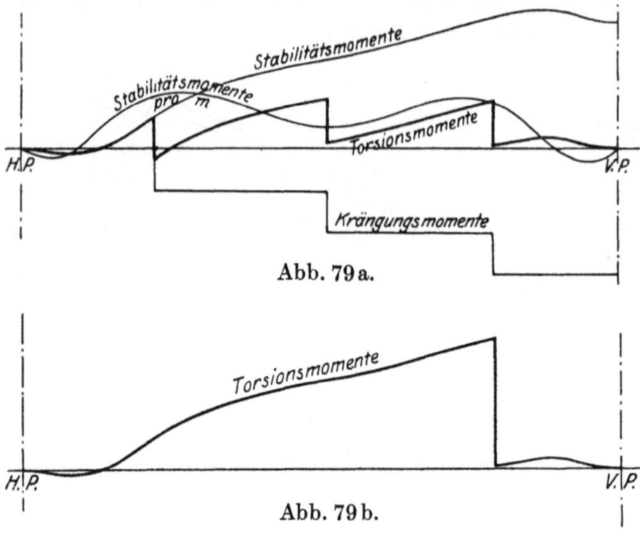

Abb. 79a.

Abb. 79b.

Diese Betrachtung läßt sich für ruhiges und bewegtes Wasser durchführen und entspricht den früheren Betrachtungen bei der statischen Längsfestigkeit.

Besondere Betrachtung verdient dieses statische Torsionsmoment bei Segelschiffen, da bei diesen der auf die Segel verteilte Winddruck durch die Masten als Einzelmomente auf den Schiffskörper übertragen wird. Es entsteht dann ein Belastungsbild, wie in Abb. 79a angenähert angegeben. Abb. 79b zeigt das Anwachsen der Momente, wenn als extremer Fall angenommen wird, daß nur ein Mast von einer Bö erfaßt wird.

Infolge der Schlingerbewegung des Schiffes entstehen nun aber, wie bereits angedeutet, in den Querverbänden Massenkräfte, die bestrebt sind, den von Spanten, Decksbalken und Bodenwrangen gebildeten Rahmen zu deformieren. Da zudem die Verteilung der Massen von Schiff und Zuladung sowie die äußere Schiffsform in der Längsrichtung nicht gleichmäßig sind, das Massenträgheitsmoment, bezogen auf eine Längseinheit (etwa 1 m oder eine Spantentfernung), somit über die ganze Schiffslänge wechselt, entstehen in dem Längsverband Torsionsmomente, deren Größe und Richtung mit der Schlingerbewegung wechseln. Für den gleichmäßig gebauten und homogen beladenen Schiffskörper würden die Torsionsmomente Null werden, da die für alle Querschnitte gleichen Massenkraftmomente durch die Stabilitätsmomente aufgehoben werden. Die für alle Querschnitte gleiche Winkelbeschleunigung ist

$$\varepsilon = \frac{4\,\pi^2 \sin\varphi}{T^2}\,.$$

Für ein Massenteilchen dm im Abstande r von der Drehachse, die als durch den Systemschwerpunkt des Schiffes gehend angenommen werde[1]), folgt als tangentiale Beschleunigung $\varepsilon \cdot r$, also

$$b_t = \frac{4\,\pi^2 \cdot r \cdot \sin\varphi}{T^2}\,.$$

[1]) Diese Annahme gilt streng nur für frei schwebende Körper, auf welche außer dem Torsionsmoment keine Kräfte (Reibung usw.) wirken.

Also wird die Massenkraft des Teilchens

$$d P_t = \frac{4 \pi^2 \cdot r \cdot \sin\varphi}{T^2} \cdot dm .$$

Das Moment dieser Kraft, bezogen auf die Drehachse, wird

$$dM = \pm d P_t \cdot r ,$$

und das Moment aller Massenkräfte im Bereich der Längeneinheit ergibt sich zu

$$M = \int \frac{4 \pi^2 \cdot r^2 \cdot \sin\varphi}{T^2} \cdot dm ,$$

wobei sich die Integration über alle Massenteilchen erstreckt. r ist der Abstand ihrer Schwerpunkte von der Drehachse. Führt man noch an Stelle der Masse die Gewichte g ein, so wird

$$M = \int \frac{4 \pi^2 \cdot r^2 \cdot \sin\varphi}{T^2} \cdot \frac{dg}{9{,}81} = 4 \int \frac{\sin\varphi}{T^2} \cdot r^2 \cdot dg .$$

T ist die Schwingungszeit für eine volle Schwingung.

Für einen beliebigen Querschnitt im Abstande x von HP wird also das Massenkraftmoment

$$M_x = 4 \int\limits_{x=0}^{x=x} \int \frac{\sin\varphi}{T^2} \cdot r^2 \cdot dg \cdot dx .$$

Die Integrationen sind nur graphisch ausführbar. Man bildet zunächst für die Längeneinheiten die Momente M und die Stabilitätsmomente, trägt sie über einer Achse, ihrer Lage in der Schiffslänge entsprechend, ab. Die daraus folgende Differenzkurve wird bis zu der Stelle des betrachteten Querschnittes integriert. Der Wert der Integralkurve an dieser Stelle gibt die Größe und Richtung des wirkenden Torsionsmomentes an. Die Integration von HP bis VP muß wiederum gleich Null werden.

Für φ kann als Mittelwert 20° genommen werden. Die genaue Größe richtet sich nach den Stabilitätsverhältnissen des Schiffes. Der Wert für T ergibt sich entsprechend Seite 118.

Ist der Verlauf der Torsionsmomente bestimmt, so errechnen sich die Scherspannungen in den Querschnitten in erster Annäherung nach der Formel

$$\tau = c \cdot \frac{M_d}{\delta \cdot F} ,$$

worin δ die Dicke der Außenhaut bzw. des Decks an der Stelle, an welcher τ bestimmt werden soll, und F die Länge des Schiffsquerschnittes, strenggenommen auf Mitte Außenhaut bzw. Deck gerechnet, bedeutet. c ist ein Koeffizient, welcher die Form des Querschnittes berücksichtigt. Nach Vedeler[1]) ist c im

[1]) Vedeler: The Shipbuilder Bd. 30. 1924.

einfachsten Ansatz gegeben durch die Gleichung

$$c = \frac{B}{2B - H},$$

wo H und B die Höhe und Breite des Querschnittes sind[1]).

Für das geschlossene Spantwerk wird die Scherspannung sich in mäßigen Grenzen halten. Nur an den Enden der großen Decksöffnungen wird durch den schroffen Übergang der Spannungsfluß gestört, und es entstehen örtliche Beanspruchungen, die beispielsweise an den Lukenenden gefährlich werden können (Gegenmittel: Abrundungen, Dopplungen).

Die entscheidenden Beanspruchungen treten als Biegung im Querverband auf, welcher die Deformationen verhindern will.

Nach dem Prinzip von d'Alembert können dynamische Vorgänge statisch betrachtet werden, wenn die vorher entwickelten Massenkräfte in das Belastungsschema eingeführt werden.

Da nun die Scherkräfte von Querschnitt zu Querschnitt wechseln, muß für die Gleichgewichtsbedingung das Moment der Scherkraftdifferenzen berücksichtigt werden.

Ebenfalls erfordert die Gleichgewichtsbedingung der einzelnen Querschnitte gegen vertikale und horizontale Verschiebung die Einführung entsprechender Scherkräfte.

Damit wird die strenge Behandlung des Querfestigkeitsproblems außerordentlich schwierig, zumal auch die tordierenden Kräfte — z. B. aus dem Angriff der Wellen — sehr verschiedenartig sein können. Das allgemeinste Belastungsschema für den Querverband ist in Abb. 80 dargestellt, worin die Scherkräfte nicht mit eingezeichnet sind.

Für diesen einfachsten Fall (Eindeckschiff ohne Stütze) ist eine graphische Lösung nach folgenden Richtlinien gegeben:

Für jedes Längenelement des Rahmens kann die Belastung zerlegt werden in horizontale und vertikale Komponenten. Jedes der damit gegebenen zwei Belastungsschemen kann für sich behandelt werden. Das wirkende Biegungsmoment ist alsdann die resultierende Summe der Einzelmomente.

Wird für einen Fall, beispielsweise für die vertikale Belastung, der Verband an einer Stelle, z. B. Mitte Deck, aufgeschnitten, so ergeben sich an der Schnittfläche die statisch Unbestimmten der Aufgabe, das Einspannmoment M_0, die Stützkraft H, die nur in Richtung des Decks wirkt, sowie die Schubkraft S, die infolge der unsymmetrischen Belastung an dieser Stelle nicht verschwindet.

Werden für M_0, H und S zunächst beliebige runde Werte M_0', H' und S' genommen, so kann gesetzt werden

$$M_0 = \alpha \cdot M_0', \qquad H = \beta \cdot H' \qquad \text{und} \qquad S = \gamma \cdot S',$$

womit die statische Unbestimmtheit in die Koeffizienten α, β und γ übergeht.

Für jede Stelle des ganzen Rahmens können die Biegungsmomente alsdann errechnet und durch vier Kurven über den ganzen abgewickelten Rahmenumfang aufgetragen werden.

---

[1]) Eine allgemeine Theorie der Drehwiderstände von Hohlstäben, die mit dem Schiffsträger Ähnlichkeit haben, liegt noch nicht vor. Einen Beitrag zu einer solchen Theorie lieferte Stieghorst: Schiffbau Jg. XX, Heft 1 bis 4.

Die erste Kurve stellt die M_0'-Werte dar, ist also eine Horizontale zur Abszissenachse. Die zweite Kurve stellt die von H' erzeugten Momente dar, die dritte Kurve die von S' herrührenden und die vierte Kurve die von den gegebenen äußeren und inneren Kräften.

Zur Bestimmung der Unbestimmten liefert die Aufgabe die Bedingungen:

$$\beta = \int \frac{M}{EJ}\, ds = 0\,, \tag{1}$$

d. h. infolge der Einspannung muß die Summe der elementaren Winkeländerungen, gemessen über den ganzen Umfang des Rahmens, Null werden;

$$\Delta x = \int \beta \cdot dy = 0\,, \tag{2}$$

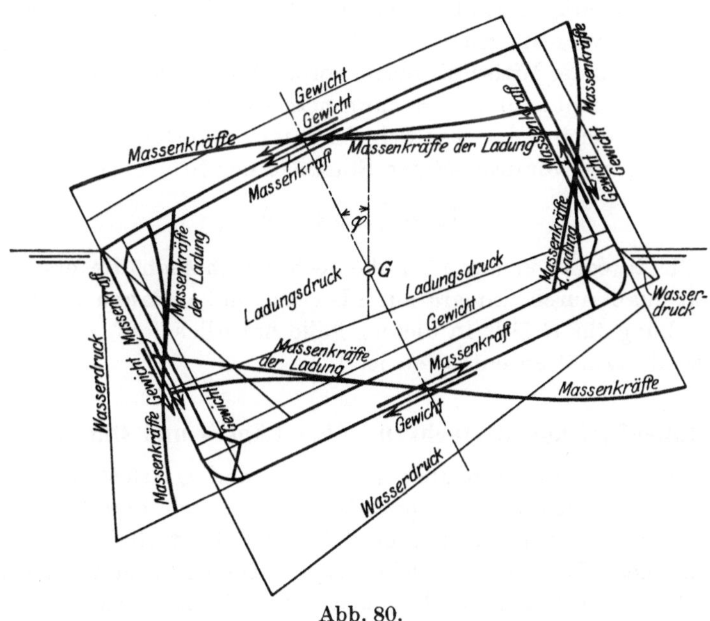

Abb. 80.

d. h. die Summe aller Verschiebungen in der x-Richtung über den ganzen Träger hin muß gleich Null sein.

$$\Delta y = \int \beta \cdot dx = 0\,, \tag{3}$$

d. h. die Summe aller Verschiebungen in der y-Richtung über den ganzen Träger hin muß gleich Null sein.

Die Kurven der β-Werte in Gl. (2) und (3) ergeben sich aus den Integralkurven der Gl. (1). Da das Trägheitsmoment J in den Rahmenteilen verschieden ist, wird man zweckmäßig sofort aus den M-Werten die $\frac{M}{J}$-Werte auftragen.

Nun verändern sich die Deformationen linear mit den belastenden Kräften. Liefern die vier Integralkurven nach Gl. (1) die Endwerte a, b, c und d, so gilt entsprechend Gl. (1) die Beziehung

$$\alpha \cdot a + \beta \cdot b + \gamma \cdot c + d = 0\,. \tag{I}$$

Ebenso liefern die Integralkurven der β-Werte — aufgetragen als Funktionen von y — vier Endwerte e, f, g und h für die x-Ausschläge, und entsprechend Gl. (2) folgt

$$\alpha \cdot e + \beta \cdot f + \gamma \cdot g + h = 0\,. \tag{II}$$

Die dritte Bedingung liefert die Endwerte i, k, l und m, so daß die Formel lautet

$$\alpha \cdot i + \beta \cdot k + \gamma \cdot l + m = 0\,. \tag{III}$$

Die Gleichungen (I), (II) und (III) liefern die Werte für α, β und γ. Damit ist für die vertikale Belastung M_0, H und S bestimmt. Für die horizontale Belastung kommen als statisch Unbestimmte nur M_0 und H in Frage, die in derselben Art, wie eben angegeben, gefunden werden.

Durch Zusammenfügen beider Belastungsfälle läßt sich dann die endgültige Biegemomentenkurve festlegen.

Ist eine Stütze in der Mittschiffsebene vorhanden, so tritt eine Unbestimmte K in Richtung dieser Stütze hinzu. K kann man zweckmäßig in K_1 und K_2, entsprechend den ungleich belasteten Schiffshälften, unterteilen. Als Bedingungsgleichung für K_1 bei vorausgesetzter Starrheit der Stütze ergibt sich

$$\Delta y = \int \beta \cdot dx = 0\,,$$

wobei sich die Integration nur über die rechte Rahmenhälfte erstreckt.

K_2 erhält man durch Integration über die linke Rahmenhälfte. Die Bedingungsgleichung für S fällt in diesem Falle natürlich fort, da die Scherkraft schon in den Stützkräften enthalten ist[1]).

Zusammenfassende Betrachtung über Längs- und Querfestigkeit.

Vorstehende Betrachtungen über die Längs- und Querfestigkeit zeigen, daß das Problem der Längsfestigkeit praktisch rechnerisch hinreichend genau zu lösen ist. Dies ist aber nicht der Fall bezüglich der Querfestigkeit, da, wie bereits erwähnt, vor allem die Kräfte, welche bei der Torsion vom Längsverband auf den Querverband übertragen werden, sehr schwierig zu bestimmen sind, zumal der Querverband von drei Arten von verschieden festen Verbänden gebildet wird, den Schotten, den Rahmenspanten und dem gewöhnlichen Spantwerk.

Trotz des Mangels eines strengen rechnerischen Nachweises kann wohl gesagt werden, daß das Spantwerk für die Querfestigkeit des Gesamtverbandes praktisch nicht in Frage kommt, zumal nur ein Teil des Spantwerkes als geschlossene Rahmen ausgebildet ist. Der gewöhnliche Spantverband dient vielmehr zur örtlichen Versteifung von Außenhaut und Decks gegen Knickgefahren aus der Längs- und Torsionsbeanspruchung sowie gegen Wasserdruck und sonstige örtliche Kräfte.

Pietzker[2]) errechnet für ein Kriegsschiff den Anteil der Querschotte an der Querfestigkeit zu $^9/_{10}$, den der Spanten zu $^1/_{10}$ und den Wirkungsbereich eines Schottes auf etwa 40 Spantentfernungen. Damit wird bei hinreichender

---

[1]) Ein Verfahren zur Bestimmung der Querfestigkeit mittels Einflußlinien ist von Dressler angegeben im „Schiffbau“ Jg. XII, S. 731.

[2]) Pietzker: Festigkeit der Schiffe S. 83.

Anzahl Schotten und Rahmenspanten das Problem der Spantentfernung und der Spantausbildung eine rein konstruktive und rechnerisch zu beurteilende Zweckmäßigkeitsfrage[1]). Unter diesen Gesichtspunkten betrachtet ergibt sich für die Längsspantenbauart grundsätzlich eine erhöhte Festigkeit, denn durch die regelmäßig verteilten Rahmenspanten wird der Querverband und durch die reichlicheren Längsverbände der Längsverband der gewöhnlichen Bauart gegenüber erheblich verstärkt.

In den Vorschriften der Klassifikationsgesellschaften müßte strenggenommen der Einfluß der Schotten und Rahmenspanten auf den Querverband bei der Bemessung des gewöhnlichen Spantwerkes berücksichtigt werden. Bis jetzt erhalten die Schiffe Spantprofile unabhängig von den Schottabständen, die bis 28 m betragen können.

Aus den vorhergehenden Betrachtungen ergibt sich auch der Einfluß der Querstabilität auf die Querfestigkeit. Die Massenkräfte sind den Winkelbeschleunigungen proportional und diese wiederum abhängig von der metazentrischen Höhe. Je größer nun die metazentrische Höhe wird, um so mehr wachsen nicht nur die Winkelbeschleunigungen, sondern um so größer können für die einzelnen Querschnitte die Differenzen zwischen Stabilitäts- und Massenkraftmoment werden, d. h. aber um so mehr wachsen die Torsionsmomente. Bei weiten Schottabständen, großen metazentrischen Höhen und langen Decksöffnungen sind daher große Torsionsbeanspruchungen, namentlich in den Endquerschnitten der Öffnungen zu erwarten. In solchen Fällen hilft nur die Ausbildung des Spantwerkes zu geschlossenen Rahmenspanten (Lukenendbalken).

Die beste Ausnutzung des Materials im Querverband wird somit erreicht, indem man die Decksöffnungen, namentlich die Luken, möglichst genau zwischen die Querschotten legt und die Lukenendbalken als Rahmenspanten ausbildet.

Im Längsverband wird die beste Materialausnutzung erreicht, wenn die obere Gurtung mittels durchlaufender Unterzüge oder Längsträger, fluchtend mit den Lukenlängssüllen, zu einem klaren Verband ausgebildet wird. Gleichzeitig sind die Stützenreihen so anzuordnen, daß sie die oberen Längsträger mit den unteren zugfest verbinden.

Längs- und Querverband bilden alsdann wie bei den Luftschiffkonstruktionen einen der Länge nach gleichmäßig ausgebildeten Kreuzverband, der durch die Außenhaut und das Deck gegurtet wird.

Die klare Ausbildung dieses Kreuzverbandes gehört zu den grundlegenden Aufgaben einer Schiffskonstruktion.

Die rechnerische Bestimmung der Längs- und Querverbände erfordert die Kenntnis der Lage des Systemschwerpunktes sowie des Massenträgheitsmomentes. Da diese Größen auch in Stabilitäts-, Trimm- und sonstigen Rechnungen gebraucht werden, empfiehlt es sich, für jede Schiffskonstruktion von vornherein die entsprechenden Rechnungen schematisch anzulegen und mit dem Fortschritt der Konstruktion auszubauen. Nach Fertigstellung des Schiffes erfolgt dann die Kontrolle durch Krängungs- und Schlingerversuch.

---

[1]) Vgl. die norwegischen Motorschiffe „Titania“ und „Talisman“, deren Spantentfernung 914 mm (normal 660 mm) beträgt. Schiffbau Jg. XXIV, S. 692.

Als Schema für die Anlage einer solchen Gewichtsrechnung ist etwa folgender Kopf zu verwenden:

Gruppe	Bauteil	Gewicht g	⊙ über O. K.	⊙ vor HP	Momente		Abstd r vom System ⊙	$g \cdot r^2$
					Höhe	Längen		
		t (kg)	m	m	mt	mt	m	m²t

Nach vorstehendem Schema ist eine Rechnung für das ganze Schiff nach Einzelgewichten oder kleinen Gruppen durchzuführen. Diese Rechnung liefert die Lage des Systems ⊙ und das Massenträgheitsmoment. Die Rechnung wird erheblich vereinfacht, wenn für jede in sich klar abgeschlossene Einzelkonstruktion (z. B. Schotte) schon auf der Konstruktionszeichnung von dem Konstrukteur Gewicht und Schwerpunktslage angegeben wird.

Ferner ist die Rechnung nach vorstehendem Schema aber auch durchzuführen für die Längeneinheiten in der Schiffsrichtung (1 m, 1 Spantentfernung od. dgl. je nach örtlichen Verhältnissen). Damit ergibt sich dann die Kurve der Massenträgheitsmomente, die für die Torsions- und Querfestigkeitsrechnung erforderlich ist.

V. Festigkeit von Einzelkonstruktionen.

1. Schotte.

Die Konstruktion eines wasserdichten oder öldichten Schottes stellt dem Schiffbauingenieur nicht nur die Aufgabe, eine dünne Blechwand so durch Winkel zu versteifen, daß sie einer bestimmten Belastung hinreichenden Widerstand bietet, sondern gleichzeitig die Aufgabe, Schottbeplattung und Versteifungen so zu wählen, daß die Gesamtkonstruktion ein Mindestmaß von Material beansprucht. Bezüglich der Versteifungen ist das Verhältnis $\frac{\text{Widerstandsmoment}}{\text{Fläche}}$ ein scharfes Kriterium für die Materialausnutzung (vgl. Seite 76).

Diese Forderungen sind nur zu erfüllen durch vergleichende Konstruktions- und Gewichtsrechnungen. Die dabei auftretenden Fragen umfassen vor allem die Endbefestigung der Versteifungen sowie das Verhältnis Dicke der Beplattung zu Abstand und Profil der Versteifungen.

Die Grundlagen für die statischen Festigkeitsrechnungen sind für verschiedene Belastungen und Abstützungen in den Tabellen 24 und 25 schematisch zusammengestellt.

a) Belastung.

Die für die Rechnung maßgebende statische Belastung eines Querschottes besteht im einfachsten Falle aus einer Dreieckslast, reichend bis zu dem Deck (Schottendeck), bis zu welchem im ungünstigsten Fall das Wasser stehen kann. Wird das Schott von durchlaufenden, rechnungsgemäß als starr zu betrachtenden Decks in einzelne Teile geteilt, so sind die Versteifungen nicht als

Tabelle 24.

Belastungen für Schiffsschotte.

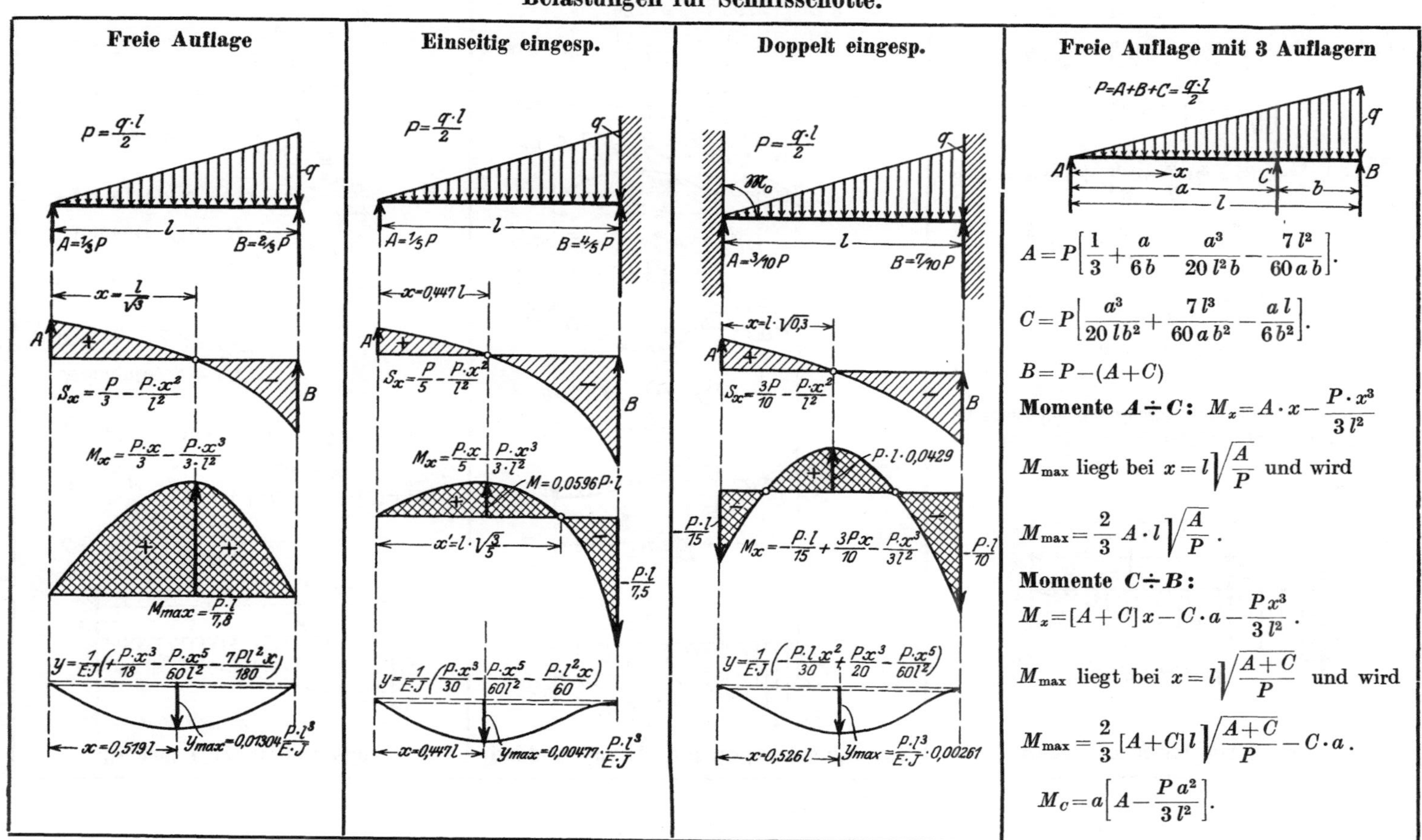

Tabelle 25.

Belastungen für Schiffsschotte.

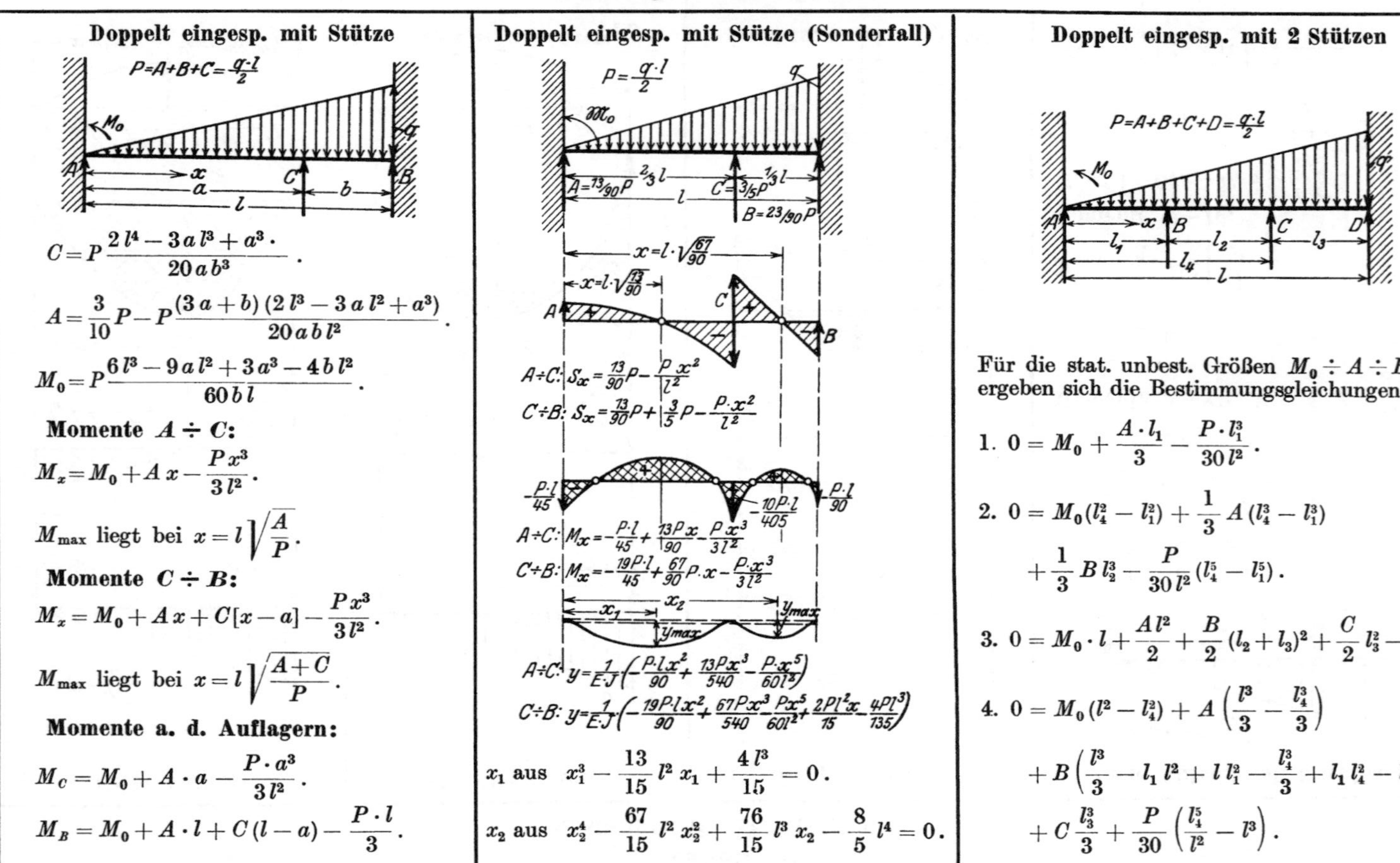

Doppelt eingesp. mit Stütze

$$C = P\frac{2\,l^4 - 3\,a\,l^3 + a^3 \cdot}{20\,a\,b^3}.$$

$$A = \frac{3}{10}P - P\frac{(3\,a+b)\,(2\,l^3 - 3\,a\,l^2 + a^3)}{20\,a\,b\,l^2}.$$

$$M_0 = P\frac{6\,l^3 - 9\,a\,l^2 + 3\,a^3 - 4\,b\,l^2}{60\,b\,l}.$$

Momente $A \div C$:

$$M_x = M_0 + A\,x - \frac{P\,x^3}{3\,l^2}.$$

$M_{\max}$ liegt bei $x = l\sqrt{\frac{A}{P}}$.

Momente $C \div B$:

$$M_x = M_0 + A\,x + C[x-a] - \frac{P\,x^3}{3\,l^2}.$$

$M_{\max}$ liegt bei $x = l\sqrt{\frac{A+C}{P}}$.

Momente a. d. Auflagern:

$$M_C = M_0 + A \cdot a - \frac{P \cdot a^3}{3\,l^2}.$$

$$M_B = M_0 + A \cdot l + C\,(l-a) - \frac{P \cdot l}{3}.$$

Doppelt eingesp. mit Stütze (Sonderfall)

x_1 aus $x_1^3 - \frac{13}{15}\,l^2\,x_1 + \frac{4\,l^3}{15} = 0.$

x_2 aus $x_2^4 - \frac{67}{15}\,l^2\,x_2^2 + \frac{76}{15}\,l^3\,x_2 - \frac{8}{5}\,l^4 = 0.$

Doppelt eingesp. mit 2 Stützen

Für die stat. unbest. Größen $M_0 \div A \div B \div C$ ergeben sich die Bestimmungsgleichungen:

1. $0 = M_0 + \frac{A \cdot l_1}{3} - \frac{P \cdot l_1^3}{30\,l^2}.$

2. $0 = M_0(l_4^2 - l_1^2) + \frac{1}{3}\,A\,(l_4^3 - l_1^3) + \frac{1}{3}\,B\,l_2^3 - \frac{P}{30\,l^2}(l_4^5 - l_1^5).$

3. $0 = M_0 \cdot l + \frac{A\,l^2}{2} + \frac{B}{2}(l_2 + l_3)^2 + \frac{C}{2}\,l_3^2 - \frac{P\,l^2}{12}.$

4. $0 = M_0(l^2 - l_4^2) + A\left(\frac{l^3}{3} - \frac{l_4^3}{3}\right) + B\left(\frac{l^3}{3} - l_1\,l^2 + l\,l_1^2 - \frac{l_4^3}{3} + l_1\,l_4^2 - l_4\,l_1^2\right) + C\frac{l_3^3}{3} + \frac{P}{30}\left(\frac{l_4^5}{l^2} - l^3\right).$

durchlaufende Träger zu behandeln, sondern die Schotteile zwischen den einzelnen Decks sind unabhängig voneinander als Einzelschotte zu behandeln. Die Belastung der unteren Schotteile besteht alsdann aus Trapezlasten, die in Rechtecks- und Dreieckslasten zerlegt werden können (vgl. Abb. 81). Die aus jeder Einzellast ermittelten Beanspruchungen werden nach dem Superpositionsgesetz der Spannungen übereinandergelagert. Stößt ein Deck einseitig gegen ein Schott, so ist die Stützung durch das Deck ebenfalls als starr zu betrachten, und die Versteifungen können durchlaufend angeordnet werden.

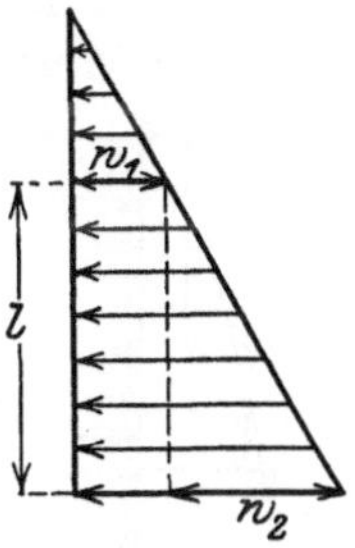

Abb. 81.

Bei flüssiger Ladung muß außer der statischen Belastung mit einer dynamischen gerechnet werden, da durch plötzliche Geschwindigkeitsänderungen bei Stampfbewegungen des Schiffes im Seegang Massenkräfte entstehen, die zusätzlich von der Schottwand aufgenommen werden müssen. Diese Massenkräfte sind sehr erheblich und fordern starke Sonderkonstruktionen (z. B. Kofferdämme bei Tankschiffen).

b) Bestimmung der Blechdicke und des Abstandes der Versteifungen.

Haben zwei Versteifungen voneinander den Abstand d, so ist die zwischen ihnen liegende Schottbeplattung eine aufrecht stehende eingespannte Platte, deren Längsseite im Vergleich zum Versteifungsabstand meist so lang ist, daß die Platte für die Festigkeitsrechnung als ein unendlich langer eingespannter Plattenstreifen betrachtet werden kann. Ein horizontaler Streifen der Platte zwischen den Versteifungen von der Breite 1 erhält durch den seiner Tiefenlage entsprechenden Wasserdruck die gleichmäßig verteilte Last $p \cdot d$. Da der Streifen infolge der über die einzelnen Versteifungen laufenden Beplattung in den einzelnen Versteifungsfeldern als eingespannt zu betrachten ist, folgt entsprechend dem Belastungsschema der Abb. 82

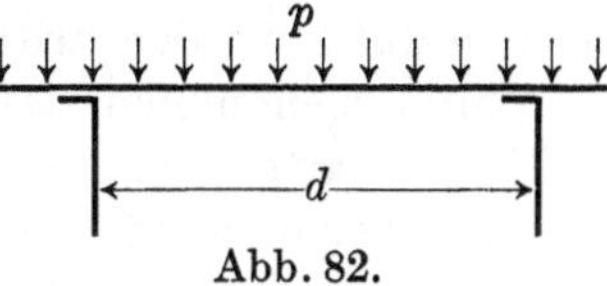

Abb. 82.

$$M_{\max} = \frac{p \cdot d^2}{12}.$$

Ist s die Plattendicke, das Widerstandsmoment des betrachteten Streifens somit $\frac{s^2}{6}$, und k_b die zulässige Biegungsbeanspruchung, so folgt

$$M_{\max} = k_b \cdot \frac{s^2}{6} = \frac{p\,d^2}{12}$$

und
$$s = \sqrt{\frac{p \cdot d^2}{2 k_b}}.$$

Für bestimmte Werte von d und p liefert die Gleichung die an jeder Stelle für das angenommene k_b erforderliche theoretische Plattendicke. Mit Hilfe der graphischen Darstellung von s kann alsdann die konstruktiv zweckmäßigste

Verteilung der erforderlichen Dicken über die einzelnen Plattengänge vorgenommen werden (vgl. Abb. 83).

Mit Rücksicht auf die Schwächung des Bleches durch die Nietung Blech—Versteifung ist streng genommen für das Widerstandsmoment des Bleches ein kleinerer Wert einzusetzen, so beispielsweise bei $6\,d$ Nietabstand

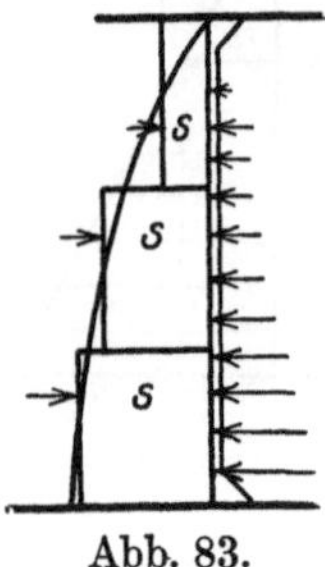

Abb. 83.

$$W = \frac{s^2}{6} - \frac{1}{6} \cdot \frac{s^2}{6} = \frac{5\,s^2}{36}.$$

Andererseits ist zu berücksichtigen, daß vorstehende Rechnung zu große Werte liefert, und zwar in dem Maße, in welchem die Randbefestigung oben und unten Einfluß auf die Biegungsmomente in Mitte Plattenfeld gewinnt. Dieser Einfluß erhält praktische Bedeutung, wenn das Verhältnis $\frac{\text{Schotthöhe}}{\text{Versteifungsabstand}}$ kleiner als 3 wird. Für die quadratische Platte wird beispielsweise das größte in der Platte auftretende Biegungsmoment angenähert $M_{\max} = 0{,}03\,p d^2$. Es liegt im Abstand etwa $0{,}6\,d$ von Oberkante Platte[1]) (Wasserdruck Null). Nach vorhergehender Rechnung würde sich für den Streifen in gleicher Höhe ergeben

$$M_{\max} = \frac{p\,d^2}{12} = 0{,}083\,p\,d^2.$$

Durch die quadratische Randeinspannung fällt somit das maximale Moment gegenüber der vorher entwickelten Rechnung für den unendlich langen Plattenstreifen auf etwa den dritten Teil.

Wird angenommen, daß bei einem Seitenverhältnis 1 : 3 das Biegungsmoment in Mitte Platte dem des Plattenstreifens gleichkommt, und daß der Ausgleich linear entsprechend dem wachsenden Seitenverhältnis erfolgt, so würde sich als Annäherungsformel für die Seitenverhältnisse $\frac{h}{d} < 3$ ergeben.

$$M_{\max} = 0{,}03\,p \cdot h \cdot d$$

und für die Plattendicke s würde folgen

$$s = \sim 0{,}424 \sqrt{\frac{p \cdot h \cdot d}{k_b}}.$$

Für gewöhnliche Raumschotte ohne Horizontalversteifungen kommt diese Formel nicht in Frage, da das Seitenverhältnis $\frac{h}{d}$ immer größer als 3 wird.

Für die Bestimmung des Abstandes d der Versteifungen voneinander ist zunächst die Frage der Endbefestigung der Versteifungen maßgebend. Soll Einspannung vorgesehen werden, wird man bestrebt sein, die Versteifungsabstände so einzuteilen, daß sie mit den Abständen der Seitenträger im Doppelboden fluchten, da alsdann wenigstens für die mit diesen Trägern zusammenfallenden Versteifungen eine größtmögliche starre Einspannung gewährleistet wird. Ein

---

[1]) Nadai: a. a. O. S. 44.

anderer Gesichtspunkt für den Versteifungsabstand ergibt sich bei Eindeckschiffen aus der Stärke der obersten Plattenlage, die mit Rücksicht auf die Stemmarbeiten mindestens 5—6 mm stark zu wählen ist.

Für $s = 0{,}5$ cm und $k_b = 2000$ kg/cm² ergibt sich aus der vorher abgeleiteten Formel für die Plattendicke der Abstand

$$d = \sqrt{\frac{1000}{p}}.$$

Für eine Breite der Platte von 1 m, also p an Unterkante Platte $= 0{,}1$ kg/cm², würde sich hiernach ein Versteifungsabstand von $d = 100$ cm ergeben. Wird der nächste Plattengang 1,5 m breit, so wird für ihn $p = 0{,}25$ kg/cm² und für $d = 100$ cm, ergäbe sich seine Stärke zu

$$s = \sqrt{\frac{0{,}25 \cdot 10\,000}{4000}} = \sim 8 \text{ mm}.$$

Für einen weiteren Plattengang von 1,5 m Breite würde folgen

$$s = \sqrt{\frac{0{,}4 \cdot 10\,000}{4000}} = \sim 10 \text{ mm}$$

und für einen weiteren Gang von gleicher Breite

$$s = \sqrt{\frac{0{,}55 \cdot 10\,000}{4000}} = \sim 12 \text{ mm}.$$

Wird der Versteifungsabstand auf $d = 80$ cm verringert, so ergeben sich für die Plattengänge bei gleicher Breite 5 mm, 6,5 mm, 8 mm und 9,5 mm. Für $d = 70$ cm ergeben sich unter sonst gleichen Verhältnissen 5 mm, 5,5 mm, 7 mm und 8,15 mm.

Welcher Abstand der günstigste ist, läßt sich von Fall zu Fall nur mittels vergleichender Gewichtsrechnungen bestimmen. Die Klassifikationsgesellschaften geben als zweckmäßige Abstände 700—760 mm an.

In dieser üblichen Rechnung für die Plattendicke liegt eine erhebliche Sicherheit, da die relativ dünne Beplattung membranartig wirkt, wobei die Biegungsbeanspruchung mehr oder weniger in Zugbeanspruchung übergeht[1]). Bei den vielen Festigkeitsversuchen an Schotten haben die Versuche bezüglich der Beplattung auch nie ungünstigere Ergebnisse gezeitigt als die Rechnung.

Rechnet man mit der für s auf Seite 129 angegebenen Gleichung, so kann demnach angenommen werden $k_b = 2000 - 2400$ kg/cm².

c) Berechnung der Kniebleche und Versteifungen.

1. Versteifungen an den Enden eingespannt.

Ist l die frei tragende Länge des Schottes, d der Abstand der Absteifungen, w_1 der Wasserdruck an Oberkante und w_2 der zusätzliche Druck an Unterkante

---

[1]) Vgl. Seite 38.

Schott, so würden die Einspannmomente oben und unten nach Abb. 81:

oben: $$M_o = \frac{w_1 \cdot l^2 \cdot d}{12} + \frac{w_2 \cdot l^2 \cdot d}{30} = \frac{l^2 d}{60}(5 w_1 + 2 w_2),$$

unten: $$M_u = \frac{w_1 l^2 \cdot d}{12} + \frac{w_2 l^2 \cdot d}{20} = \frac{l^2 d}{60}(5 w_1 + 3 w_2).$$

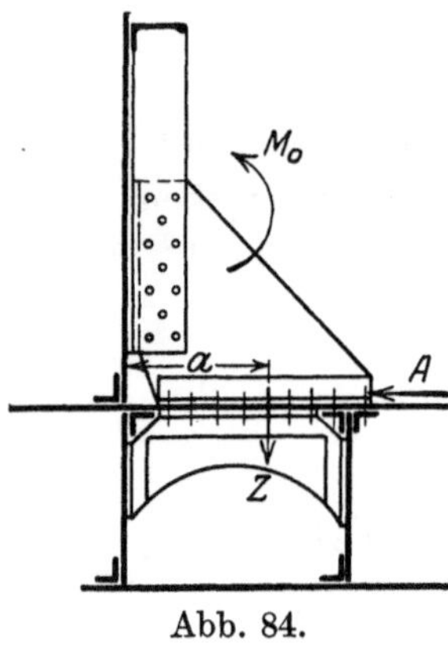

Abb. 84.

Diese Momente wirken auf die Einspannbleche, deren Vernietung mit Doppelbodendecke oder Deck bzw. Versteifungsprofil somit bestimmt ist. Abb. 84 zeigt die übliche Konstruktion und Vernietung der unteren Kniebleche. Wird als Drehpunkt Mallkante Schottrandwinkel genommen, so entstehen in der Nietverbindung Knieblech—Doppelboden Zugkräfte Z, deren Moment in bezug auf den angenommenen Drehpunkt dem Einspannmoment das Gleichgewicht halten muß. Unter der Annahme, daß die Zugkräfte Z proportional den Abständen a wachsen, verhält sich

$$\frac{Z_{\max}}{Z} = \frac{a_{\max}}{a},$$

wenn $Z_{\max}$ die Zugkraft in dem äußersten Niet ist. Für jede andere Zugkraft Z gilt also

$$Z = \frac{Z_{\max} \cdot a}{a_{\max}}.$$

Folglich wird das Moment der Zugkräfte

$$\sum(Z \cdot a) = \frac{Z_{\max}}{a_{\max}} \sum(a^2) = M_0$$

und da

$$Z_{\max} = \frac{\pi d^2}{4} \cdot k_Z$$

ist, wo k_Z die größte der im äußersten Niet auftretenden Spannungen ist, folgt

$$k_Z = \frac{M_0 \cdot a_{\max}}{\frac{\pi d^2}{4} \cdot \sum(a^2)}.$$

Für ein gegebenes k_Z ist damit der Nietdurchmesser d bestimmt.

Zu dieser Zugbeanspruchung tritt noch die Schubbeanspruchung, die vom Auflagerdruck

oben $$S_o = \frac{w_1 l d}{2} + \frac{3 w_2 l d}{20} = \frac{l d}{20}(10 w_1 + 3 w_2)$$

bzw. unten $$S_u = \frac{w_1 l d}{2} + \frac{7 w_2 l d}{20} = \frac{l d}{20}(10 w_1 + 7 w_2)$$

herrührt und als über alle Nietquerschnitte der Verbindung Schott—Doppelboden bzw. Schott—Deck gleichmäßig verteilt angesehen werden kann. Zug- und

Schubspannung liefern die resultierende Spannung nach Gleichung

$$k_r = 0{,}35\,k_Z + 0{,}65\sqrt{k_Z^2 + 4\,(\alpha\,k_s)^2}\,, \qquad \text{wo} \qquad \alpha = \frac{k_{Z_{\text{zul.}}}}{1{,}3\,k_{s_{\text{zul.}}}} = \infty 1\,.$$

Falls es sich um zugbelastete versenkte Nieten handelt, darf k_r 600 kg/cm² nicht überschreiten.

Die Vernietung der Versteifung mit dem Knieblech wird sowohl durch das Einspannmoment als auch durch die von der Versteifung übertragene Auflagekraft auf Schub beansprucht. Zur Berechnung der Vernietung wird folgendes praktisches Näherungsverfahren verwendet[1]).

Für die Schubkraft aus dem Einspannmoment M_0 ergibt sich

$$k_s = \frac{M_0}{W_p}\,,$$

wenn W_p das polare Widerstandsmoment des Nietbildes, bezogen auf den Schwerpunkt des Nietbildes, ist.

Hinzu kommt die gleichmäßig über die Nietquerschnitte verteilte Schubbeanspruchung aus der Auflagekraft A

$$k_s' = \frac{A}{n \cdot \dfrac{\pi\,d^2}{4}}\,,$$

wenn n die Anzahl Nieten vom $\varnothing\, d$ bedeutet. Die größte Schubbeanspruchung wird somit

$$k_{s_{\max}} = k_s + k_s'\,.$$

Ferner muß für jeden Schnitt durch das Knieblech mit dem Widerstandsmoment $W = \dfrac{b\,h^2}{6}$, wo h die Höhe (Breite des Kniebleches) und b die Dicke der Schnittfläche bedeutet,

$$k_b = \frac{M_0}{W}$$

kleiner sein als die zulässige Normalspannung (ca. 2000 kg/cm²). Da die äußere Blechkante bei Druckspannung Knickgefahr ausgesetzt ist, wird sie geflanscht mit einer Flanschbreite von etwa 6 mal Blechdicke[2]).

Die Versteifungen bilden mit dem Schottblech zwischen den Nietanschlüssen in den Knieblechen Träger auf zwei Stützen. Die frei tragende Länge zwischen dem ersten Nietanschluß sei als „reduzierte" Versteifungslänge mit l_r bezeichnet.

Die graphische Darstellung der Belastung liefert alsdann die zu l_r gehörige Rechteckslast P_r und Dreieckslast Q_r.

Dann wird die maximale Beanspruchung in der Versteifung

$$k_{b_{\max}} = \frac{M_{\max}}{W}\,,$$

---

[1]) Eine genaue Lösung gibt Stieghorst im „Schiffbau" Jg. XXII, S. 1022.

[2]) Stieghorst: a. a. O. S. 996.

wo für $M_{\max}$ in dem Querschnitt durch den unteren Nietanschluß folgt

$$M_{\max} = \frac{P_r l_r}{12} + \frac{Q_r l_r}{10}.$$

Für ein zulässiges $k_{b_{\max}}$ ist damit das erforderliche Widerstandsmoment der Versteifung bestimmt. Es wird gebildet aus Profil und der Schottbeplattung von einer Breite gleich der 40fachen Dicke. Für $k_{b_{\max}}$ ist zu setzen etwa 2000 kg/cm².

Die Annahme einer konstanten 40fachen Dicke als Breite entspricht allerdings nicht ganz den praktischen Verhältnissen. Es hat sich vielmehr bei den Versuchen gezeigt, daß anfangs die Schottbeplattung die Versteifung nur unwesentlich unterstützt, während erst mit wachsender Belastung die Beplattung mehr und mehr zum Tragen gelangt.

Die vorstehende übliche Rechnung geht von der Voraussetzung aus, daß die Einspannung eine vollkommene ist. Werden die zulässigen Spannungen sehr niedrig gehalten und sind konstruktiv alle Voraussetzungen für eine möglichst starre Befestigung der Kniebleche gegeben, so wird eine solche praktisch mit hinreichender Annäherung erreicht. Jedoch ist immer zu berücksichtigen, daß eine gewisse elastische Nachgiebigkeit in der Gesamtkonstruktion und vor allem in der Vernietung vorhanden ist und daher die Frage beantwortet werden muß, welchen Einfluß eine solche, wenn auch geringe Nachgiebigkeit der Einspannkonstruktion auf die Größe der Biegungsmomente in der Versteifung hat. Gibt die Einspannung nach, so fällt das Einspannmoment, und die Biegemomente im Bereich der frei tragenden Länge wachsen, gleichen sich also mit den Einspannmomenten aus.

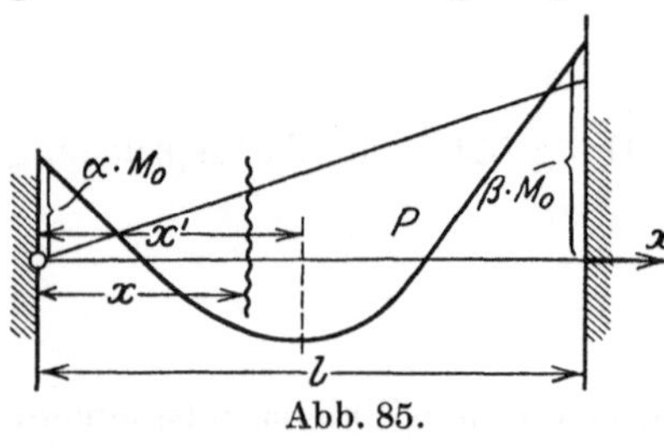

Abb. 85.

Setzt man für das obere verringerte Einspannmoment $M_0' = \alpha \cdot M_0$, wo M_0 das Einspannmoment bei vollkommener Einspannung ist, so ist α ein Faktor, der den Grad der Einspannung kennzeichnet. Nach Abb. 85 folgt alsdann

$$M_x = \alpha\, M_0 + A\, x - \frac{P x^3}{3\, l^2}$$

und für $x = l$

$$M_l = \alpha\, M_0 + A\, l - \frac{P\, l}{3}.$$

Setzt man diesen Wert gleich $-\beta \frac{P\, l}{30}(4 - \alpha)$, wo β der Grad der Einspannung an der Stelle $x = l$ ist, und setzt man für M_0 den Wert $-\frac{P\, l}{15}$, so folgt

$$M_l = -\alpha \frac{P\, l}{15} + A\, l - \frac{P\, l}{3} = -\beta \frac{P\, l}{30}(4 - \alpha).$$

Hiermit wird

$$A = \frac{P}{30}(10 + 2\alpha - 4\beta + \alpha \cdot \beta).$$

Diese Gleichung gibt die Grenzwerte richtig wieder, denn sie liefert:

1. $\alpha = 0$, $\beta = 0$, freie Endlagerung an beiden Auflagestellen

$$A = \frac{P}{3};$$

2. $\alpha = 1$, $\beta = 1$, beiderseitig vollkommen eingespannt

$$A = \frac{3P}{10};$$

3. $\alpha = 0$, $\beta = 1$, einseitig im Bereich der größten Belastung eingespannt

$$A = \frac{P}{5}.$$

Für das maximale Biegungsmoment im Bereich der frei tragenden Länge folgt somit nach

$$\frac{dM_x}{dx} = 0 = \frac{P}{30}(10 + 2\alpha - 4\beta + \alpha \cdot \beta) - \frac{Px'^2}{l^2}$$

die Stelle

$$x' = \frac{l}{5{,}48}\sqrt{Z}, \qquad \text{wenn} \qquad Z = 10 + 2\alpha - 4\beta + \alpha \cdot \beta$$

gesetzt wird.

Das Biegungsmoment an dieser Stelle wird

$$M_{x'} = -\alpha \frac{Pl}{15} + Ax' - \frac{Px'^3}{3l^2}.$$

Die günstigsten Beanspruchungsverhältnisse treten ein, wenn dieses Moment gleich dem unteren, verringerten Einspannmoment wird. Damit folgt die Gleichung

$$-\alpha \frac{Pl}{15} + Ax' - \frac{Px'^3}{3l^2} = \beta \frac{Pl}{30}(4 - \alpha),$$

aus der sich die Beziehung

$$-2\alpha + \frac{(10 + 2\alpha - 4\beta + \alpha \cdot \beta)^{\frac{3}{2}}}{8{,}22} = \beta(4 - \alpha)$$

ergibt. Die Gleichung liefert zwischen den β- und α-Werten folgende Beziehung:

α	β	α	β	α	β
1	0,635	0,6	0,625	0,2	0,625
0,9	0,631	0,5	0,625	0,1	0,625
0,8	0,628	0,4	0,625	0,0	0,625
0,7	0,626	0,3	0,625		

Auffällig hierbei ist der fast konstante Wert von β.

Welche α- und β-Werte den tatsächlichen Verhältnissen entsprechen, läßt sich nur durch Messungen der Durchbiegungen am Schott feststellen. Die Differentialgleichung der elastischen Linie wird

$$EJ\frac{d^2y}{dx^2} = M_x.$$

Aus ihr folgt

$$EJ\frac{dy}{dx} = \int M_x\,dx + C_1$$

und

$$EJy = \iint M_x\,dx\,dx + C_1 \cdot x + C_2 .$$

In beiden Gleichungen sind die Unbekannten α und β enthalten. Für die zu bestimmten x-Werten aufgemessenen y-Werte sowie aus den aufgemessenen $\frac{dy}{dx}$-Werten an den Einspannstellen lassen sich dann für die drei Unbekannten α, β und C_1 ohne weiteres die hinreichende Anzahl Bestimmungsgleichungen aufstellen.

Falls keine einspannenden Momente an den Enden vorhanden sind, wird die Unbestimmtheit des Einspannungsgrades aufgehoben und es ergeben sich klare Verhältnisse an den Endbefestigungen der Versteifungen. Die Undichtigkeit der Nieten wird im Gegensatz zur Knieblechbefestigung stark herabgemindert, allerdings müssen die Randwinkel zur Aufnahme der Auflagerkräfte entsprechend verstärkt werden. Die größeren Durchbiegungen, die aus der freien Auflage resultieren, fordern ferner zur Verringerung von Deformationen einen steifen Rand, der nicht immer erzielt werden kann. Begründet ist dies darin, daß bei diesen stark durchgebogenen Schotten mehr oder weniger eine Membranwirkung auftritt, wodurch die Biegespannungen in reine Zugspannungen übergehen. Die Erhöhung des Feldmomentes ergibt stärkere Versteifungen. Abgesehen von der Laderaumbeeinträchtigung ist es noch sehr zweifelhaft, ob Schotte mit Knieblechen wirtschaftliche Vorteile in sich bergen; vielmehr ist von Fall zu Fall zu überlegen, welches der beiden Arten, ob Knieblechbefestigung oder freie Auflage, günstiger in bezug auf Gewichtsersparnis und Nietarbeit ist.

Einen wesentlichen Fortschritt bedeutet es daher, daß der Germanische Lloyd seit einigen Jahren neben seinen üblichen Schottversteifungen auch Tabellen für Versteifungen mit sogenannten Kurzen-Winkel-Befestigungen führt. Diese Änderung ist auf die Ergebnisse des englischen Schottenausschusses zurückzuführen, der an Hand umfangreicher praktischer Schottversuche dem Board of Trade Vorschläge zu unterbreiten hatte. So begrüßenswert derartige Unternehmen sind, um der Rechnung die nötigen Unterlagen zu liefern, so schwierig, ja unmöglich ist es, eine Lösung des Schottproblems auf diese Weise zu bekommen. Von Wichtigkeit sind aber die vielen daraus sich ergebenden Hinweise, die nur zur Klärung und Anregung dienen können. Im folgenden seien die charakteristischsten Punkte, die dem Auszug des Vortrages von Foster King vor der I. N. A.[1]) entnommen sind, kurz wiedergegeben.

Eigenartige Formen der Durchbiegungskurven. Die Kurven bilden in vielen Fällen ein Dreieck mit abgerundeter Spitze, die etwa auf halber Schotthöhe liegt. Diese Abrundung nimmt mit zunehmender Belastung ab.

Die Durchbiegungskurven verraten durchaus nicht in ihrer Form den Einfluß eines einspannenden Momentes, trotzdem beträchtliche Kniebleche vorhanden sind und trotzdem der Ausschuß solche bis zu einer gewissen Höhe annimmt. Es ist dieses nur eine Bestätigung der Ansicht des Dipl.-Ing. Schultze,

---

[1]) Schiffbau Jg. XXI, S. 339.

der in seinen Bemerkungen zu den Schottversuchen[1]) feststellt, daß der Ausschuß den entlastenden Einfluß der Kniebleche auf das größte Feldmoment zu hoch einschätzt.

Die Durchbiegung jeder Versteifung ist nur abhängig von den örtlichen Bedingungen. Die entlastende Wirkung der Schottbeplattung in horizontaler Richtung durch die Auflage an der Außenhaut bei einem Plattenverhältnis < 3 kommt nur für die ganz in der Nähe der Außenhaut sitzenden Versteifungen in Frage. Die Ansicht, daß man das Schott als eine Platte mit Dreiecksbelastung rechnen müßte, wo das Verhältnis B : H eine entscheidende Rolle spielt, wird dadurch nicht gestützt.

B—T-Schott:

Raumversteifungen,	Plattenverhältnis	$\frac{25}{13{,}75} = 1{,}82$	Je eine Versteifung an der Seitenwand steht unter entspannendem Einfluß
Obere Zwischendeckversteifungen,	„	$\frac{25}{8{,}0} = 3{,}13$	
D-Schott:	Plattenverhältnis	$\frac{45}{27} = 1{,}67$	Der Einfluß erstreckt sich auf 3 bzw. 2 Versteifungen

Die Festigkeit und damit die Dichtigkeit eines Schottes hängt nicht zum wenigsten von den Nieten ab. Hierbei zeigen die kurzen Winkelbefestigungen die wenigsten Störungen.

In der Diskussion kam zum Ausdruck, daß mit zunehmender Belastung die Schottbeplattung die Widerstandsfähigkeit der Versteifungen erhöht.

Trotzdem die Nähte und Stöße der Beplattung nur einfach genietet waren, ist es beachtenswert, daß weder die Nietung noch die Dichtung versagten.

d) Schotte mit Horizontalversteifungen.

Werden die Vertikalversteifungen durch einen horizontalen Träger abgestützt, so ergeben sich an den Kreuzungsstellen statisch unbestimmte Kräfte, die den Horizontalträger belasten. Ihre Ermittlung geschieht mit Hilfe der Bedingung, daß an den Kreuzungsstellen beide Träger gleiche Durchbiegungen haben müssen.

Diese Auflagekräfte haben in der Mittschiffsebene infolge der größten Durchbiegung des Horizontalträgers ihren kleinsten Wert und nehmen nach der Außenhaut hin von Versteifung zu Versteifung zu. Durch die entlastende Wirkung der Beplattung in der Nähe des Schottrandes sinkt dort der Wert der Auflagekräfte wieder. Man kann deshalb mit hinreichender Annäherung ihre Verteilung über den Horizontalträger als gleichmäßig ansehen. Die Gesamtlast Q entspricht der Summe der Einzelkräfte Q'. Für vollkommene Einspannung wird

$$M_0 = -\frac{Q \cdot l}{12},$$

wenn mit l die Schottbreite bezeichnet wird.

Die Durchbiegung in der Mitte wird

$$y_{\frac{l}{2}} = \frac{Q \cdot l^3}{384 E J_h}.$$

[1]) Schiffbau Jg. XXI, S. 415.

Für die vertikale Versteifung an dieser Stelle wird die Durchbiegung

$$f = f_1 - f_2,$$

wo f_1 die Durchbiegung aus dem Wasserdruck ohne Berücksichtigung der Horizontalversteifung und f_2 diejenige infolge der unbestimmten Gegenkraft des Horizontalträgers bedeutet. Bezeichnet man diese mit Q', so wird für den Versteifungsabstand d

$$Q' = \frac{Q \cdot d}{l}.$$

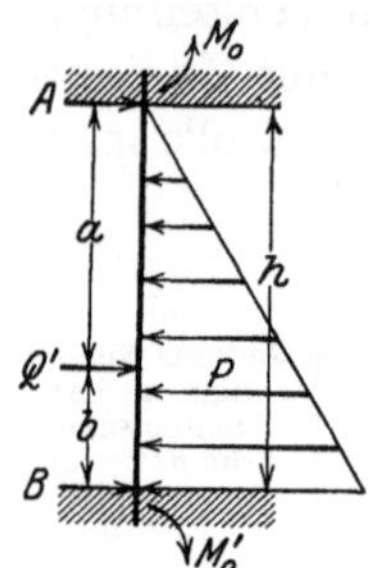

Abb. 86.

Für f_1 und f_2 folgt entsprechend Abb. 86

$$f_1 = \frac{P}{60 h^2 E J_v} (-3 a^3 h^2 + 2 a^2 h^3 + a^5)$$

und

$$f_2 = \frac{Q'}{E J_v} \cdot \frac{a^3 b^3}{3 h^3}.$$

Damit folgt für Q die Bestimmungsgleichung

$$\frac{Q \cdot l^3}{384 E J_h} = \frac{P \cdot a^2}{60 h^2 E J_v} (-3 a h^2 + 2 h^3 + a^3) - \frac{Q \cdot d}{l \cdot E \cdot J_v} \cdot \frac{a^3 b^3}{3 h^3}.$$

Mit Q ist das konstruktiv maßgebende Widerstandsmoment des Horizontalträgers bestimmt durch

$$W = \frac{M_0}{k_b} = -\frac{Q \cdot l}{12 \cdot 2000}.$$

Für die mittlere Vertikalversteifung, die am meisten beansprucht wird, haben die Unbekannten A und M_0 folgende Größe:

$$A = \frac{3}{10} P - Q' \frac{(3a + b) b^2}{h^3},$$

$$M_0 = -\frac{P h}{15} + Q' \frac{a b^2}{h^2}.$$

Hierdurch läßt sich der Verlauf der Biegungsmomentenkurve konstruieren, woraus das $M_{\max}$ ersichtlich ist und damit das Widerstandsmoment gegeben ist.

Wird angenommen, daß die Einspannung des Horizontalträgers an der Außenhaut (gewöhnlich in Verbindung mit einem Seitenstringer) nicht vollkommen ist, so ist für halbe Einspannung zu setzen

$$M_0' = -\frac{Q l}{24} \quad \text{und} \qquad y_{\frac{l}{2}} = \frac{3 Q l^3}{384 E J_h}.$$

Das größte Biegungsmoment errechnet sich in der Mitte des Horizontalträgers zu $\frac{Q l}{12}$. Es folgt für Q

$$\frac{3 Q l^3}{384 E J_h} = \frac{P a^2}{60 h^2 E J_v} (-3 a h^2 + 2 h^3 + a^3) - \frac{Q d}{l \cdot E \cdot J_v} \cdot \frac{a^3 b^3}{3 h^3}.$$

Werden die vertikalen Versteifungen frei gelagert (vgl. Abb. 87), so wird

$$f_1 = \frac{P}{180 E J_v h^2} (-10 h^2 a^3 + 3 a^5 + 7 a h^4),$$

$$f_2 = \frac{Q' a^2 b^2}{E J_v 3 h}.$$

Damit werden die Gleichungen für Q:
für vollkommene Einspannung des Horizontalträgers:

$$\frac{Q \cdot l^3}{384 E J_h} = \frac{P}{180 E J_v h^2} (-10 h^2 a^3 + 3 a^5 + 7 a h^4) - \frac{Q \cdot d}{l \cdot E \cdot J_v} \cdot \frac{a^2 b^2}{3 h},$$

für halbe Einspannung:

$$\frac{3 Q l^3}{384 E J_h} = \frac{P}{180 E J_v h^2} (-10 h^2 a^3 + 3 a^5 + 7 a h^4) - \frac{Q \cdot d}{l \cdot E \cdot J_v} \cdot \frac{a^2 b^2}{3 h}.$$

Für die Anwendung der Gleichungen müssen die Trägheitsmomente J_v und J_h der Vertikal- und Horizontalversteifung gegeben sein. Die Rechnung liefert somit eine Kontrolle für eine gegebene Konstruktion.

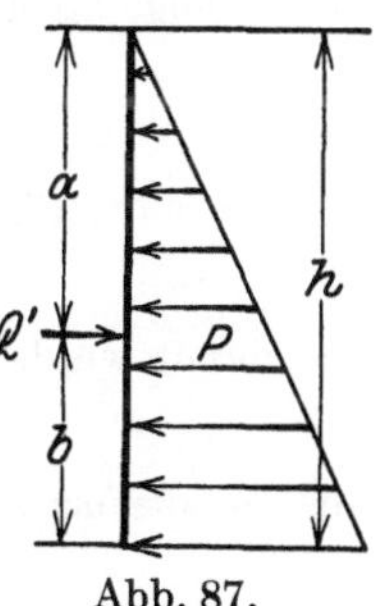

Abb. 87.

Ist die Abstützung als starr zu betrachten, was der Fall ist, wenn ein Deck gegen das Schott stößt, so wird $f_1 - f_2$ Null.

Die Verwendung einer horizontalen Versteifung wird sich um so mehr lohnen, je geringer die Breite des Schottes ist im Vergleich zu seiner Höhe.

Beispiel. Gegeben ein Schott von 7,8 m Höhe und 6,4 m Breite. Die vertikalen Versteifungen haben $d = 64$ cm Abstand voneinander und sind an den Enden frei aufliegend. Das Profil der Versteifungen ist

140 × 60 × 70 × 10
60 × 60 × 6
320 × 8

mit $W_v = 185\ \text{cm}^3$
und $J_v = 1827\ \text{cm}^4$.

Der 3,38 m über Unterkante Schott sitzende Horizontalträger hat das Profil

230 × 8 230 × 8
140 × 8
8 mm
Winkel 65 × 65 × 8

mit $W_h = 1600\ \text{cm}^3$
und $J_h = 40\,000\ \text{cm}^4$.

Welche größte Beanspruchung ist in den Versteifungen zu erwarten, wenn der Wasserdruck bis Oberkante Schott gerechnet wird.

Für die Abstützung durch den Horizontalträger wird Q bei vollkommener Einspannung bestimmt nach Gleichung

$$\frac{Q l^3}{384 J_h} = \frac{P \cdot a}{180 J_v} \left(- 10 a^2 + \frac{3 a^4}{h^2} + 7 h^2\right) - \frac{Q d}{l J_v} \cdot \frac{a^2 b^2}{3 h}.$$

Nach der Aufgabe wird:

$$P = 64 \cdot 780 \cdot \frac{0{,}78}{2} = 19470\ \text{kg}. \qquad J_v = 1827\ \text{cm}^4,$$
$$l = 640\ \text{cm}, \qquad a = 442\ \text{cm},$$
$$h = 780\ \text{cm}, \qquad d = 64\ \text{cm},$$
$$J_h = 40000\ \text{cm}^4, \qquad b = 338\ \text{cm},$$

Damit folgt

$$Q = 121\,000 \text{ kg}.$$

Für $W_h = 1600 \text{ cm}^3$ folgt somit

$$k_{b_{max}} = \frac{Q \cdot l}{12 \cdot W_h} = 4030 \text{ kg/cm}^2.$$

Für die vertikale Versteifung ergibt die Belastung nach Abb. 88

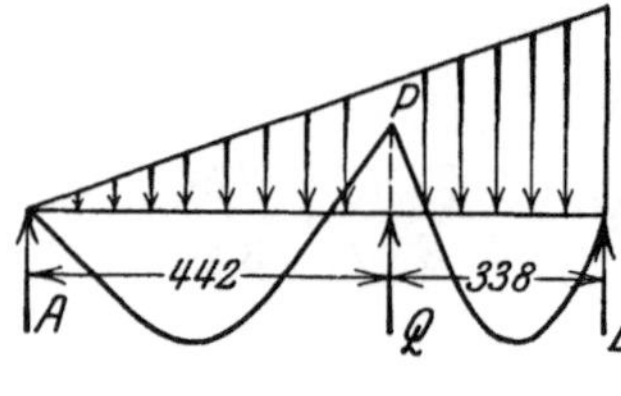

Abb. 88.

$$Q' = \frac{Q \cdot d}{l} = 0{,}1\,Q = 12\,100 \text{ kg},$$

$$A = \frac{19\,470 \cdot 260 - 12\,100 \cdot 338}{780} = 1242 \text{ kg}.$$

Der Verlauf der Biegungsmomente gibt den Größtwert zwischen Q' und B zu

$$M_{max} = 400\,000 \text{ cmkg}.$$

Damit folgt als größte Beanspruchung in der Versteifung

$$k_{b_{max}} = \frac{400\,000}{185} = 2160 \text{ kg/cm}^2.$$

Für halbe Einspannung des Horizontalträgers würde folgen:

$$Q = 113\,900 \text{ kg}$$

und damit würde für den Horizontalträger

$$k_{b_{max}} = 3800 \text{ kg/cm}^2$$

und für die mittlere Versteifung

$$k_{b_{max}} = 2460 \text{ kg/cm}^2.$$

Wie aus den Beanspruchungen des Horizontalträgers hervorgeht, ist derselbe zu schwach konstruiert. Denn nicht nur bei vollkommener, sondern auch bei halber Einspannung, wie es in der Praxis infolge der Nachgiebigkeit der Endbefestigungen oft vorkommt, ist die Beanspruchungsziffer zu groß. Eine entsprechende Verstärkung des Horizontalträgers bei gleichen Abmessungen der Vertikalversteifungen würde auf zulässige Werte führen.

2. Maschinenfundamente.

Als Belastung der Maschinenfundamente kommen das Gewicht als statische und Massenkräfte, vor allem die aus den sich ungleichmäßig bewegenden Teile der Maschine, als dynamische Belastung in Frage.

Die betriebstechnische Sicherheit der Maschinenfundamente, insbesondere die der Antriebsmaschinen, erfordert nicht nur Sicherheit gegen übermäßige Biegungsbeanspruchungen, sondern auch solche gegen elastische Formänderungen, da durch diese im Maschinengehäuse und in der Wellenleitung zusätzliche Biegungsbeanspruchungen hervorgerufen werden. Diese Formänderungen werden um so bedeutsamer, als zu den statischen Durchbiegungen Biegungsschwingungen hinzutreten können.

Man lagert die Maschinen allgemein auf durchgehenden Längsträgern, die an Schotte oder sonstige starre Querverbände herangeführt werden. Auf gute Verbindung mit den Bodenwrangen ist zu achten, um eine vielseitige Übertragung der Kräfte zu erzielen. Zur Absteifung der über die Bodenwrangen ragenden Teile der Längsträger dienen Kniebleche, die auch die Kräfte, die sich aus dem Schlingern des Schiffes ergeben, aufnehmen. Bei größeren Längen der

Fundamentträger sind Rahmenspanten vorzusehen von solcher Stärke, daß sie die Längsträger entlasten können.

Grundsätzlich ist ferner bei Fundamenten besonderer Wert auf die Nietung zu legen, und zwar sowohl hinsichtlich der Berechnung als auch hinsichtlich der Arbeitsausführung. Zugbelastete Nieten sind zu vermeiden, und in der Arbeitszeichnung werden am zweckmäßigsten alle Nieten genau nach Maßzahlen angegeben. Die zulässige Beanspruchung ergibt sich nach Tab. 19, S. 63.

Betrachtet seien in den folgenden Entwicklungen nur die Fundamente der Hauptmaschinen. Für Hilfsmaschinen ergeben sich ähnliche Rechnungsgrundlagen.

a) Statische Beanspruchung durch das Maschinengewicht.

Die einfachste Bauweise für Einschraubenschiffe wird erreicht durch 2 Längsträger, die zwischen den Maschinenraumschotten durchlaufen und mit dem Kiel durch die Bodenwrangen so fest verbunden sind, daß dieser zum Tragen herangezogen wird. Eine solche Konstruktion ist die zweckmäßigste, wenn die Maschinenraumlänge geringer als die Schiffsbreite ist, der Fundamentverband sich also über die kürzere Seite des Maschinenraumes erstreckt.

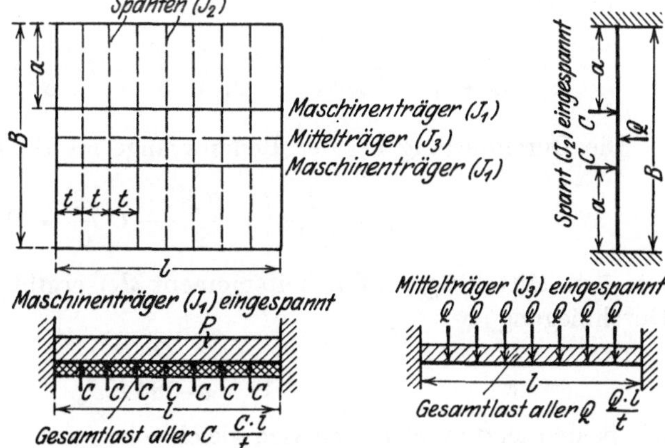

Abb. 89.

Abb. 89 gibt die schematische Darstellung dieses Belastungsfalles.

Das auf jeden der beiden Träger entfallende Maschinengewicht sei P. Man kann es mit Annäherung als gleichmäßig über die Trägerlänge verteilt annehmen. Die Bodenstücke nehmen infolge ihrer Vernietung mit den Maschinenträgern an deren Deformation teil. Hieraus ergeben sich Stützdrucke C, die auf Grund der gleichen Durchbiegungen ermittelt werden können. Die Verteilung dieser Stützdrucke kann in erster Annäherung als über die Träger gleichmäßig verteilt angenommen werden, wobei für die Berechnung von C das Spant in der Mitte angenommen wird. C wirkt auch auf die Bodenwrangen biegend. Da diese mit dem Mittelträger bzw. Mittelkielschwein fest verbunden sind, erleidet dieser auch eine Deformation, woraus sich Stützdrucke Q auf die Bodenstücke ableiten. Die Belastung des Mittelträgers durch Q kann man in erster Annäherung ebenfalls als über die Länge gleichmäßig verteilt annehmen. Tatsächlich wird die Verteilung der Stützdrucke eine ungleichmäßige in Form einer Parabel, deren mathematische Behandlung besondere umfangreiche Rechnungen nötig machen würde.

Der Wasserdruck findet hierbei sowie auch in den folgenden Rechnungen für die Träger keine Berücksichtigung. Da die Höhe der als statisch wirksamen Wassersäule bei einem Schiff im Seegang außerordentlich schwankend ist, und seine Einbeziehung in die Rechnung nur eine Reduktion der Fundamentbelastung bedeutet, wird der ungünstigste Fall betrachtet, bei dem das Wellental bis Unterkante Schiff reicht.

Die Durchbiegung in der Mitte des Maschinenträgers (Trägheitsmoment J_1) wird daher bei Einspannung

$$f_1 = \frac{P \cdot l^3}{384 E J_1} - \frac{C \cdot l^4}{t\, 384 E J_1}.$$

Die Durchbiegungen der Bodenwrangen müßten eigentlich auf Grund einer Querfestigkeitsrechnung ermittelt werden. Diese würde aber die Rechnung derart komplizieren, daß davon Abstand genommen wurde.

Die Durchbiegung im Punkte a wird nun (Trägheitsmoment J_2)

$$f_2 = \frac{1}{E J_2}\left(C \frac{a^3}{3} - C \frac{a^4}{2B} + Q \frac{a^3}{12} - Q \frac{a^2 B}{16}\right),$$

f_1 muß gleich f_2 sein, also

$$\frac{P l^3}{384 J_1} - \frac{C l^4}{t\, 384 J_1} = \frac{a^2}{J_2}\left(C \frac{a}{3} - C \frac{a^2}{2B} + Q \frac{a}{12} - Q \frac{B}{16}\right). \tag{I}$$

Die Durchbiegung bei der Bodenwrange im Punkte $\frac{B}{2}$ wird gleich

$$f_3 = \frac{1}{E J_2}\left(C \frac{a^2 B}{8} - C \frac{a^3}{6} - Q \frac{B^3}{192}\right).$$

Für den Mittelträger (Trägheitsmoment J_3) ergibt sich in der Mitte folgende Durchbiegung

$$f_4 = \frac{Q \cdot l^4}{t \cdot 384 E J_3}.$$

Die beiden letzten Werte müssen gleich sein

$$\frac{1}{J_2}\left(C \frac{a^2 B}{8} - C \frac{a^3}{6} - Q \frac{B^3}{192}\right) = \frac{Q \cdot l^4}{t \cdot 384 J_3}. \tag{II}$$

Aus den Gleichungen (I) und (II) ergeben sich die Werte für C und Q. Damit sind die statisch Unbestimmten C im Maschinenträger bestimmt, und die Größe des Trägers kann errechnet werden aus dem Widerstandsmoment

$$W = \frac{1}{k_b}\left(\frac{P \cdot l}{12} - \frac{C \cdot l^2}{t \cdot 12}\right).$$

Beispiel: $P = 100$ t, $l = 10$ m, $B = 12$ m, $a = 5$ m, $t = 1{,}0$ m.

Gegeben ist ferner

$$\frac{J_2}{J_3} = \frac{1}{2} \quad \text{und} \quad \frac{J_1}{J_2} = \frac{2}{1}.$$

Es ergibt sich nach den Gleichungen (I) und (II):

$$C = 5{,}8 \text{ t}; \qquad Q = 4{,}4 \text{ t}.$$

Die Belastung des Maschinenträgers ist also

$$P_1 = 100 - \frac{5{,}8 \cdot 10}{1} = 42 \text{ t}.$$

Bei einer zulässigen Beanspruchung von $k_b = 500$ kg/cm² folgt für das Widerstandsmoment des Maschinenträgers

$$W = \frac{P_1 \cdot l}{12 \cdot k_b} = 7000 \text{ cm}^3.$$

Die Belastung des Mittelträgers ist

$$P_2 = \frac{4{,}4}{1} \cdot 10 = 44 \text{ t}.$$

Die Vernietung der Träger untereinander ergibt sich aus C und Q (Kreuzung Fundamentträger und Bodenstück bzw. Bodenstück und Mittelträger). Als weitere Scher- und Zugkraft für die Vernietung kommt noch die Zug- bzw. Druckkraft in Frage, die sich aus der Biegung der Träger ergibt.

In manchen Fällen pflegt man, sei es infolge zu großer Maschinenraumlänge, sei es infolge zu schwerer Maschinen, zwischen den Schotten Rahmenspanten anzuordnen, um vor allem Durchbiegungen zu vermeiden. Diese Rahmenspanten können bei genügendem Trägheitsmoment die Deformationen erheblich verringern. Es ist gerechtfertigt, bei der Berechnung dieser Fälle auf die entlastende Wirkung der einfachen Bodenwrangen zu verzichten, zumal dieselbe durch die Verringerung der Durchbiegung nicht so sehr ins Gewicht fällt.

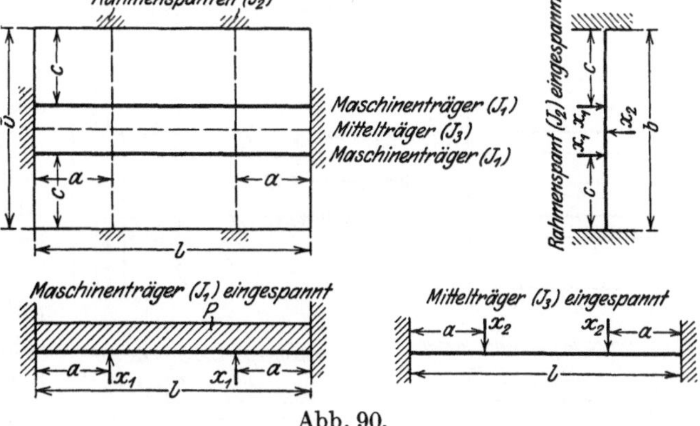

Abb. 90.

Werden die Längsträger im Maschinenraum von zwei symmetrisch angeordneten Rahmenspanten abgestützt, so ergibt sich für ein Einschraubenschiff das in Abb. 90 dargestellte Belastungsschema.

Die statisch unbestimmten Kräfte sind die an den Kreuzungsstellen von Fundamentträger und Rahmenspant bzw. Mittelträger und Rahmenspant auftretenden Kräfte X_1 und X_2. Sie werden bestimmt durch die Bedingung, daß an diesen Stellen die sich kreuzenden Verbände gleiche Durchbiegungen haben müssen.

Die Durchbiegung des Maschinenträgers an der Kreuzungsstelle wird entsprechend Abb. 90

$$f_1 = \frac{P a^2 (l-a)^2}{24 E J_1 \cdot l} - \frac{X_1 (2 l a^3 - 3 a^4)}{6 E J_1 \cdot l}.$$

Für das Rahmenspant ergibt sich entsprechend der Belastung für den Punkt c

$$f_2 = \frac{c^2}{E J_2}\left(X_1 \frac{c}{3} - X_1 \frac{c^2}{2b} + X_2 \frac{c}{12} - X_2 \frac{b}{16}\right)$$

Da $f_1 = f_2$ wird, so folgt:

$$\frac{P a^2 (l-a)^2}{24 J_1 \cdot l} - \frac{X_1 (2 l a^3 - 3 a^4)}{6 J_1 \cdot l} = \frac{c^2}{J_2}\left(X_1 \frac{c}{3} - X_1 \frac{c_2}{2b} + X_2 \frac{c}{12} - X_2 \frac{b}{16}\right) \quad \text{(I)}$$

Die Durchbiegungen des Mittelträgers werden infolge der Kräfte X_2 an den Kreuzungsstellen

$$f_3 = \frac{X_2 a^3 (2l - 3a)}{6E \cdot J_3 \cdot l},$$

und die der Rahmenspanten an der gleichen Stelle infolge von X_1 und X_2

$$f_4 = \frac{1}{E J_2}\left(X_1 \frac{c^2 b}{8} - X_1 \frac{c^3}{6} - X_2 \frac{b^3}{192}\right).$$

Da $f_3 = f_4$ ist, so folgt

$$\frac{X_2 a^3 (2l - 3a)}{6 J_3 \cdot l} = \frac{1}{J_2}\left(X_1 \frac{c^2 b}{8} - X_1 \frac{c^3}{6} - X_2 \frac{b^3}{192}\right). \tag{II}$$

Aus den Gleichungen (I) und (II) sind die Unbekannten X_1 und X_2 bestimmt. M_0, zugleich $M_{\max}$, wird für die Maschinenträger:

$$\boldsymbol{M_0 = -\frac{Pl}{12} + X_1 \frac{al - a^2}{l}}.$$

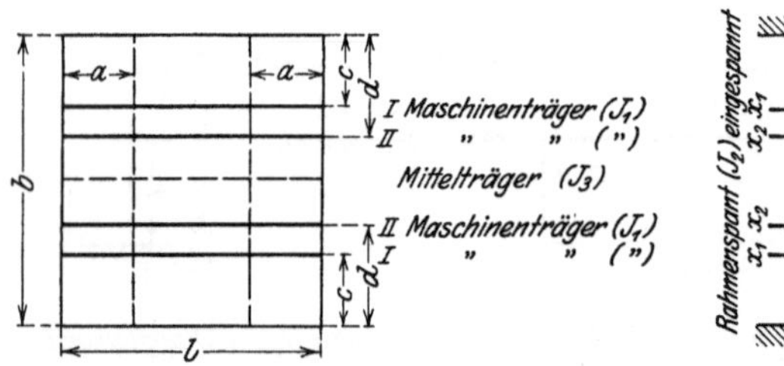

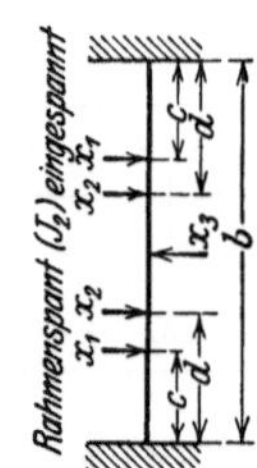

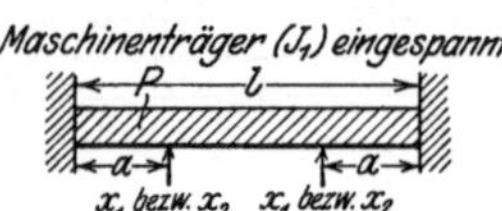

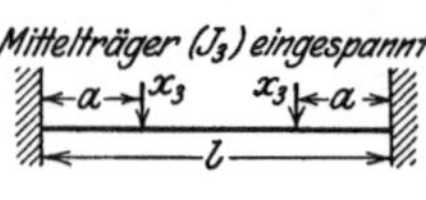

Abb. 91.

Damit ist die Konstruktion des Trägers bestimmt.

Sind 2 Maschinen vorhanden, ergibt sich das in Abb. 91 dargestellte Belastungsschema.

Der auf jeden Träger entfallende Anteil der Maschinengewichte sei mit P benannt. Aus dieser Anordnung ergeben sich 3 statisch unbekannte Kräfte, X_1, X_2 und X_3. Für die Längsträger werden an den Kreuzungsstellen die Durchbiegungen im Punkte a wie vorher:

$$\text{I. Maschinenträger: } f_1 = \frac{P a^2 (l - a)^2}{24 E J_1 \cdot l} - \frac{X_1 a^3 (2l - 3a)}{6 E J_1 \cdot l},$$

$$\text{II. Maschinenträger: } f_2 = \frac{P a^2 (l - a)^2}{24 E J_1 \cdot l} - \frac{X_2 a^3 (2l - 3a)}{6 E J_1 \cdot l},$$

$$\text{Mittelträger: } f_3 = \frac{X_3 a^3 (2l - 3a)}{6 E J_3 \cdot l}.$$

Die Durchbiegungen der Rahmenspanten werden

$$\text{Punkt } c\text{: } f_4 = \frac{c^2}{E J_2}\left(X_1 \frac{c}{3} - X_1 \frac{c^2}{2b} + X_2 \frac{d}{2} - X_2 \frac{d^2}{2b} - X_2 \frac{c}{3} - X_3 \frac{b}{16} + X_3 \frac{c}{12}\right),$$

$$\text{Punkt } d\text{: } f_5 = \frac{d^2}{E J_2}\left(X_1 \frac{c^2}{2d} - X_1 \frac{c^2}{2b} - X_1 \frac{c^3}{6d^2} + X_2 \frac{d}{3} - X_2 \frac{d^2}{2b} - X_3 \frac{b}{16} + X_3 \frac{d}{12}\right),$$

$$\text{Punkt } \frac{b}{2}\text{: } f_6 = \frac{1}{E J_2}\left(X_1 \frac{c^2 b}{8} - X_1 \frac{c^3}{6} + X_2 \frac{d^2 b}{8} - X_2 \frac{d^3}{6} - X_3 \frac{b^3}{192}\right).$$

Die Übereinstimmung von f_1 mit f_4, f_2 mit f_5 und f_3 mit f_6 liefert drei Gleichungen, aus welchen X_1, X_2 und X_3 zu errechnen sind.

$M_{\max}$ für die Maschinenträger hat denselben Wert wie im vorigen Fall.

Bei größeren Maschinenraumlängen wird man mit 2 Rahmenspanten nicht auskommen und zur Entlastung ein drittes heranziehen. Hieraus ergibt sich ein Belastungsschema, wie es in Abb. 92 dargestellt ist.

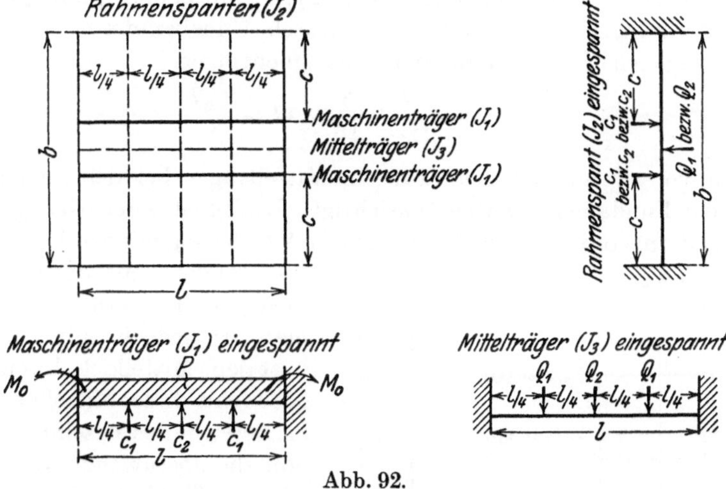

Abb. 92.

Die Rahmenspanten sind gleichmäßig über die Maschinenraumlänge verteilt. Der Mittelträger sei auch in diesem Falle wieder berücksichtigt.

Statisch unbestimmte Kräfte sind C_1, C_2 und Q_1, Q_2. Zu ihrer Ermittlung benutzt man wieder die auf Grund der elastischen Abstützung notwendigen gleichen Durchbiegungen. Für die Längsträger ergeben sich folgende Gleichungen:

Maschinenträger

$$\text{Punkt } \frac{l}{4}: \quad f_1 = \frac{3}{2048}\frac{P l^3}{E J_1} - \frac{l^3}{E J_1}\left(\frac{5}{1536} C_1 + \frac{C_2}{384}\right),$$

$$\text{Punkt } \frac{l}{2}: \quad f_2 = \frac{P l^3}{384 E J_1} - \frac{l^3}{E J_1}\left(\frac{C_1}{192} + \frac{C_2}{192}\right).$$

Mittelträger

$$\text{Punkt } \frac{l}{4}: \quad f_3 = \frac{l^3}{E J_3}\left(\frac{5}{1536} Q_1 + \frac{Q_2}{384}\right),$$

$$\text{Punkt } \frac{l}{2}: \quad f_4 = \frac{l^3}{E J_3}\left(\frac{Q_1}{192} + \frac{Q_2}{192}\right).$$

Für die Rahmenspanten gilt:

Äußere Rahmenspanten

$$\text{Punkt } c: \quad f_5 = \frac{c^2}{E J_2}\left(C_1 \frac{c}{3} - C_1 \frac{c^2}{2b} + Q_1 \frac{c}{12} - Q_1 \frac{b}{16}\right),$$

$$\text{Punkt } \frac{b}{2}: \quad f_6 = \frac{1}{E J_2}\left(C_1 \frac{c^2 b}{8} - C_1 \frac{c^3}{6} - Q_1 \frac{b^3}{192}\right).$$

Mittleres Rahmenspant

Punkt c: $$f_7 = \frac{c^2}{E J_2}\left(C_2 \frac{c}{3} - C_2 \frac{c^2}{2b} + Q_2 \frac{c}{12} - Q_2 \frac{b}{16}\right),$$

Punkt $\frac{b}{2}$: $$f_8 = \frac{1}{E J_2}\left(C_2 \frac{c^2 b}{8} - C_2 \frac{c^3}{6} - Q_2 \frac{b^3}{192}\right).$$

Durch Gleichsetzung von f_1 mit f_5, f_2 mit f_7, f_3 mit f_6 und f_4 mit f_8 erhält man die 4 Bestimmungsgleichungen für die statisch Unbekannten.

$M_{\max}$, zugleich M_0, wird für den Maschinenträger:

$$M_{\max} = -\frac{P l}{12} + \frac{3}{16} C_1 \cdot l + \frac{C_2 l}{8}.$$

In den vorerwähnten Fällen war der Mittelträger bei der elastischen Abstützung der Fundamente mitberücksichtigt. Dieses ist gerechtfertigt, wenn er durchlaufend angeordnet ist und durch starke Vernietung mit den Bodenwrangen, insbesondere mit denen der Rahmenspanten, verbunden ist. Hat man es jedoch mit einem interkostalen Mittelkielschwein zu tun oder fehlt dieser Mittellängsverband im Bereiche des Maschinenraumes, so fällt die abstützende Wirkung ganz oder zum Teil fort und es ist am zweckmäßigsten, hierauf zu verzichten.

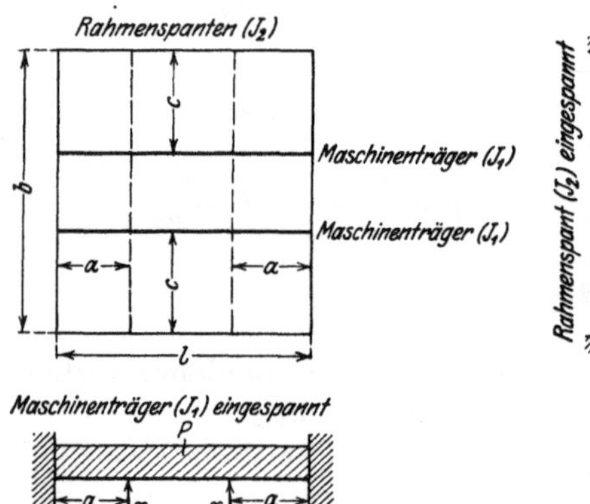

Abb. 93.

Betrachtet man wieder den Fall, daß zwei Rahmenspanten sich in symmetrischer Anordnung zwischen den Maschinenraumschotten befinden, so gelangt man zu der Belastungsverteilung der Abb. 93.

Die Durchbiegung des Maschinenträgers im Punkte a wird

$$f_1 = \frac{P a^2 (l-a)^2}{24 E J_1 \cdot l} - \frac{X_1 a^3 (2l - 3a)}{6 E J_1 \cdot l}$$

und die der Rahmenspanten an derselben Stelle

$$f_2 = \frac{X_1 c^3}{E J_2}\left(\frac{1}{3} - \frac{c}{2b}\right) = \frac{X_1 c^3 (2b - 3c)}{6 E J_2 b}.$$

Beide Durchbiegungen sind gleich:

$$\frac{P a^2 (l-a)^2}{24 E J_1 \cdot l} - \frac{X_1 a^3 (2l - 3a)}{6 E J_1 \cdot l} = \frac{X_1 c^3 (2b - 3c)}{6 E J_2 \cdot b}.$$

Die Gleichung vereinfacht sich zu:

$$\frac{P a^2 (l-a)^2}{4 J_1 \cdot l} - \frac{X_1 a^3 (2l - 3a)}{J_1 \cdot l} = \frac{X_1 c^3 (2b - 3c)}{J_2 \cdot b}.$$

Interessant ist es, an einem Beispiel darzustellen, wie X_1 mit dem Verhältnis der Trägheitsmomente $\frac{J_1}{J_2}$ steigt und fällt.

Beispiel: $P = 100$ t, $l = 10$ m, $b = 15$ m, $a = 3$ m, $c = 6$ m.
Es wird

$$\frac{1102}{J_1} - \frac{30\,X_1}{J_1} = \frac{173\,X_1}{J_2}$$

also

$$X_1 = \frac{1102}{30 + 173\,\frac{J_1}{J_2}}\,.$$

Damit ergibt sich für

$$\frac{J_1}{J_2} = 1 \qquad X_1 = 5{,}4\text{ t}; \qquad \frac{J_1}{J_2} = 0{,}5 \qquad X_1 = 9{,}4\text{ t};$$

$$\frac{J_1}{J_2} = 2 \qquad X_1 = 3{,}0\text{ t}; \qquad \frac{J_1}{J_2} = 0{,}2 \qquad X_1 = 17{,}0\text{ t};$$

$$\frac{J_1}{J_2} = 5 \qquad X_1 = 1{,}2\text{ t}; \qquad \frac{J_1}{J_2} = 0{,}1 \qquad X_1 = 23{,}4\text{ t}\,.$$

$$\frac{J_1}{J_2} = 10 \qquad X_1 = 0{,}6\text{ t}; \qquad \frac{J_1}{J_2} = 0{,}01 \qquad X_1 = 34{,}7\text{ t}\,.$$

Mit wachsendem $\frac{J_1}{J_2}$ sinkt somit die Bedeutung der Abstüzung, und es ist daher notwendig, die Rahmenspanten möglichst stark zu gestalten.

Für die Entlastung der Rahmenspanten kommen in den meisten Fällen nur der Mittelträger bzw. das Mittelkielschwein, beide durchlaufend angeordnet, in Betracht. Die Seitenträger bzw. Seitenkielschweine, die in der Regel interkostal gebaut werden, bleiben unberücksichtigt. Hat man jedoch die Absicht, die Maschinenfundamente so weitgehend wie möglich zu entlasten, so muß man zur Verringerung der Durchbiegung der Rahmenspanten die Seitenträger teilweise durchlaufend anordnen und sie stark mit den Bodenwrangen der Rahmenspanten vernieten.

Die Berücksichtigung der Seitenträger ergibt sich nach dem Belastungsschema der Abb. 94.

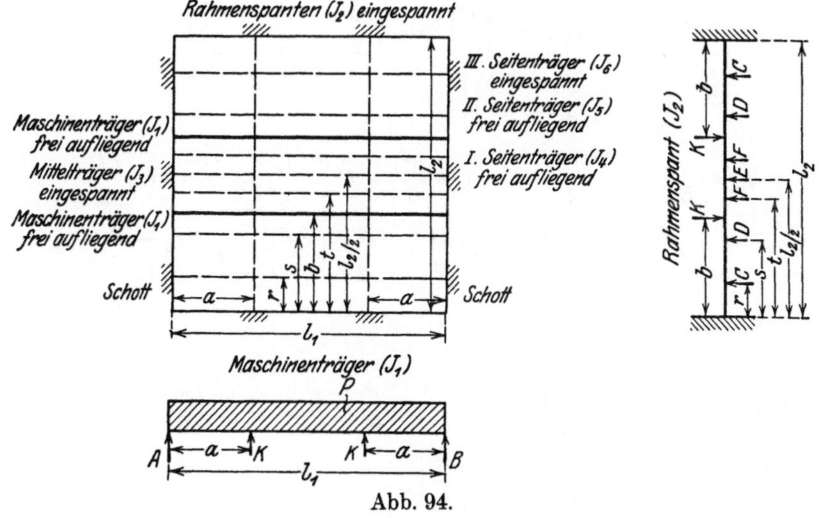

Abb. 94.

Die Verschiedenartigkeit in der Endbefestigung der Träger, frei aufliegend oder eingespannt, ist dadurch erklärt, daß die einzelnen Träger sich nicht alle über den Maschinenraum hinaus erstrecken. Zur Ermittlung der statisch unbestimmten Kräfte sind 5 Bestimmungsgleichungen notwendig, die sich aus der Gleichheit der jeweiligen Durchbiegungen ergeben.

Die Durchbiegungen der Längsträger im Punkte a werden:

$$\text{Maschinenträger:}\quad f_1 = \frac{P\cdot a}{E J_1 24 l_1}(a^3 - 2a^2 l_1 + l_1^3) - \frac{K\cdot a^2}{E J_1\cdot 6}(3l_1 - 4a),$$

$$\text{Mittelträger:}\quad f_2 = \frac{E a^3(2l_1 - 3a)}{6 E J_3\cdot l_1},$$

$$\text{I. Seitenträger:}\quad f_3 = \frac{F a^2}{E J_4\cdot 6}(3l_1 - 4a),$$

$$\text{II. Seitenträger:}\quad f_4 = \frac{D a^2}{E J_5\cdot 6}(3l_1 - 4a),$$

$$\text{III. Seitenträger:}\quad f_5 = \frac{C a^3(2l_1 - 3a)}{6 E J_6\cdot l_1}.$$

Für die Durchbiegungen der Rahmenspanten ergibt sich:

$$\text{Punkt } r:\quad f_6 = \frac{1}{E J_2}\Bigl(K\frac{b l_2 - b^2}{l_2}\cdot\frac{r^2}{2} - K\frac{r^3}{6} - C\frac{r^3 l_2 - r^4}{2 l_2} + C\frac{r^3}{6}$$
$$- D\frac{r^2 s l_2 - r^2 s^2}{2 l_2} + D\frac{r^3}{6} - F\frac{t l_2 r^2 - r^2 t^2}{2 l_2} + F\frac{r^3}{6} - E\frac{r^2 l_2}{16} + E\frac{r^3}{12}\Bigr),$$

$$\text{Punkt } s:\quad f_7 = \frac{1}{E J_2}\Bigl[K\frac{b l_2 - b^2}{l_2}\frac{s^2}{2} - K\frac{s^3}{6} - C\frac{s^2 r l_2 - r^2 s^2}{2 l_2} - C\Bigl(\frac{r^2 s}{2} - \frac{r s^2}{2} - \frac{r^3}{6}\Bigr)$$
$$- D\frac{s^3 l_2 - s^4}{2 l_2} + D\frac{s^3}{6} - F\frac{s^2 t l_2 - s^2 t^2}{2 l_2} + F\frac{s^3}{6} + E\Bigl(\frac{s^2 l_2}{16} + \frac{s^3}{12}\Bigr)\Bigr],$$

$$\text{Punkt } b:\quad f_8 = \frac{1}{E J_2}\Bigl[K\Bigl(\frac{b^3}{3} - \frac{b^4}{2 l_2}\Bigr) - C\frac{r l_2 - r^2}{l_2}\frac{b^2}{2} - D\frac{s l_2 - s^2}{l_2}\frac{b^2}{2} - F\frac{t l_2 - t^2}{l_2}\frac{b^2}{2}$$
$$+ F\frac{b^3}{6} + E\Bigl(\frac{b^3}{12} - \frac{l_2 b^2}{16}\Bigr) + C\Bigl(\frac{r b^2}{2} + \frac{r^3}{6} - \frac{r^2 b}{2}\Bigr)$$
$$+ D\Bigl(\frac{s b^2}{2} + \frac{s^3}{6} - \frac{s^2 b}{2}\Bigr)\Bigr],$$

$$\text{Punkt } t:\quad f_9 = \frac{1}{E J_2}\Bigl[K\Bigl(\frac{b^2 t}{2} - \frac{b^2 t^2}{2 l_2} - \frac{b^3}{6}\Bigr) - C\frac{t^2 r l_2 - r^2 t^2}{2 l_2} + C\Bigl(\frac{r t^2}{2} - \frac{r^2 t}{2} + \frac{r^3}{6}\Bigr)$$
$$- D\frac{t^2 s l_2 - s^2 t^2}{2 l_2} + D\Bigl(\frac{s t^2}{2} - \frac{s^2 t}{2} + \frac{s^3}{6}\Bigr) - F\frac{t^3 l_2 - t^4}{2 l_2} + F\frac{t^3}{6}$$
$$+ E\Bigl(\frac{t^3}{12} - \frac{t^2 l_2}{16}\Bigr)\Bigr],$$

$$\text{Punkt } \frac{l_2}{2}:\quad f_{10} = \frac{1}{E J_2}\Bigl[\Bigl(K\frac{b^2 l_2}{8} - \frac{b^3}{6}\Bigr) + C\Bigl(\frac{r^3}{6} - \frac{r^2 l_2}{8}\Bigr) + D\Bigl(\frac{s^3}{6} - \frac{s^2 l_2}{6}\Bigr)$$
$$+ F\Bigl(\frac{t^3}{6} - \frac{t^2 l_2}{8}\Bigr) - E\frac{l_2^3}{192}\Bigr].$$

Folgende Durchbiegungen sind gleichzusetzen:

f_1 mit f_8 $\qquad$ f_4 mit f_7

f_2 „ f_{10} $\qquad$ f_5 „ f_6

f_3 „ f_9

Daraus lassen sich die unbekannten Kräfte ermitteln.

Das $M_{\max}$ in der Mitte des Maschinenträgers wird:

$$M_{\max} = \frac{P\, l_1}{8} - K\, a\,.$$

Beispiel: Für eine Fundamentkonstruktion ergaben sich folgende Werte:

$l_1 = 9{,}1$ m; $l_2 = 16{,}0$ m;

$a = 2{,}1$ m; $r = 2{,}4$ m; $s = 5$ m; $b = 6$ m; $t = 7$ m.

Bei der Errechnung der Trägheitsmomente wurden die Gurtplatten in vierzigfacher Dicke als Breite berücksichtigt, und für die Erleichterungslöcher, die nur in gewissen Abständen vorhanden sind, wurde ein mittleres Maß als Höhe gewählt. Dann war:

$J_1 = 1\,451\,000$ cm⁴ $\qquad$ $J_4 = 608\,450$ cm⁴

$J_2 = 579\,570$ „ $\qquad$ $J_5 = 571\,900$ „

$J_3 = 1\,241\,930$ „ $\qquad$ $J_6 = 515\,730$ „

Das Maschinengewicht betrug 220 t, also für je einen Fundamentträger 110 t. Um dynamische Einwirkungen zu berücksichtigen, wurde die statische Belastung auf 440 t verdoppelt, so daß P gleich 220 t zu setzen war.

Die unbekannten Kräfte lieferten folgende Werte:

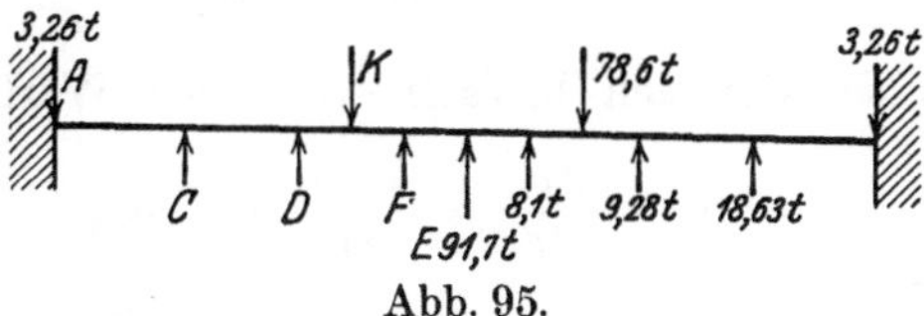

Abb. 95.

Bezeichnend hierbei ist die starke unterstützende Wirkung des Mittelträgers, gegen welchen die Seitenträger sehr abfallen.

Das $M_{\max}$ wurde für den Fundamentträger

$$M_{\max} = 8\,515\,000 \text{ cmkg}\,.$$

Das Widerstandsmoment war $W = 13\,870$ cm³ und die Höchstbeanspruchung betrug demnach

$$k_b = \frac{8\,515\,000}{13\,870} = 614 \text{ kg/cm}^2\,.$$

Die Beanspruchungsziffer ist demnach entsprechend Tab. 19, Seite 63, als zulässig anzuerkennen.

b) Dynamische Beanspruchung durch die Massenkräfte des Triebwerkes.

Zu der statischen Belastung der Fundamente durch das Maschinengewicht tritt die dynamische durch die sich bewegenden Maschinenteile. Die Berücksichtigung dieser zusätzlichen Belastung wird um so notwendiger, je höher die Umlaufszahl der Maschine ist. Den Haupteinfluß dabei haben die auf und nieder gehenden Teile des Triebwerkes, also Kolben, Kolbenstange, Kreuzkopf und ein Teil der Schubstange. Die Berechnung der von diesen Teilen erzeugten Massenkraft muß ausgehen von der dynamischen Grundgleichung

$$\text{Kraft } P = M \cdot b = \text{Masse} \times \text{Beschleunigung}.$$

Die Masse ist gegeben, die Beschleunigung ergibt sich in hinreichender Annäherung wie folgt:

Ist n die minutliche Umdrehungszahl, so wird die Umfangsgeschwindigkeit im Kurbelkreis

$$v_u = \frac{n \cdot 2\pi r}{60} \text{ m/sek.}$$

Die vertikale Komponente v_r von v_u ist für jede Kurbelstellung φ $v_r = v_u \cdot \sin\varphi$, also für $\varphi = 90°$ und $\varphi = 270°$ gleich v_u und für $\varphi = 0°$ und $\varphi = 180°$ Null (vgl. Abb. 96). Durch Differentiation ergibt sich

$$\frac{dv_r}{d\varphi} = v_u \cdot \cos\varphi .$$

Nennt man die Zeit, in der die Kurbel den Bogen φ zurücklegt, t, so verhält sich

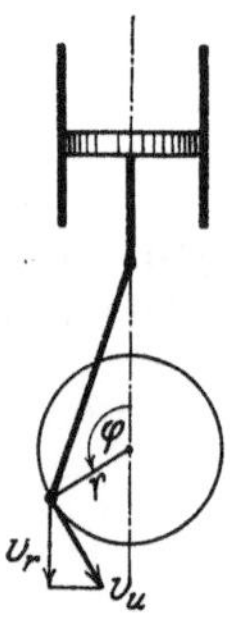

$$\frac{r \cdot \varphi}{t} = \frac{2\pi r}{\frac{60}{n}},$$

woraus folgt

$$\varphi = \frac{2\pi n}{60} \cdot t,$$

also

$$\frac{d\varphi}{dt} = \frac{2\pi n}{60}.$$

Abb. 96.

Wird für $d\varphi$ der sich hieraus ergebende Wert eingesetzt, so wird

$$\frac{dv_r}{dt} = \frac{2\pi n}{60} v_u \cdot \cos\varphi .$$

Das Maximum der Beschleunigung ergibt sich also für $\cos\varphi = \pm 1$, d. h. in der oberen und unteren Totlage der Kurbel. Es ist somit

$$\left(\frac{dv_r}{dt}\right)_{max} = \frac{2\pi \cdot n}{60} \cdot v_u, \quad \text{und da} \quad v_u = \frac{n \cdot 2\pi r}{60} \quad \text{folgt}$$

$$\left(\frac{dv_r}{dt}\right)_{max} = b = \frac{4\pi^2 \cdot n^2 \cdot r}{3600}.$$

Damit wird die Massenkraft

$$P_{max} = M\left(\frac{dv_r}{dt}\right)_{max} = \frac{G}{g} \cdot \frac{4\pi^2 n^2 \cdot r}{3600}.$$

Bei Maschinen mit mehr als 3 Zylindern wird angestrebt, diese Massenkräfte in den einzelnen Triebwerken durch den sogenannten Massenausgleich in ihrer Wirkung nach außen, also auch auf das Fundament, gegeneinander aufzuheben. Streng genommen ist dazu ein absolut starres Maschinengehäuse erforderlich. Da ein solches praktisch nicht vorhanden ist und namentlich bei den vielzylindrigen Dieselmaschinen mit dem gelegentlichen Ausfall eines Zylinders zu rechnen ist, wodurch der Massenausgleich gestört wird, ist es zweckmäßig, als — allerdings etwas zu ungünstige — Rechnungsgrundlage anzunehmen, daß ein Massenausgleich überhaupt nicht vorhanden ist und daß die Massenkräfte der Triebwerke in der Größe gemäß vorstehender Rechnung nacheinander oder sich teilweise überdeckend auf das Fundament wirken.

Beispiel: Ein Schiff habe eine Maschinenanlage von 2 Dieselmaschinen von je 800 PS Leistung bei einer minutlichen Drehzahl $n = 250$. Das Gewicht der 7 m langen Maschinen ist einschließlich Drucklager je 30 Tonnen, die Länge des Maschinenraumes 11 m. Gewicht der vertikal beschleunigten Massen pro Triebwerk 400 kg, Kurbelradius 22 cm.

Die größte Beschleunigung wird

$$b = \frac{40 \cdot 250^2 \cdot 22}{3600} = 15280 \text{ cm/sek}^2 = 153 \text{ m/sek}^2 .$$

Demnach wird die größte vertikale Massenkraft in einem Triebwerk

$$P_{\max} = \frac{400}{10} \cdot 153 = 6120 \text{ kg} .$$

Ist die Maschine 6zylindrig, so kann diese Kraft je nach der Versetzung der Kurbeln gegeneinander gleichzeitig von 2 Triebwerken ausgeübt werden. Damit ergibt sich eine gesamte Belastung von 12 240 kg, die stoßweise wirkt. Für die statische Berechnung nach dem vorhergehenden Abschnitt ist also zusätzlich einzusetzen

$$2P \cdot 1{,}6 = 12240 \cdot 1{,}6 = \sim 20000 \text{ kg} .$$

Der Faktor 1,6 berücksichtigt die stoßweise Belastung (vgl. S. 62). Die Massenkraft kann also in diesem Falle zwei Drittel der Höhe der ruhenden Gewichtsbelastung erreichen.

Diese Massenkräfte können als statische Kräfte betrachtet werden und zusammen mit dem Maschinengewicht in die jeweiligen Belastungsfälle des ersten Teiles dieser Abhandlung eingeführt werden.

Infolge der Schlingerbewegung des Schiffes will die Maschine unter der Einwirkung von Massen- und Gewichtskräften kippen. Sie legt sich auf einen Längsträger, und die Fundamentalbolzen im anderen erhalten Zugbeanspruchung. Die hierbei in Frage kommende Massenkraft K wirkt senkrecht zum Abstand der Maschine von der Schwingungsachse (vgl. Abb. 97). Das Maximum dieser Kraft ist bestimmt durch die Gleichung (vgl. S. 160)

$$K_{\max} = \frac{4\pi^2 \cdot r \cdot m \cdot \sin\varphi}{T^2} .$$

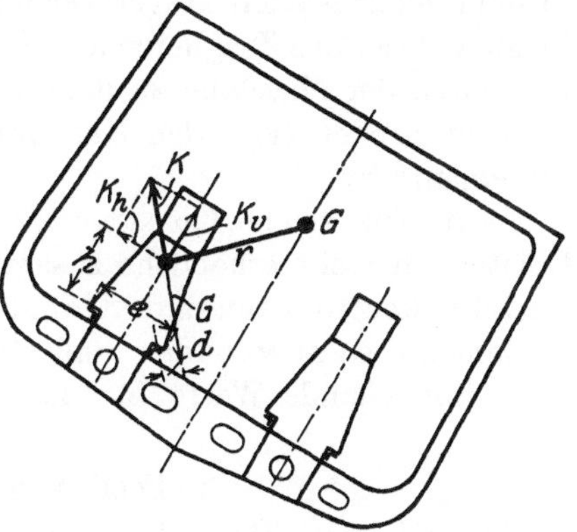

Abb. 97.

Die Kraft liefert eine vertikale Komponente K_v und eine horizontale K_h, die in bezug auf den inneren Längsträger das Kippmoment

$$G \cdot d + K_v \frac{e}{2} - K_h \cdot h$$

erzeugen.

Da die Fundamentbolzen im Abstand e voneinander stehen, folgt für die Zugkraft in der Bolzenreihe

$$Z \cdot e = G \cdot d + K_v \cdot \frac{e}{2} - K_h \cdot h ,$$

woraus sich Z ergibt.

Als zulässige Zugbeanspruchung in den Bolzen wird genommen:

$$K_z \sim 300 \text{ kg/cm}^2 .$$

Wird die Zugkraft durch die Bolzen auf den Längswinkel übertragen, so wird der freistehende horizontale Flansch auf Biegung, die Vernietung des vertikalen Flansches auf Schub beansprucht. Um hohe Biegungsbeanspruchungen zu vermeiden, ist es zweckmäßig, den Längswinkel durch eingeschweißte Rippen zu versteifen.

K_h und eine Komponente von G wirken auf Abscherung.

Für genauere Rechnungen kommen außer diesen Massenkräften noch diejenigen in Frage, welche von der ganzen Maschine infolge der Tauch- und Stampfbewegung des Schiffes erzeugt werden. Bei den normalen Handelsschiffsformen und niedrigen oder mittleren Geschwindigkeiten werden diese nicht bedeutend. Für ihre Berechnung ergibt die Arbeit von Horn (vgl. S. 90) die erforderlichen Unterlagen. Die Massenkräfte aus der Stampfbewegung werden naturgemäß um so größer, je weiter die Maschine im Hinterschiff liegt. Auch diese Massenkräfte sind gegebenenfalls als zusätzliche statische Biegungsbelastung dem Maschinengewicht zuzufügen.

Konstruktiv ist noch folgendes zu bemerken:

Die Maschinen — insbesondere die schnellaufenden Ölmaschinen — haben mit ihrem Gehäuse und ihrer Grundplatte einen mehr oder minder starken Längsverband, der durch die Fundamentbolzen mit dem Maschinenfundament zu dem gemeinsamen Träger verbunden ist, der das Widerstandsmoment gegen Biegung bzw. das Trägheitsmoment gegen Durchbiegung liefert. Dieser Beitrag von seiten der Maschine zu dem Fundamentlängsverband ist unter Umständen ein sehr großer (vgl. den Kastenträger der Grundplatte bei dem Motorschiff „Rheinland"[1]).

Liegt eine solche Konstruktion vor, erhalten die Fundamentbolzen unter Umständen recht erhebliche zusätzliche Schubbeanspruchungen, die rechnungsgemäß zu kontrollieren sind. Grundsätzlich wird anzustreben sein, die Maschinenfundamente so auszubilden, daß sie schon ohne Berücksichtigung von Gehäuse usw. hinreichende Werte für das Widerstands- bzw. Trägheitsmoment liefern.

3. Festigkeit von Wellentunneln.

Als Belastung eines Wellentunnels kommt in Frage:

1. der Wasserdruck bei Wassereinbruch in den Laderaum,
2. das Ladegut oder der Auflagedruck einer Deckstütze als Einzellast.

Die Belastung durch das Ladegut ist im ungünstigsten Falle eine stoßweise, die Größe ist bei normaler Lade- und Löscheinrichtung etwa 1—3 Tonnen.

Wird der Tunnel, wie üblich, mit vertikalen Seitenwänden, halbkreisförmiger Decke und inneren, auf Spantentfernung liegenden Versteifungen gebaut, so läßt sich Fall 1 unter Annahme einer unendlichen Länge des Tunnels theoretisch einwandfrei behandeln. Für das im Scheitel liegende größte, für die Versteifungen also konstruktiv maßgebende Biegungsmoment ergeben sich die in Tab. 26 zusammengestellten Formeln mit den zugehörigen Konstanten.

Für verhältnismäßig kurze Wellentunnel, also solche, deren freie Länge kleiner als etwa die 2,5fache Höhe ist, wird die Rechnung auf der vorher angegebenen Grundlage zu ungünstig, behält jedoch als Vergleichsrechnung ihren Wert.

---

[1]) „Werft, Reederei, Hafen" 1922, Heft 22.

Festigkeit von Wellentunneln.

Lagerung: gelenkig, Belastung: Einzellast | eingespannt, Einzellast | gelenkig, Wasserdruck | eingespannt, Wasserdruck

Σ der vertikalen Kräfte = P

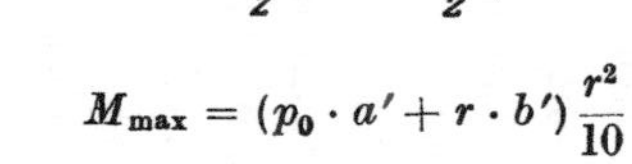
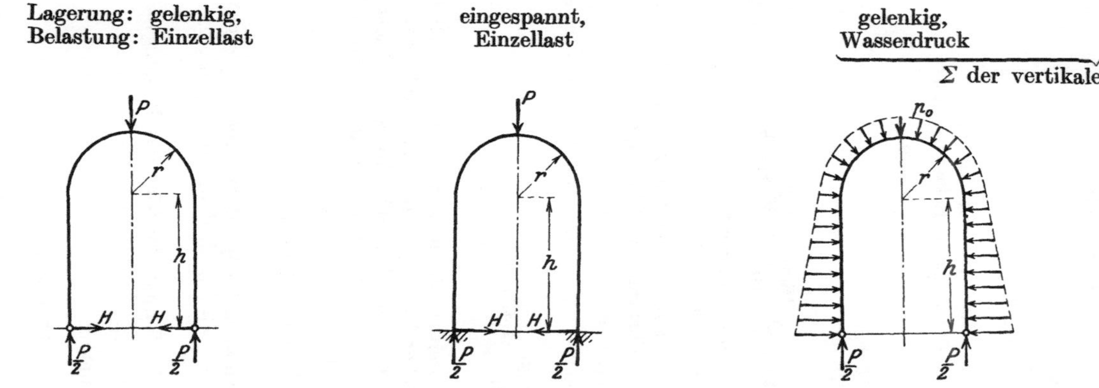

$H = m \cdot P$
$M_{max} = n \cdot P \cdot r$

$H = m' \cdot P$
$M_{max} = n' \cdot P r$

$M_{max} = (p_0 \cdot a + r \cdot b) \frac{r^2}{10}$ [1]

$M_{max} = (p_0 \cdot a' + r \cdot b') \frac{r^2}{10}$ [1]

Tabelle 26.

Bei allen Belastungsfällen liegt das größte Biegungsmoment im Scheitel.

$\frac{h}{r}$	1,2	1,4	1,6	1,8	2,0	2,2	2.4	2,6	2,8	3	1,2	1,4	1,6	1,8	2,0	2,2	2,4	2,6	2,8	3,0	$\frac{h}{r}$
m	0,0984	0,0857	0,0754	0,0669	0,0598	0,0537	0,0486	0,0442	0,0403	0,0370	0,885	0,963	1,044	1,130	1,224	1,325	1,435	1,554	1,683	1,822	a
m'	0,1659	0,1459	0,1295	0,1157	0,1040	0,0941	0,0855	0,0781	0,0716	0,0659	0,414	0,553	0,716	0,905	1,125	1,380	1,670	2,000	2,375	2,790	b
n	0,284	0,294	0,304	0,313	0,321	0,328	0,335	0,341	0,347	0,352	0,335	0,426	0,526	0,633	0,745	0,864	0,991	1,124	1,265	1,415	a'
n'	0,2479	0,2590	0,2691	0,2784	0,2870	0,2948	0,3021	0,3067	0,3152	0,3211	0,590	0,766	0,973	1,214	1,492	1,808	2,166	2,568	3,016	3,511	b'

[1]) Der Wert für r in der Klammer ist wie p_0 in kg/cm² einzusetzen (1 m = 0,1 kg/cm²).

Die theoretische Behandlung der stoßweisen Belastung durch eine Einzellast ist einwandfrei unmöglich, da die Einzellast in beliebiger Richtung und in verschieden starker Konzentrierung angreifen, den Tunnel also als Ganzes und örtlich an beliebiger Stelle — vornehmlich unter der Luke — belasten kann. Man behilft sich daher für Vergleichszwecke am einfachsten mit der Annahme, daß die Last konzentriert im Scheitel einer Versteifung vertikal angreift und daß an Stelle der dynamischen Belastung eine 66% größere statische angenommen wird.

Einspannung der Versteifungen auf der Tankdecke ist bei langen Tunneln erforderlich, um dem Tunnel Stabilität gegen einseitige seitliche stoßweise Belastung zu geben. Ihre Anwendung ist daher vornehmlich im Bereich der Luke geboten. Bei längeren Tunneln werden die Kniebleche zweckmäßig in Abständen von 2—2,5facher Tunnelhöhe vorzusehen sein.

Beispiel: Tunnelbreite: $2r = 800$ mm.

Tunnelhöhe: $h + r = 1400$ mm, somit $\frac{h}{r} = 2{,}5$.

Höchster Wasserstand über Tunnel: 5 m, also $p_0 = 0{,}5$ kg/cm².

Größte Einzellast: 3 Tonnen + 66 % für dynamische Belastung, also $P = 5$ t.

Spantabstand: 700 mm.

Lagerung der Seitenwände: gelenkartig.

Nach Tab. 26 folgt für die gegebenen Werte bei:

Einzellast: $M_{max} = 0{,}338 \cdot 5 \cdot 0{,}4 = 0{,}676$ mt.

Wasserdruck: Für 1 cm Tunnellänge

$$M_{max} = (0{,}5 \cdot 1{,}5 + 0{,}04 \cdot 1{,}83)\frac{1600}{10} = 132 \text{ cmkg}.$$

Für den Bereich eines Spantabstandes wird dieses Moment

$$M_{max} = 70 \cdot 132 = 9240 \text{ cmkg}.$$

Die Vorschriften des Germanischen Lloyds fordern für den vorliegenden Fall als Versteifung des Tunnels bei 760 mm Versteifungsabstand das Winkelprofil

$$\llcorner\; 140 \cdot 75 \cdot 9{,}5 \quad \text{mit} \quad W = 43 \text{ cm}^3.$$

Das der Spantentfernung 700 mm entsprechende Profil und müßte demnach ein Widerstandsmoment haben, von

$$W = \frac{43 \cdot 700}{760} = 40 \text{ cm}^3$$

die Abmessungen $\llcorner\; 140 \cdot 75 \cdot 9$.

Als Dicke der Beplattung im Scheitel werden für den vorliegenden Fall 8 mm vorgeschrieben. Wird diese Beplattung in 50facher Dicke als Breite zum Widerstandsmoment des Versteifungsprofils hinzugerechnet, so ergibt sich bei 10% Abzug für Nietschwächung ein wirksames Widerstandsmoment von $W = 46$ cm³. Mithin wird die größte Biegungsbeanspruchung in dem versteifenden Rahmen

$$k_{b_{max}} = \frac{67\,600}{46} = 1470 \text{ kg/cm}^2.$$

Dieser Wert kann somit Vergleichsrechnungen als zulässige Beanspruchung zugrunde gelegt werden. Die tatsächlich auftretende Spannung wird nach dem Vorhergesagten mehr oder weniger unterhalb dieses Wertes liegen.

Bei Einspannung der Versteifungen an der Tankdecke wird das Biegungsmoment

$$M_{max} = 0{,}304 \cdot 5 \cdot 0{,}4 = 0{,}608 \text{ mt}$$

und damit die entsprechende zulässige Spannung

$$k_b = \frac{60\,800}{46} = 1320 \text{ kg/cm}^2.$$

Nach dieser Rechnung wäre somit die Einspannung der Versteifungen nicht von erheblichem Einfluß.

Als Rechnungsgrundlage kann auch angenommen werden, daß der Tunnel durch das Ladegut seitlich stoßweise beansprucht wird. Für die entsprechende statische Rechnung ergibt sich alsdann unter Annahme vollkommener Einspannung des Tunnels das in Abb. 98 gezeichnete Belastungsschema.

Die Aufgabe sei behandelt nach dem Prinzip der Belastungsumordnung[1]). Dann ergeben sich die in Abb. 99 und 100 gezeichneten Teilbelastungen, die

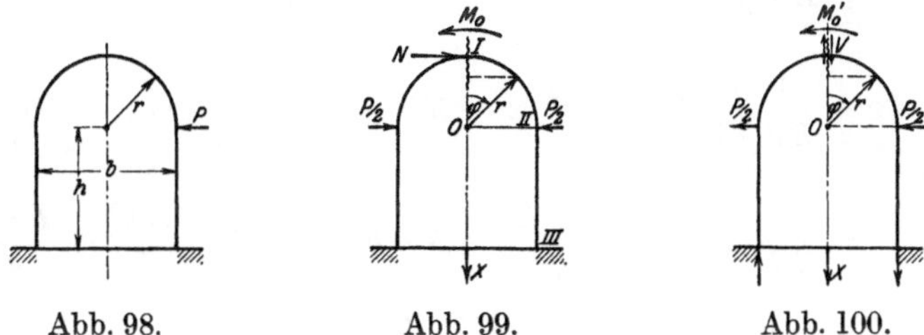

Abb. 98. Abb. 99. Abb. 100.

je 2fach statisch unbestimmt sind und die durch Übereinanderlagerung das Belastungsschema der Abb. 98 ergeben.

Für jede Teilbelastung berechnen sich die Unbestimmten am einfachsten nach dem Satz vom Minimum der Formänderungsarbeit. Für die Rechnung genügt die Betrachtung einer Rahmenhälfte.

Teilbelastung I. Wird der Rahmen im Scheitel aufgeschnitten, so bleibt für jede Hälfte der Gleichgewichtszustand, wenn in der Schnittfläche ein Einspannmoment M_0 und eine horizontal gerichtete Stützkraft N angebracht werden.

Die Rahmenhälfte zerfällt in die Stetigkeitsbereiche I—II und II—III.

Bereich I—II:

$$M_\varphi = M_0 + N(r - r\cos\varphi) \quad \text{also} \quad \frac{\partial M_\varphi}{\partial M_0} = 1 \quad \text{und} \quad \frac{\partial M_\varphi}{\partial N} = r - r\cos\varphi .$$

Damit ergibt sich

$$\int\limits_{\varphi=0}^{\varphi=\frac{\pi}{2}} \frac{M_\varphi}{EJ}\,\frac{\partial M_\varphi}{\partial M_0}\, r\cdot d\varphi = \frac{1}{EJ}\int\limits_{\varphi=0}^{\varphi=\frac{\pi}{2}} \{M_0 r + N r^2 - N r^2\cos\varphi\}\, d\varphi$$

$$= \frac{1}{EJ}\left\{M_0 r\,\frac{\pi}{2} + N r^2\,\frac{\pi}{2} - N r^2\right\}.$$

$$\int\limits_{\varphi=0}^{\varphi=\frac{\pi}{2}} \frac{M_\varphi}{EJ}\,\frac{\partial M_\varphi}{\partial N}\, r\, d\varphi = \frac{1}{EJ}\int\limits_{\varphi=0}^{\varphi=\frac{\pi}{2}} \{M_0(r - r\cos\varphi) + N(r - r\cos\varphi)^2\}\, r\cdot d\varphi$$

$$= \frac{1}{EJ}\left\{M_0 r^2\,\frac{\pi}{2} - M_0 r^2 + \frac{3}{4}\, N r^3 \pi - 2\, N r^3\right\}.$$

Bereich II—III:

$$M_x = M_0 + N(r + x) - \frac{P}{2}\, x \quad \text{also} \quad \frac{\partial M_x}{\partial M_0} = 1 \quad \text{und} \quad \frac{\partial M_x}{\partial N} = r + x$$

[1]) Andrée: Das B-U-Verfahren. 1919.

Damit folgt

$$\int_{x=0}^{x=h} \frac{M_x}{EJ} \frac{\partial M_x}{\partial M_0} dx = \frac{1}{EJ} \int_{x=0}^{x=h} \left\{ M_0 + Nr + Nx - \frac{P}{2} x \right\} dx$$

$$= \frac{1}{EJ} \left\{ M_0 h + Nrh + \frac{Nh^2}{2} - \frac{Ph^2}{4} \right\}.$$

$$\int_{x=0}^{x=h} \frac{M_x}{EJ} \frac{\partial M_x}{\partial N} dx = \frac{1}{EJ} \int_{x=0}^{x=h} \left\{ M_0 r + M_0 x + N(r+x)^2 - \frac{P}{2} (r \cdot x + x^2) \right\} dx$$

$$= \frac{1}{EJ} \left\{ M_0 rh + \frac{M_0 h^2}{2} + Nr^2 h + Nrh^2 + \frac{Nh^3}{3} - \frac{Prh^2}{4} - \frac{Ph^3}{6} \right\}.$$

Nun gilt für die ganze Rahmenhälfte I—II—III

$$\int_{\mathrm{I}}^{\mathrm{III}} \frac{M}{EJ} \frac{\partial M}{\partial M_0} ds = 0 \qquad \text{und} \qquad \int_{\mathrm{I}}^{\mathrm{III}} \frac{M}{EJ} \frac{\partial M}{\partial N} ds = 0 .$$

Hiernach ergeben sich für die beiden Unbekannten M_0 und N die Bestimmungsgleichungen

$$M_0 r \frac{\pi}{2} + Nr^2 \frac{\pi}{2} - Nr^2 + M_0 h + Nrh + \frac{Nh^2}{2} - \frac{Ph^2}{4} = 0 .$$

$$M_0 r^2 \frac{\pi}{2} - M_0 r^2 + \frac{3}{4} Nr^3 \pi - 2Nr^3 + M_0 rh + M_0 \frac{h^2}{2} + Nr^2 h + Nrh^2$$

$$+ \frac{Nh^3}{3} - \frac{Prh^2}{4} - \frac{Ph^3}{6} = 0 .$$

Teilbelastung II. In dem Schnitt durch den Scheitel treten auf ein Einspannmoment M_0' und eine Scherkraft V.

Bereich I—II:

$$M_\varphi = M_0' - V \cdot r \sin\varphi \quad \text{also} \quad \frac{\partial M_\varphi}{\partial M_0'} = 1 \quad \text{und} \quad \frac{\partial M_\varphi}{\partial V} = -r \sin\varphi .$$

Damit ergibt sich

$$\int_{\varphi=0}^{\varphi=\frac{\pi}{2}} \frac{M_\varphi}{EJ} \frac{\partial M_\varphi}{\partial M_0'} r\,d\varphi = \frac{1}{EJ} \int_{\varphi=0}^{\varphi=\frac{\pi}{2}} \{ M_0' - Vr \sin\varphi \} r\,d\varphi = \frac{1}{EJ} \left\{ M_0' r \frac{\pi}{2} - Vr^2 \right\}$$

und

$$\int_{\varphi=0}^{\varphi=\frac{\pi}{2}} \frac{M_\varphi}{EJ} \frac{\partial M_\varphi}{\partial V} r\,d\varphi = \frac{1}{EJ} \int_{\varphi=0}^{\varphi=\frac{\pi}{2}} \{ -M_0' r \sin\varphi + Vr^2 \sin^2\varphi \} r\,d\varphi = \frac{1}{EJ} \left\{ -M_0' r^2 + \frac{Vr^3 \pi}{4} \right\}.$$

Bereich II—III:

$$M_x = M_0' - V \cdot r - \frac{P}{2} x \quad \text{also} \quad \frac{\partial M_x}{\partial M_0'} = 1 \quad \text{und} \quad \frac{\partial M_x}{\partial V} = -r .$$

Damit folgt

$$\int\limits_{x=0}^{x=h}\frac{M_x}{EJ}\,\frac{\partial M_x}{\partial M_0'}\,dx = \frac{1}{EJ}\int\limits_{x=0}^{x=h}\left\{M_0' - Vr - \frac{P}{2}x\right\}dx = \frac{1}{EJ}\left\{M_0' h - V\cdot r\,h - \frac{Ph^2}{4}\right\},$$

$$\int\limits_{x=0}^{x=h}\frac{M_x}{EJ}\,\frac{\partial M_x}{\partial V}\,dx = \frac{1}{EJ}\int\limits_{x=0}^{x=h}\left\{-M_0' r + Vr^2 + \frac{Pr}{2}x\right\}dx$$

$$= \frac{1}{EJ}\left\{-M_0' r\,h + V r^2 h + \frac{P r h^2}{4}\right\}.$$

Da wie vorher die Integrale über den ganzen Bereich I—II—III nach dem Satz vom Minimum der Formänderungsarbeit Null werden müssen, folgen für M_0' und V die Bestimmungsgleichungen

$$\frac{M_0' \pi r}{2} - V r^2 + M_0' h - V r h - \frac{P h^2}{4} = 0$$

und

$$-M_0' r^2 + \frac{V r^3 \pi}{4} - M_0' r\,h + V r^2 h + \frac{P r h^2}{4} = 0\,.$$

Sind mit Hilfe der entwickelten Gleichungen die Unbestimmten M_0, M_0', N und V ermittelt, so ergeben sich für die tatsächliche Belastung entsprechend Abb. 98 im Scheitelschnitt

1. das Einspannmoment $M = M_0 + M_0'$,
2. die Stützkraft N und
3. die Scheerkraft V.

Mit diesen Größen werden die Biegungsmomente

Bereich I—II:

$$M_{b_\varphi} = M + N(r - r\cos\varphi) - V r \sin\varphi\,;$$

Bereich II—III:

$$M_{b_x} = M + N(r + x) - V\cdot r - P\cdot x\,.$$

Beispiel: Es werde der gleiche Tunnel wie vorher behandelt.

$2r = 800$ mm, $P = 5$ Tonnen,
$h = 1000$ mm, Spantabstand 700 mm.

Werden diese Werte in die 4 Gleichungen eingesetzt, so ergibt sich

$N = 1{,}83$ t; $M_0 = -0{,}36$ mt;
$V = -4{,}02$ t; $M_0' = -0{,}60$ mt

und damit für

$$M = -\mathbf{0{,}96}\ \text{mt}\,.$$

Das größte Biegungsmoment tritt im Punkte III auf.

$$M_{\text{III}} = M + N(r + h) - V\cdot r - P\cdot h\,,$$

$$\mathbf{M_{\text{III}} = -1{,}8\ mt}\,.$$

Für das wirksame Widerstandsmoment (46 cm³) entsprechend der Vorschrift des Germanischen Lloyds ergibt sich somit

$$k_b = \frac{180\,000}{46} = \mathbf{3900\ kg/cm^2}\,.$$

Die Konstruktion ist also der angenommenen — allerdings sehr großen — Belastung gegenüber nicht hinreichend widerstandsfähig.

Aufgabe der Klassifikationsgesellschaften wäre es, an Hand von Erfahrungsmaterial festzustellen, welche zulässige Belastung und Beanspruchung für den vorher entwickelten Rechnungsgang in Frage kommt.

4. Masten.

Die Kräfte, welche den Mast beanspruchen, sind:

1. das Eigengewicht,
2. der Winddruck,
3. der Antennenzug,
4. die am Ladebaum angreifende Nutzlast,
5. die beim Schlingern und Stampfen auftretenden Massenkräfte.

Die Belastung ist somit statischer und dynamischer Natur. Allgemein läßt sich für einen gegebenen Fall nicht voraussagen, welche Belastung im Mast die größten Beanspruchungen hervorruft, welche also konstruktiv maßgebend ist. Bei Ladebäumen mit schwerer Nutzlast sind naturgemäß die sich aus dieser ergebenden Beanspruchungen entscheidend.

Fast ausnahmslos sind die angreifenden Kräfte so groß, daß für die üblichen Abmessungen der Masten Abstützung durch Stage und Wanten erforderlich ist. Aufgabe der Rechnung ist die Ermittlung dieser statisch unbestimmten Stützkräfte und mit deren Hilfe die Errechnung der auftretenden Beanspruchungen im Mast.

I. Die statische Beanspruchung.

a) Beanspruchung durch das Eigengewicht.

Wird von der Knickbeanspruchung durch das Eigengewicht G (Mast mit Zubehör) abgesehen, so wirkt dasselbe mit seinem größten Moment auf den Einspannquerschnitt des Mastes biegend, wenn das Schiff gekrängt ist. Für dieses Biegungsmoment folgt entsprechend Abb. 101

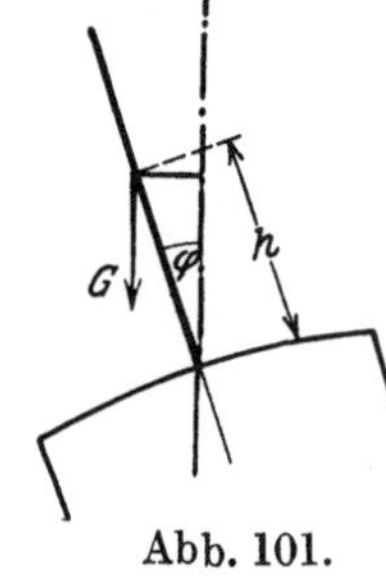

Abb. 101.

$$M_g = G \cdot h \cdot \sin\varphi ,$$

wenn h der Abstand des Systems ⊙ des Mastes mit Zubehör von der Einspannstelle ist.

b) Beanspruchung durch den Winddruck.

Das Biegungsmoment durch den Winddruck ergibt sich nach der Gleichung

$$M_w = F \cdot p \cdot h' \cdot \cos^2\varphi ,$$

wenn F die Mastfläche, h' ihr Abstand von der Einspannstelle und p der spezifische Druck des Windes ist.

Für p ist entsprechend der Windstärke 10 bis 12 zu setzen

$$p = 100 \text{ kg/m}^2 .$$

In diesen Fällen ist die Entlastung durch die Wanten noch nicht berücksichtigt. Die rechnerische Ermittlung dieser Stützung ist für die am Mast wirkenden Massenkräfte im zweiten Teil dieser Abhandlung durchgeführt. Für das Gewicht des Mastes und für den Winddruck ist die Rechnung in gleicher Weise auszuführen.

c) Beanspruchung durch den Antennenzug.

Der Antennenzug beansprucht die Masten in der Längsschiffsebene auf Biegung. Ist der Abstand des Antennenzuges A von der Einspannstelle des Mastes a, so wird das Biegungsmoment

$$M_a = A \cdot a .$$

A hängt von dem Gewicht G_d der Drähte und ihrer Vorspannung ab und ergibt sich nach Gleichung

$$A = \frac{G_d \cdot e}{8 f} \text{ [1]}.$$

d) Beanspruchung aus der Nutzlast.

Das Belastungsschema der normalen Ladebaumanordnung entsprechend Abb. 102 liefert für den Mast als belastende Kräfte die Druckkraft D in Richtung der Ladebaumachse und die Hangerkraft H.

Es wird

$$D = \frac{P}{\eta}\left(1 + \eta \cdot \frac{b}{l_1}\right),$$

wo η der Wirkungsgrad der Seilrolle an der Ladebaumspitze ist, und

$$H = \frac{P \cdot \cos\alpha}{\sin\beta} = \frac{P \cdot s}{l_1}.$$

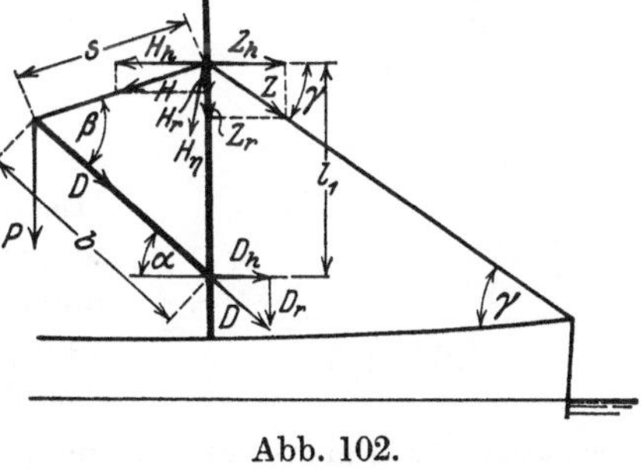

Abb. 102.

D ist somit unabhängig von α, gilt also für jede Neigung des Ladebaumes; η wird für eine Rolle $\backsim 0{,}95$. Für P werden bis 40 Tonnen angenommen.

Bei Mittschiffsstellung des Ladebaumes erzeugt H im Stag eine Zugkraft Z, und steht der Ladebaum um 90° ausgeschwenkt, so wird diese abstützende Zugkraft von den Wanten ausgeübt. Stag und Wanten erhalten bei diesen Stellungen des Baumes ihre Höchstbelastung. Der Ladebaumdruck D ruft die vertikale, auf Knickung wirkende Komponente D_r und die horizontale, auf Biegung wirkende Komponente D_h hervor, von der die horizontale Komponente L_h der Kraft L am unteren Ladeblock zu subtrahieren ist.

Der Hangerzug H erzeugt ebenfalls eine auf Knickung wirkende Druckkomponente H_r, und eine horizontale, den Mast ausbiegende Komponente H_h. Die Kraft $H_\eta = \frac{H}{\eta}$ beansprucht den Mast ebenfalls auf Knickung.

Das größte Biegemoment tritt an der Einspannstelle des Mastes auf

$$M_{\max} = R \cdot l - (D_h - L_h) \cdot l_2 .$$

Bestimmung der Stützkraft Z.

Infolge des Hangerzuges H_h wird der Mast gebogen; die horizontale Ausbiegung an der Angriffsstelle von H_h sei f. Diese Durchbiegung entspricht nicht der vollen Kraftwirkung von H_h, da die im Stag zur Auswirkung kommende

[1] Der Durchhang f ist etwa 1,5—2% der Spannweite e.

Zugkraft die Hangerkraft H_h teilweise aufhebt. Nennt man den wirksamen Teil von H_h, der den Mast um f durchbiegt, R, so besteht die Gleichgewichtsbedingung

$$H_h - R = Z_h = Z \cdot \cos\gamma \,. \tag{1}$$

Die Verlängerung $S_1 S_2$ des Stages von der ursprünglichen Länge $S S_1 = r$ ergibt sich nach dem Elastizitätsgesetz zu

$$S_1 S_2 = f \cos\gamma = \frac{Z \cdot r}{q \cdot E_d}\,, \tag{2}$$

wo $q = \dfrac{Z}{k_z}$ der tragende Querschnitt, E_d der Elastizitätsmodul des Stages und k_z die zulässige Spannung ist.

Für die Durchbiegung f folgt entsprechend dem Belastungsschema der Abb. 103

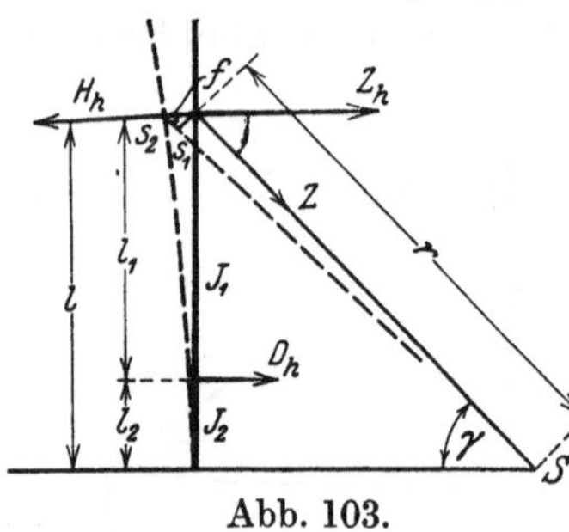

Abb. 103.

$$\left.\begin{aligned} f = \frac{l_2^2}{E J_2}\Big\{ &- (D_h - L_h)\left(\frac{l_1}{2} + \frac{l_2}{3}\right) \\ &+ R\left(\frac{l\, l_1}{l_2} + \frac{l_2}{3}\right)\Big\} + \frac{R\, l_1^3}{3 E J_1}\,. \end{aligned}\right\} \tag{3}$$

Hierin bedeuten J_2 und J_1 die mittleren Trägheitsmomente zwischen Einspannstelle des Mastes und der Lagerstelle des Ladebaumes sowie zwischen Lagerstelle und Angriffspunkt des Stages. E ist der Elastizitätsmodul des Mastmaterials.

Mittels der Gleichungen (1) bis (3) kann für eine vorliegende Konstruktion, also für gegebene Werte von J_1 und J_2, die Größe Z bestimmt und mit ihr die Beanspruchung im Mast nachgeprüft werden.

Für k_z ist der aus fünffacher Sicherheit des Stages gegen Bruch sich ergebende Wert einzusetzen. Für den Elastizitätsmodul und die Bruchgrenze des Absteifungsmaterials ergeben sich folgende Mittelwerte:

	Hanfseil	Stahldraht
Bruchgrenze . . . kg/cm²	1 200	14 000
E_d . . . . kg/cm²	10 000	1 600 000

Hierbei gilt E_d für den Bereich der fünffachen Sicherheit.

Dieser Rechnungsgang gilt auch, wenn der Ladebaum querschiffs ausgeschwenkt ist. An die Stelle der Verstagung treten dann die Wanten. Dabei wird der Einfachheit halber am zweckmäßigsten angenommen, daß an jeder Bordseite die Wanten in einem Want vereinigt sind, welches in der Ebene Mast—Last liegt.

II. Die dynamische Beanspruchung.

Das die Schlingerbewegungen — die Stampfbewegungen spielen für diese Betrachtung keine Rolle — erzeugende Moment ist das Stabilitätsmoment $D \cdot MG \sin\varphi$. Ist Θ das Massenträgheitsmoment, bezogen auf die Längsachse durch den Systemschwerpunkt, so besteht nach der Gleichung:

Drehmoment = Winkelbeschleunigung × Massenträgheitsmoment

die Beziehung:

$$D \cdot MG \sin\varphi = \varepsilon \cdot \Theta .$$

Für die Winkelbeschleunigung ist zu setzen

$$\varepsilon = \frac{d^2\varphi}{dt^2} .$$

Damit folgt zwischen den Grenzen, innerhalb welcher MG angenähert konstant bleibt,

$$\varepsilon = \frac{D \cdot MG \sin\varphi}{\Theta} .$$

Die Dauer einer vollen Schiffsschwingung ist allgemein

$$T = 2\pi \sqrt{\frac{\Theta}{D \cdot MG}} .$$

Also folgt

$$\Theta = \frac{D \cdot MG \cdot T^2}{4\pi^2} .$$

Wird dieser Wert eingesetzt, so ergibt sich die Winkelbeschleunigung zu

$$\varepsilon = \frac{4\pi^2 \cdot \sin\varphi}{T^2} ,$$

und für irgend einen Punkt des Mastes im Abstande r von der Drehachse wird die Beschleunigung

$$b = \varepsilon \cdot r = \frac{4\pi^2 \cdot r \cdot \sin\varphi}{T^2} .$$

Greift an dieser Stelle die Masse m an, so wird nach der dynamischen Grundgleichung die Massenkraft

$$P = m \cdot b = \frac{4\pi^2 \cdot r \cdot m \cdot \sin\varphi}{T^2} .$$

Ist dieser Punkt der Massenmittelpunkt des schwingenden Mastgewichtes G oberhalb der Einspannstelle des Mastes und ist sein Abstand von der Einspannstelle h, so wird an der Einspannstelle somit für den frei schwingenden Mast — also ohne Berücksichtigung der Wanten — das Biegungsmoment

$$M_b = P \cdot h = \frac{4\pi^2 r \cdot h \cdot G \cdot \sin\varphi}{g \cdot T^2} .$$

Die Schwingungszeit T ist — falls Daten aus einem Schlingerversuch nicht vorliegen — nach Erfahrungswerten zu bestimmen. Je nach der metazentrischen Höhe der Anfangsstabilität und der Größe des Massenträgheitsmomentes ist mit 4 bis 6 vollen Schwingungen in der Minute zu rechnen. Für φ ist zu setzen $\varphi = 25°$.

Fällt der Wantenangriff mit dem System $\odot$ des Mastes zusammen, so belastet die Massenkraft P Mast und Wanten in gleicher Weise wie vorher die horizontale Komponente H_h des Hangerzuges, und die Berechnung des Wantenzuges erfolgt wie vorher.

Gewöhnlich wird der Angriffspunkt der Massenkraft unterhalb des Wantenangriffes liegen. Dann ist entsprechend Abb. 104 P nach dorthin zu verlegen.

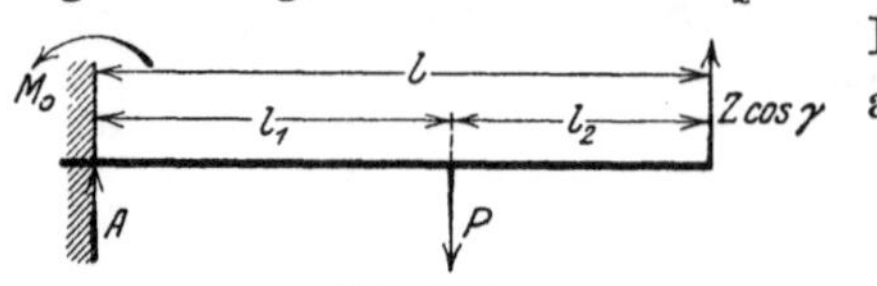

Abb. 104.

Die Durchbiegung des Mastes im Wantangriff durch P allein wird

$$f_1 = \frac{P\, l_1^2}{6\, E\, J}(3\, l - l_1)\,.$$

Diese Durchbiegung wird durch die horizontale Komponente $Z \cdot \cos\gamma$ des Wantzuges teilweise rückgängig gemacht. Dieser Durchbiegungswert ist

$$f_2 = \frac{Z \cos\gamma\, l^3}{3\, E\, J}\,.$$

Die resultierende Durchbiegung $f_1 - f_2 = f$ ist für die Verlängerung der Wanten maßgebend.

Die Bruchfestigkeit des Drahttauwerks für stehendes Gut ist vom Germanischen Lloyd in folgender Tabelle festgelegt.

Umfang von Stahldraht-tauwerk in mm	Bruchbelastung in Tonnen	Umfang von Stahldraht-tauwerk in mm	Bruchbelastung in Tonnen	Umfang von Stahldraht-tauwerk in mm	Bruchbelastung in Tonnen
32	3,0	57	9,1	83	19,7
35	3,3	61	10,5	86	21,0
38	4,0	63	11,2	89	22,5
42	5,1	67	12,6	92	24,3
45	5,6	70	13,8	96	26,7
48	6,5	73	15,1	99	28,4
51	7,3	76	16,4	102	30,3
54	8,2	80	18,2	105	32,0

Der Germanische Lloyd empfiehlt, für die Stahldrahttrossen ein Material von nicht mehr als 130 kg/mm Festigkeit zu wählen.

Die Vorspannung in die Rechnung einzusetzen, ist nicht zweckmäßig, da ihre Größe unbestimmt ist. Wird sie erheblich, muß die zulässige Beanspruchung herabgesetzt werden. Nicht zu unterschätzen ist in allen behandelten Fällen die Knickkraft $Z \cdot \sin\gamma$, die vom Want bzw. Stag auf den Mast ausgeübt wird.

Beispiel. Es sollen die Beanspruchungen in einem Pfahlmast eines Eindeckfrachtdampfers ermittelt werden. Die Stärken des Mastes sind den Vorschriften des Germanischen Lloyd entnommen. Die Nutzlast am Ladebaum ist 5 t, und die Abmessungen sind wie folgt:

Wantenangriff über Deck	$l = 16$ m,
Mastkonsole über Deck	$l_2 = 2$ m,
Stagring über Mastkonsole.	$l_1 = 14$ m,
Länge des Stages	$r = 24$ m,
Länge der Wanten (mittleres)	$w = 16{,}6$ m,
Mastlänge (Doppelboden bis Wantenangriff) . .	$= 21$ m,
P	$= 5$ t,
Länge des Ladebaumes	$b = 12$ m,
Zeit einer vollen Schwingung.	$T = 10$ Sekunden.

Für den Mast schreibt der Germanische Lloyd folgende Stärken vor:

Fischung	520 × 8,5	2 Plattenreihen.
Am Fuß	390 × 7,0	Dopplungen im Bereich der Fischung und
Am Angriff der Wanten . . .	410 × 7,0	unter den Hangern und Konsolen der Ladebäume.

Die Neigung des Ladebaumes gegen die Horizontale wird zu 15° angenommen. Es ergibt sich eine Knickkraft von ∾ 9550 kg, und bei einer fünffachen Sicherheit werden die Abmessungen des Baumes:

Mitte	220 × 9,0
Enden.	145 × 9,0

Der Topp des Mastes beträgt 5,0 m. Am Topp sind die Abmessungen 200 × 7,0.

Das Bild des Mastes mit Ladebaum sieht folgendermaßen aus:

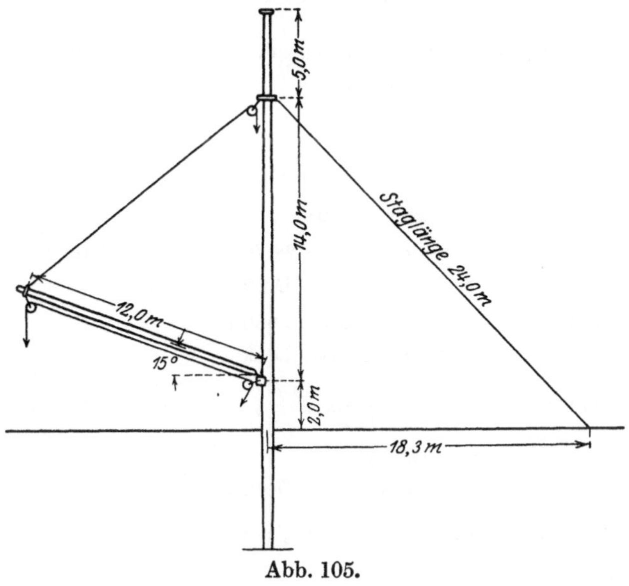

Abb. 105.

Gewichte:

Ladebaum	496 kg	Lümmellager mit Lümmel (Mastkonsole) und Ladeblock . . .	113 kg
Mast bis Wantangriff (ohne Dopplung)	1582 „	Mastbeschlag mit Hangerblock .	95 „
Masttopp	291 „	Oberer Ladebaumbeschlag mit Ladeblock	85 „
Dopplung in der Fischung (von Deck bis Mastkonsole gerechnet, 8,5 mm stark)	200 „		293 kg
	2569 kg		
	293 „		
Gesamtgewicht =	2862 kg		

Des weiteren gilt es, die ⊙-Lage dieser Gewichtsgruppen festzulegen und daraus den Gesamt-⊙ zu ermitteln. Der Ladebaum wird hierfür als aufgetoppt angenommen. Die Entfernung des Gesamt-⊙ vom Deck ergibt sich zu

$$y_0 = 8{,}40\,\mathrm{m}\,.$$

Die Angriffsfläche des Windes mit aufgetopptem Ladebaum ist:

$$F = 11{,}3\,\mathrm{m}^3\,.$$

Der Angriffspunkt ⊙ liegt 8,7 m über Deck.

Trägheitsmomente.

Das mittlere Trägheitsmoment J_2 im Bereiche l_2 beträgt mit Berücksichtigung der Dopplung

$$J_2 = \frac{\pi}{64}(53{,}7^4 - 50{,}3^4) = 94\,200 \text{ cm}^4 .$$

Das mittlere Trägheitsmoment im Bereiche l_1 wird

$$J_1 = \frac{\frac{\pi}{64}(52^4 - 50{,}3^4) + \frac{\pi}{64}(41{,}0^4 - 39{,}6^4)}{2} = 31\,150 \text{ cm}^4 .$$

Über die ganze Mastlänge vom Deck bis Wantangriff bekommt man im Mittel ein Trägheitsmoment

$$J = \frac{2 \cdot 94\,200 + 14 \cdot 31\,150}{16} = 39\,000 \text{ cm}^4 .$$

Das Widerstandsmoment an der Einspannstelle des Mastes im Deck ist

$$W = \frac{94\,200 \cdot 2}{53{,}7} = 3510 \text{ cm}^3 .$$

1. Schiff im Seegang.

Größter Neigungswinkel 25°.

Gewicht: Biegende Kraft $= 2860 \cdot \sin 25° = 1210$ kg,
Entfernung vom Deck $= 8{,}4$ m;

Winddruck: $P = p \cdot F \cdot \cos^2\varphi = 930$ kg,
Entfernung vom Deck $= 8{,}7$ m;

Massenkraft: $P = \dfrac{4\,\pi^2 r \cdot G \cdot \sin\varphi}{g \cdot T^2}$, $r = 11{,}0$ m, $T = 10$ sek

$P = 535$ kg.
Entfernung vom Deck $= 8{,}4$ m.

Die Resultierende aus diesen 3 Kräften ist gleich 2675 kg, wirkend an einem Hebelarm von 8,5 m.

Es gilt die Gleichung:

$$\frac{P \cdot h^2}{6\,E\,J}(3\,l - h) - \frac{Z \cos\gamma\, l^3}{3\,E\,J} = \frac{Z \cdot w}{q \cdot E_d \cdot \cos\gamma} = \frac{w^2 \cdot k_z}{E_d \cdot \frac{b}{2}} .$$

$P = 2675$ kg; $h = 850$ cm; $l = 1600$ cm; $w = 1660$ cm; $\frac{b}{2} = 480$ cm; $k_z = 2800$ kg/cm²;

$E = 2\,150\,000$ kg/cm²; $E_d = 1\,600\,000$ kg/cm²; $J = 39\,000$ cm⁴; $\cos\gamma = \dfrac{\frac{b}{2}}{w} = \dfrac{480}{1660}$.

Hieraus ermittelt man Z zu 1099 kg

$$Z \cdot \cos\gamma = 318 \text{ kg},$$

$$M_{\max} = 2675 \cdot 850 - 318 \cdot 1600 ,$$

$$W = 3510 \text{ cm}^3 .$$

(Nur wenn für Wanten [Stahldraht] $k_z = 2800$ kg/cm² erreicht ist.)

$$\underline{k_b} = \frac{M_{\max}}{W} = \underline{503 \text{ kg/cm}^2} .$$

Beim Aufhören der Dopplung oberhalb der Mastkonsole wird das Biegemoment $= 1\,295\,000$ cmkg und das Widerstandsmoment $= 1718$ cm³

$$\underline{k_b} = \frac{1\,295\,000}{1718} = \underline{755 \text{ kg/cm}^2} .$$

2. Schiff beim Löschen und Laden.

$$D = \frac{P}{\eta}\left(1 + \eta \frac{b}{l_1}\right) = 9550 \text{ kg} \quad (P = 5000 \text{ kg}).$$

Hinzu kommt:

$$\frac{(\text{oberer Ladebaumbeschlag mit Ladeblock}) \cdot b}{l_1} \sim 80 \text{ „}$$

$$\frac{\text{Ladebaumgewicht} \cdot 12}{2 \cdot 14} = 200 \text{ „}$$

$$D = 9830 \text{ kg}$$

$$H = P \frac{s}{l_1} = (5000 + 85)\frac{16{,}2}{12} = 6870 \text{ kg}.$$

Hinzu kommt die Kraft zum Tragen des Ladebaumes

$$\frac{500 \cdot 5{,}85}{10{,}2} = 286 \text{ „}$$

$$H = 7156 \text{ kg}.$$

$$H_h = 5320 \text{ kg} \qquad D_h = 9830 \cdot \cos 15^\circ = 9490 \text{ kg}.$$

Die Kraft, welche von dem unteren Ladeblock auf das Lümmellager übertragen wird, ist $\sim$9400 kg, sodaß D_h aufgezehrt wird und nur H_h für die Biegung in Frage kommt.

Die Gleichung wird:

$$\frac{r \cdot k_z}{E_d \cdot \cos\gamma} = \frac{l_2^2}{E J_2}\left[H_h\left(\frac{l\, l_1}{l_2} + \frac{l_2}{3}\right) - Z\cos\gamma\left(\frac{l\, l_1}{l_2} + \frac{l_2}{3}\right)\right] + \frac{H_h \cdot l_1^3}{3\, E\, J_1} - \frac{Z\cos\gamma\, l_1^3}{3\, E\, J_1},$$

$k_z = 2800$ kg/cm²; $E_d = 1\,600\,000$ kg/cm²; $E = 2\,150\,000$ kg/cm²; $J_1 = 31\,150$ cm⁴; $J_2 = 94\,200$ cm⁴; $l = 1600$ cm; $l_1 = 1400$ cm; $l_2 = 200$ cm.

Die Gleichung erhält zum Schluß folgende Gestalt:

$$Z\cos\gamma \cdot 0{,}015\,84 = 84{,}35 - \frac{7\, r}{4000 \cos\gamma}.$$

Sie gilt sowohl für die Unterstützung durch Stage als auch durch Wanten.

a) Unterstützung durch das Stag bei Mittschiffsstellung des Baumes,

$$\cos\gamma = \frac{18{,}3}{24}; \qquad r = 2400 \text{ cm},$$

$$Z = 6530 \text{ kg},$$

$$Z \cdot \cos\gamma = Z_h = 4970 \text{ kg},$$

$$R = H_h - Z_h = 5320 - 4970 = 350 \text{ kg},$$

$$M_{\max} = 350 \cdot 1600 = 560\,000 \text{ cmkg},$$

$$\underline{k_b} = \frac{560\,000}{3510} = \underline{160 \text{ kg/cm}^2},$$

$$\underline{k_{b_{\text{Konsole}}}} = \frac{350 \cdot 1400}{1718} = \underline{285 \text{ kg/cm}^2}.$$

b) Unterstützung durch die Wanten bei Querstellung des Baumes,

$$\cos\gamma = \frac{4{,}8}{16{,}6}; \qquad r = 1660 \text{ cm},$$

$$Z = 16\,220 \text{ kg}; \qquad Z\cos\gamma = Z_h = 4690 \text{ kg},$$

$$R = H_h - Z_h = 630 \text{ kg},$$

$$M_{\max} = 630 \cdot 1600 = 1\,009\,000 \text{ cmkg},$$

$$\underline{k_b} = \frac{1\,009\,000}{3510} = \underline{288 \text{ kg/cm}^2},$$

$$\underline{k_{b_{\text{Konsole}}}} = \frac{630 \cdot 1400}{1718} = \underline{514 \text{ kg/cm}^2}.$$

Die Stärke der Wanten wird nach $Z = 16\,220$ kg und die des Stages nach $Z = 6530$ kg bestimmt ($k_z = 2800$ kg/cm²). — Dadurch reduziert sich die ermittelte Beanspruchung des Mastes für Fall 1.

Der Mast wird bei Querstellung des Baumes auf Verdrehung beansprucht (vgl. Abb. 106).

$$M_d = 5320 \cdot 26 \text{ cmkg}.$$

$$k_d = \frac{M_d \cdot D \cdot 16}{(D^4 - d^4) \cdot \pi} = \frac{5320 \cdot 26 \cdot 41{,}0 \cdot 16}{(41{,}0^4 - 39{,}6^4)\,\pi}$$

$$k_d = 80 \text{ kg/cm}^2.$$

Der Mast wird auf Knickung beansprucht

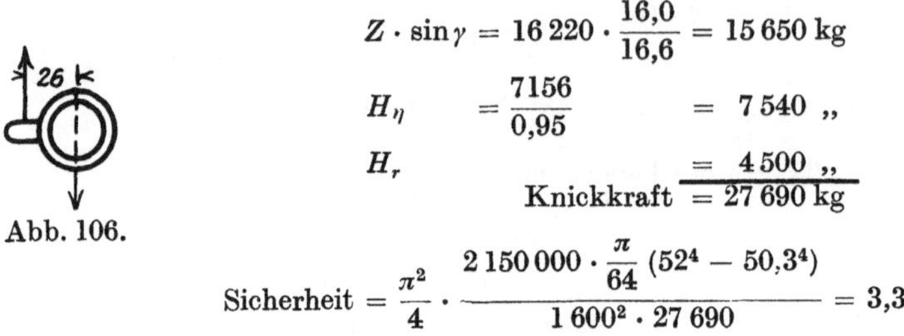

$$Z \cdot \sin\gamma = 16\,220 \cdot \frac{16{,}0}{16{,}6} = 15\,650 \text{ kg}$$

$$H_\eta = \frac{7156}{0{,}95} = 7\,540 \text{ ,,}$$

$$H_r = 4\,500 \text{ ,,}$$

$$\text{Knickkraft} = 27\,690 \text{ kg}$$

Abb. 106.

$$\text{Sicherheit} = \frac{\pi^2}{4} \cdot \frac{2\,150\,000 \cdot \frac{\pi}{64}(52^4 - 50{,}3^4)}{1\,600^2 \cdot 27\,690} = 3{,}3.$$

Die vorstehenden Ausführungen sind von dem Standpunkt aus gemacht, einen einfachen und für die Praxis genügenden Rechnungsgang zu erhalten. Es soll mit diesem angestrebt werden, an Hand der gegebenen Formeln für einen Neuentwurf auf Grund ähnlicher Konstruktionen die nötigen Werte zu finden. Demzufolge sind die Gewichtsverteilung und Formgebung des Mastes in ihren Einzelheiten noch nicht bekannt.

Grundsätzlich unterscheidet man wohl folgende Hauptbeanspruchungen:

1. Die Beanspruchungen im Seegang, die sich im ungünstigsten Fall in der Querschiffsrichtung aus den Winddruckkräften, den Trägheitskräften und den Gewichtskräften ergeben.

2. Die Beanspruchungen beim Löschen und Laden, die sowohl querschiffs wie längsschiffs auftreten können.

In vielen Fällen sind die letzteren die bestimmenden für die Dimensionierung der Masten, und man kommt mit den oben gegebenen Formeln aus. Liegt aber das Hauptgewicht in den ersteren, wie z. B. bei Kriegsschiffsmasten, bei Lademasten mit besonders großer Höhe für die Antennen sowie bei Masten, die nicht für den Ladebetrieb gebaut sind, so wird außer einer Überschlagsrechnung mit den bereits angegebenen Formeln eine genauere Nachrechnung beim Vorliegen sämtlicher Einzelheiten am Platze sein.

Die Winddruck-, Trägheits- und Gewichtskräfte sind nämlich bislang als Einzelkräfte auf den Mast wirkend angenommen worden, eine Voraussetzung, die streng genommen nur für das Biegungsmoment, bezogen auf Einspannstelle Deck, gilt, nicht aber auch für die Durchbiegungen. Die mehr oder minder ungleichmäßige Gewichtsverteilung über den Mast sowie die nach oben sich verjüngende Form desselben bedingen eine ungleich verteilte Streckenbelastung des Mastes obengenannter Kräfte.

Zweckmäßig zeichnet man sich für diese Nachrechnung den Mast auf ein Stück Papier heraus, wobei man die hierfür notwendigen Baudaten, wie Durchmesser, Plattendicke und Plattenverteilung, mit angibt. In einer Tabelle stellt man dann die Belastungen für den laufenden Meter zusammen, indem man diese für die bemerkenswertesten Punkte, wie z. B. die Stoßverteilung, ausrechnet. Die Gewichte werden mit $\sin\varphi$ multipliziert, für die Trägheitskräfte gilt das Produkt $\frac{G}{g} \cdot r \cdot \varepsilon$, wo ε die Winkelbeschleunigung gleich $\frac{4\pi^2 \sin\varphi}{T^2}$ und r der Abstand des betreffenden Punktes von dem System $\odot$ des Schiffes ist. Der Winddruck p, in diesem Falle 100 kg/m², wird mit $F \cdot \cos^2\varphi$ multipliziert, wo F die projizierte Fläche auf Mitte Mast bedeutet. Die Einzelkräfte, wie Mastanbauten usw., kann man gesondert in einer Tabelle zusammenstellen.

Trägt man diese Tabellenwerte in die Mastzeichnung ein, so ergibt sich in der Summation eine unregelmäßig verlaufende Kurve, die nach dem Top zu sich verjüngt. Man begeht nun kaum einen Fehler, wenn man diese Belastung in eine Trapezbelastung umformt.

Der springende Punkt ist die Gleichheit der Mastdurchbiegung mit der Ausweichung durch den Reck der Wanten. Man betrachtet zunächst den Mast ohne Unterstützung, wobei für die einzelnen Kräfte folgende Durchbiegungen am Wantangriff gelten:

$$\text{Rechteckslast:}\quad f_1 = \frac{P_1 \cdot l^3}{8EJ},$$

$$\text{Dreieckslast:}\quad f_2 = \frac{P_2 \cdot l^3}{15EJ},$$

$$\text{Einzelkraft:}\quad f_3 = \frac{P_3 \cdot l_1^2}{6EJ}(3l - l_1).$$

(außerhalb des Wantangriffs wirkend)

Die Summe von $f_1 - f_3$ ergibt die Gesamtdurchbiegung. Man errechnet nun die Zugkraft im Want, die nötig ist, diese Durchbiegung aufzuheben. Durch den Reck der Wanten wird aber keine starre Stützung erreicht, und es muß jetzt durch einiges Probieren die Gleichgewichtslage errechnet werden. Die Beanspruchung ergibt sich aus der Druckkraft und dem maximalen Biegungsmoment, doch würde die Errechnung der Knicksicherheit und die Auftragung der Momentenkurve über den Mast manche Klärung bringen. Für einen Kriegsschiffsmast hat Geyer im „Schiffbau" XVIII, Nr. 10 eine derartige Berechnung durchgeführt, worin in recht anschaulicher Weise obiger Rechnungsgang durchgeführt ist.

Masten mit Schwergutbäumen.

Für die Berechnung der Masten auf Grund der Beanspruchungen beim Löschen und Laden gilt die bereits erwähnte übliche Methode. Da die Lasten, die mit Ladebäumen gehoben werden, immer größere Gewichte annehmen (bis 40 t), werden die Masten größeren Kräften unterworfen, die eine weitgehende Verstagung nötig machen. Bei der bekannten Berechnungsweise wird als Stützung nur das Fockstag oder entsprechend die Wantresultierende genommen. Für Schwergutbäume sind aber die dazu erforderlichen stützenden Backstage und Wanten mit in die Rechnung einzubeziehen, wodurch das Fachwerk mehrfach statisch unbestimmt wird. Hierzu gibt Siemann[1]) in einem Beitrag zur Mastberechnung eine Lösung, die sich im wesentlichen auf die Abhandlung von

[1]) Schiffbau Bd. XX, Nr. 18.

Föppl[1]) über Träger mit mehreren überzähligen Stäben stützt. Das herangezogene Beispiel wird durch folgende Skizze erläutert, und zwar wird die Berechnung für die Mittschiffsstellung des Baumes und für eine ausgeschwungene Stellung durchgeführt.

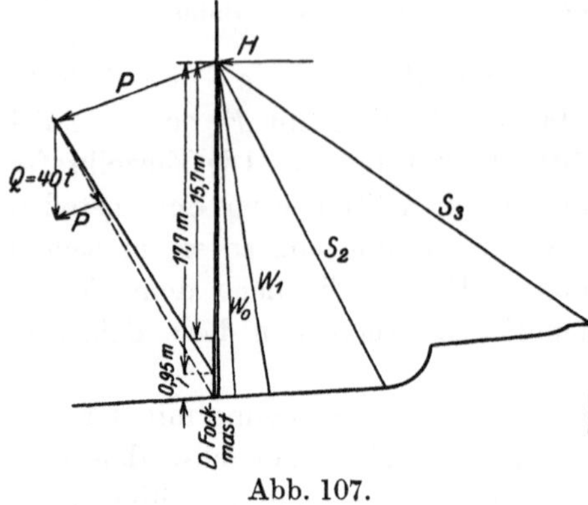

Abb. 107.

Abb. 107 gilt für die Mittschiffsstellung, und es bedeuten hierin S_3 das Fockstag, S_2 die Backstagresultierende und W_1 und W_0 die Wantresultierenden. H ist ein gedachter horizontaler Stab, der den Biegungswiderstand des Mastes ersetzt und so bemessen zu denken ist, daß seine Dehnung durch Einheitsbelastung gleich der Durchbiegung des Mastes infolge einer horizontal gerichteten Einheitslast in derselben Höhe ist.

Überzählige Stäbe sind S_3, S_2, W_1 und W_0, sodaß als statisch bestimmtes Fachwerk, das Hauptsystem, H und D übrigbleibt. Man geht nun so vor, daß man zunächst die äußere Kraft P an dem Hauptsystem angreifen läßt und in ihre Komponenten T_D und T_H zerlegt. Sodann führt man unter Fortlassung der Kraft P Einheitsbelastungen für die überzähligen Stäbe ein, die man nacheinander auf D und H einwirken läßt. Nennt man diese Last für S_3 u, so sind die Komponenten u_D und u_H, in entsprechender Weise für $S_2 \div v$, v_D und v_H; $W_1 \div w$, w_D und w_H; $W_0 \div g$, g_D und g_H. Die endgültige Kraft ist aber z. B. für S_3 $X \cdot u$ und für die Komponenten $X \cdot u_D$ und $X \cdot u_H$. In derselben Art sind die Kräfte für S_2, W_1 und W_0 das Y-, Z- und G-fache der Einheitsbelastungen. Als Gesamtspannungen ergeben sich demzufolge in den einzelnen Stäben des Fachwerkes:

$$\begin{aligned} D &= T_D + X \cdot u_D + Y \cdot v_D + Z \cdot w_D + G \cdot g_D \\ H &= T_H + X \cdot u_H + Y \cdot v_H + Z \cdot w_H + G \cdot g_H \\ S_3 &= X \cdot u \\ S_2 &= Y \cdot v \\ W_1 &= Z \cdot w \\ W_0 &= G \cdot g\,. \end{aligned}$$

Die zu ermittelnden Unbekannten sind X, Y, Z und G. Die Errechnung geschieht auf Grund des Maxwell-Mohrschen Verfahrens, das sich auf die Anwendung des Prinzips der virtuellen Verschiebungen stützt. Es werden hierbei die sich im Gleichgewicht haltenden Kräfte der Kräftepläne u, v, w und g mit den wirklichen Verschiebungen oder Längenänderungen der Stäbe nacheinander multipliziert und summiert, so daß sich folgende 4 Bestimmungsgleichungen herausschälen:

Für Kräfteplan u: $\sum u \cdot \Delta l_p = 0$ (1)

,, ,, v: $\sum v \cdot \Delta l_p = 0$ (2)

,, ,, w: $\sum w \cdot \Delta l_p = 0$ (3)

,, ,, g: $\sum g \cdot \Delta l_p = 0$ (4)

[1]) Föppl: Technische Mechanik II, § 52 u. 53.

Bestimmungsgleichung 1 erhält z. B. unter Einfügung der Stabkonstanten $r = \frac{l}{E \cdot F}$ folgende Form:

$$u_D \cdot r_D (T_D + X \cdot u_D + Y \cdot v_D + Z \cdot w_D + G \cdot g_D) + u_H \cdot r_H (T_H + X \cdot u_H + Y \cdot v_H + Z \cdot w_H + G \cdot g_H) + u \cdot r_3 \cdot X \cdot u = 0 \, .$$

Zu beachten ist hierbei, daß Zugkräfte mit einem (+), Druckkräfte mit einem (—) Vorzeichen in die Rechnung eingeführt werden müssen.

Für das vorliegende Beispiel ergaben sich folgende Zahlenwerte:

$$X = 15{,}92\,\mathrm{t}; \quad Y = 20{,}0\,\mathrm{t}; \quad Z = 7{,}37\,\mathrm{t}; \quad G = 1{,}01\,\mathrm{t};$$
$$D = -42{,}90\,\mathrm{t}; \quad H = +7{,}64\,\mathrm{t}.$$

Die Richtigkeit der Rechnung wird graphisch dadurch nachgewiesen, daß obengenannte Kräfte einen geschlossenen Kräftezug bilden müssen.

Die Berechnung der Stabkonstanten r für die Resultierenden aus Backstagen und Wanten geschieht nach der Formel

$$r = \frac{1}{P} \cdot \sum S \cdot \Delta l = \frac{1}{P} \sum S^2 \cdot r_s = 2 \cdot r_s \cdot S^2 \, ,$$

worin $P = 1$ t, S die Komponente und r_S die Stabkonstante in den Backstagen bzw. Wanten ist[1]).

Für die Berechnung des Mastes ist die Stabkraft H maßgebend, die, mit dem Hebelarm für den gefährlichen Querschnitt multipliziert, das in Rechnung zu setzende Biegungsmoment ergibt.

Unberücksichtigt geblieben ist bisher die Vorspannung in dem stehenden Gut. Für diese den richtigen Ansatz zu finden, ist sehr schwierig. Siemann nimmt, um überhaupt eine Rechnungsgrundlage zu schaffen, an, daß das gesamte stehende Gut mit 3 t Vorspannung belastet ist. Dadurch ergibt sich eine Entlastung der den Mast biegenden Kräfte von 70%. Andererseits wird aber die Knickkraft auf den Mast entsprechend erhöht. Siemann empfiehlt, die Entlastung rechnungsgemäß nicht zu berücksichtigen bzw. als Reserve zu betrachten, da keine Gewähr dafür vorhanden ist, daß im Schiffsbetrieb die angesetzte Vorspannung innegehalten wird. Die erhöhte Knickkraft setzt er jedoch in Rechnung.

Die Berechnung bei ausgeschwungener Stellung des Baumes ist im Prinzip dieselbe wie vorher und erfordert kaum mehr Arbeit. Der Unterschied besteht nur darin, daß jetzt das Fachwerk als räumlich zu betrachten ist und 3 Stäbe zum statisch bestimmten Hauptsystem gehören. Die Zerlegung der einzelnen Kräfte in ihre Komponenten erfolgt nach dem Culmannschen Prinzip.

Hat man das Verfahren auf eine ausgeschwungene Stellung angewendet, so ist es ohne besondere Mühe auch für andere Neigungen durchzuführen, da man viele Größen hierfür benutzen kann. Die ungünstigste Beanspruchung des Mastes kann alsdann ohne weiteres ermittelt werden. Für die Kräfte in dem stehenden Gut ergibt sich dabei eine Höchstbelastung, wenn die Ebene Baum und Mast mit der Ebene des betreffenden Stages zusammenfällt.

---

[1]) Vgl. auch v. d. Steinen: „Werft, Reederei, Hafen“ 1923.

Aufgabe.

Mastberechnung eines Segelbootes.

Für ein Segelboot von 35 m² Segelfläche, die sich auf Fock und Großsegel verteilt, ist der Mast zu berechnen. Das Großsegel besitzt Hochtakelung. Die Absteifung des Mastes in der Querrichtung wird durch Want und Pardune erreicht. Letztere ist des besseren Angriffs wegen über eine Spreize geführt (siehe Abb. 108). Als Belastung gilt der Winddruck senkrecht auf die Segelfläche in aufrechter Lage des Schiffes. Das Großsegel, dessen Fläche man wegen der Hochtakelung als rechtwinkliges Dreieck ansehen kann, erfährt eine Stützung in Richtung zweier Seiten des Dreiecks, des Mastes und des Baumes. Betrachtet man die Auflagerverhältnisse einer rechteckigen Platte, die frei aufliegend gleichmäßig belastet wird, so werden sich entsprechend Abb. 109 die Auflagerreaktionen über die Seiten hin parabelförmig verteilen. Sind die Längen des Rechtecks a und b, so verhält sich annähernd

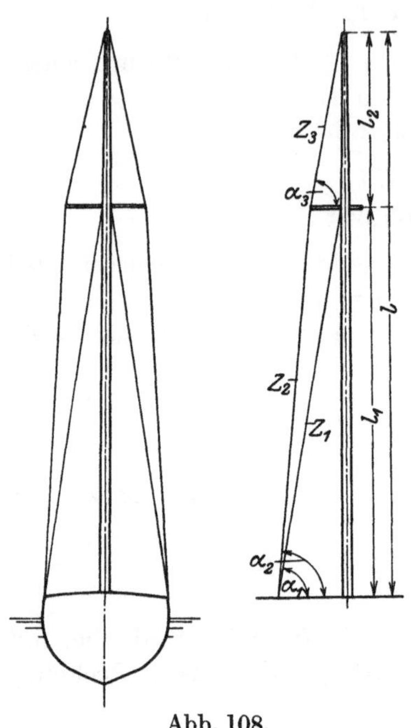

Abb. 108.

$$\frac{A}{B} = \frac{a}{b}.$$

Das Großsegel mit seinen Stützseiten Mast und Baum kann man als dreieckige, rechtwinklige Platte auffassen, die gleichmäßig belastet auf den Katheten frei aufliegt. Für die Ermittlung der Stützkräfte wird in Anlehnung an die rechteckige Platte die Annahme gemacht, daß dieselben sich wie ihre Seiten verhalten

$$\frac{A}{B} = \frac{a}{b}$$

und daß ihre Verteilung längs der Katheten festgelegt ist durch die Gleichgewichtsbedingung: Moment der Auflagerresultierenden der einen Seite gleich dem Moment der belastenden Kraft, bezogen auf die andere Seite[1]). Hieraus ergibt sich der Abstand der Resultierenden zu

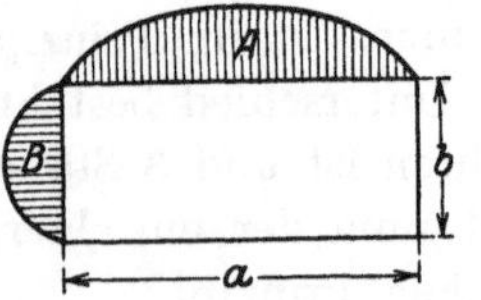

Abb. 109.

$$x_0 \text{ bzw. } y_0 = \frac{a+b}{3}.$$

Für die zugrunde gelegten Maße des Großsegels ergibt sich die Resultierende der Mastseite annähernd in halber Höhe des Segels. Als Verteilungsform dieser Reaktionskräfte ist die Parabel angenommen, deren Gesetzmäßigkeit durch die Gleichung ausgedrückt wird:

$$y = \frac{4a}{l^2}(x \cdot l - x^2).$$

[1]) Für genauere Berechnung der Stützkräfte gibt die Arbeit von Nádai (vgl. S. 36) Anhaltspunkte.

Die Fläche ist $^2/_3 a l$ = Auflagerkraft = P_1. Das Moment der Kraft p, bezogen auf x, ist

$$m = \frac{P_1}{2 l^3}(2 l x^3 - x^4).$$

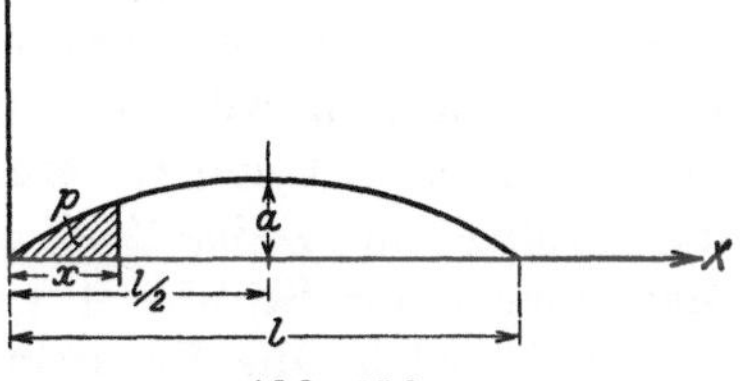

Abb. 110.

Die allgemeine Durchbiegungsgleichung eines Kragträgers für diese Belastung lautet:

$$E J y = \frac{P l x^2}{4} - \frac{P x^3}{6} + \frac{P}{2 l^3}\left(\frac{l x^5}{10} - \frac{x^6}{30}\right)$$

und für $x = l$:

$$E J y = \frac{7}{60} P l^3.$$

Die Baumbelastungen, vermindert um die Schotkräfte, wirken in geringer Entfernung vom Einspannquerschnitt auf den Mast biegend. Da ihr Einfluß auf den Mast infolge ihres geringen Hebelarms und ihres noch stark durch die Schoten reduzierten Wertes minimal ist, kann er vernachlässigt werden.

An der Spreize greift das Stag an, das von dem Vorsegel die Einzelkraft P_2 überträgt.

Zur Entlastung des Mastes dienen Wanten und Pardune. Die stützende Kraft der Wanten mit der Zugspannung Z_1 ist die Komponente $K_1 = Z_1 \cdot \cos\alpha_1$. Die Komponenten der Pardune mit den Zugspannungen Z_2 und Z_3 sind teils stützender, teils belastender Art. Die stützende Kraft ist $K_3 = Z_3 \cdot \cos\alpha_3$, die am äußersten Punkt des Mastes angreift. Belastend wirkt $K_2 = Z_3\left(\cos\alpha_3 - \frac{\sin\alpha_3}{\sin\alpha_2}\cos\alpha_2\right)$ als Spreizdruck auf den Mast. Das Belastungsschema hat demnach unter Berücksichtigung der gemachten Ausführungen nebenstehende Gestalt (Abb. 111).

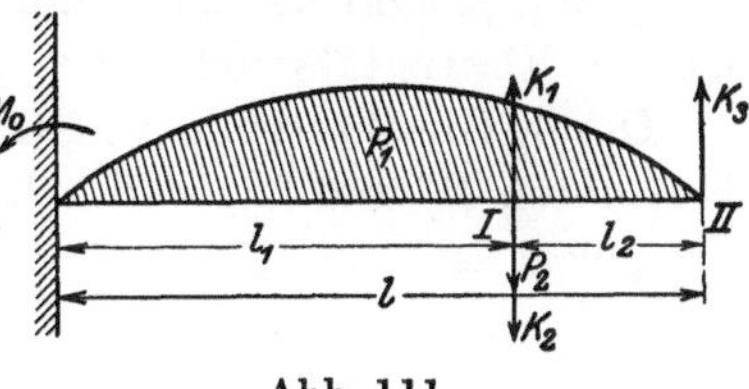

Abb. 111.

Unter Annahme eines mittleren konstanten Trägheitsmomentes J werden die Durchbiegungen

im Punkte I:

$$\left.\begin{aligned} y_{\mathrm{I}} = \frac{1}{E_1 J}\Bigg[&\frac{P_1 \cdot l l_1^2}{4} - \frac{P_1 l_1^3}{6} + \frac{P_1}{2 l^3}\left(\frac{l l_1^5}{10} - \frac{l_1^6}{30}\right) + \frac{P_2 l_1^3}{3} + K_2 \frac{l_1^3}{3} - K_1 \frac{l_1^3}{3} \\ &- K_3 \frac{l l_1^2}{2} + K_3 \frac{l_1^3}{6}\Bigg]; \end{aligned}\right\} (1)$$

im Punkte II:

$$y_{\mathrm{II}} = \frac{1}{E_1 J}\left[\frac{7}{60} P_1 l^3 + P_2 \frac{l_1^2}{6}(3 l - l_1) + K_2 \frac{l_1^2}{6}(3 l - l_1) - K_1 \frac{l_1^2}{6}(3 l - l_1) - K_3 \frac{l^3}{3}\right]. \quad (2)$$

E_1 ist der Elastizitätsmodul des Mastes.

Durch die Nachgiebigkeit des Stahldrahtes ist die Stützung in I und II nur eine elastische. Die Stützkräfte K_1 und K_3 rufen in den Wanten und der Pardune Zugspannungen hervor, die eine Verlängerung der Drähte bewirken, also die Durchbiegung in I und II vergrößern. Diejenige Durchbiegung nun, bei welcher die Verlängerung λ eine Zugkraft hervorruft, deren Komponente senkrecht zum Mast gleich der Stützkraft ist, ruft den Gleichgewichtszustand hervor. Auf Grund dessen ist die Ermittlung der Zugspannungen in den Drähten und der Biegungsspannungen im Mast möglich.

$$y_{\mathrm{I}} = \frac{\lambda_1}{\cos\alpha_1}$$

$$\lambda_1 = \frac{Z_1 \cdot l_1}{f_1 \cdot E_2 \cdot \sin\alpha_1}$$

$$y_{\mathrm{I}} = \frac{Z_1 \cdot l_1}{f_1 \cdot E_2 \cdot \sin\alpha_1 \cos\alpha_1} \tag{3}$$

$$y_{\mathrm{II}} = \frac{\lambda_1}{\cos\alpha_1} + \frac{\lambda_2}{\cos\alpha_3}$$

$$\lambda_2 = \frac{Z_2 \cdot l_1}{f_2 \cdot E_2 \cdot \sin\alpha_2} + \frac{Z_3 \cdot l_2}{f_2 \cdot E_2 \cdot \sin\alpha_3}$$

$$y_{\mathrm{II}} = \frac{Z_1 \cdot l_1}{f_1 \cdot E_2 \sin\alpha_1 \cdot \cos\alpha_1} + \frac{Z_3 \cdot \sin\alpha_3 \cdot l_1}{\sin^2\alpha_2 \cdot f_2 \cdot E_2 \cdot \cos\alpha_3} + \frac{Z_3 \cdot l_2}{f_2 \cdot E_2 \sin\alpha_3 \cos\alpha_3} \tag{4}$$

f_1 und f_2 sind die Querschnittsflächen der Wanten und der Pardune, und E_2 ist der Elastizitätsmodul des Stahldrahts.

Durch Gleichsetzung von (1) und (3) sowie (2) und (4) ergeben sich die Unbekannten Z_1 und Z_3, wodurch die statische Unbestimmtheit dieser Belastungsart gelöst ist.

Für den vorliegenden Fall ergeben sich folgende Zahlenwerte:

Großsegel $= 27{,}7\ \mathrm{m}^2$, Vorsegel $= 7{,}3\ \mathrm{m}^2$

$l_1 = 702\ \mathrm{cm}$, $l_2 = 273\ \mathrm{cm}$, $l = 975\ \mathrm{cm}$

$\alpha_1 = 81^\circ\, 31{,}4'$; $\sin\alpha_1 = 0{,}9891$; $\cos\alpha_1 = 0{,}1474$

$\alpha_2 = 86^\circ\, 44{,}6'$; $\sin\alpha_2 = 0{,}9984$; $\cos\alpha_2 = 0{,}0568$

$\alpha_3 = 76^\circ\, 36{,}5'$; $\sin\alpha_3 = 0{,}9728$; $\cos\alpha_3 = 0{,}2316$

$$J_{\mathrm{mittel}} = \frac{11^4 \pi}{64} = 718\ \mathrm{cm}^4$$

$E_1 = 100\,000\ \mathrm{kg/cm^2}$ (Mast aus Kiefer)

$E_2 = 1\,500\,000$ „

Winddruck $= p\ \mathrm{kg/m^2}$

$$P_1 = 27{,}7\, p \frac{l}{l+b} = 17{,}5\, p$$

$$P_2 = 0{,}4 \cdot \text{Stagbelastung} = 0{,}4 \cdot {}^2/_3 \cdot 7{,}3\, p = 1{,}95\, p\,.$$

Setzt man diese Werte ein, so gelangt man zu den Gleichungen:

$$y_{\mathrm{I}} = 20\,p - 0{,}2365\,Z_1 - 0{,}3042\,Z_3$$

$$y_{\mathrm{II}} = 31{,}35\,p - 0{,}3750\,Z_1 - 0{,}5470\,Z_3$$

$$y_{\mathrm{I}} = \frac{Z_1}{f_1}\cdot 0{,}003\,215$$

$$y_{\mathrm{II}} = \frac{Z_1}{f_1}\cdot 0{,}003\,215 + \frac{Z_3}{f_2}\cdot 0{,}002\,779\,.$$

Nimmt man des weiteren an:

$$p = 10\,\mathrm{kg/m^2},\quad \frac{Z_1}{f_1} = \sigma = 2000\,\mathrm{kg/cm^2},\ \text{so wird:}$$

$$Z_1 = \frac{2{,}275 + 52{,}27\,f_2}{0{,}002\,779 + 0{,}0645\,f_2}\,;\quad Z_3 = \frac{0{,}37\,f_2}{0{,}002\,779 + 0{,}0645\,f_2}$$

$$\sigma_{z_3} = \frac{0{,}37}{0{,}002\,779 + 0{,}0645\,f_2}\,.$$

Aus der Gleichung für Z_3 geht hervor, daß die Querschnittsfläche f_2 der Pardune nicht voll ausgenutzt werden kann, da schon bei $\sigma = 133$ kg/cm² $f_2 = 0$ wird. Die Begründung für dieses eigenartige Verhalten der Pardune liegt darin, daß die Wanten fast ausschließlich die Stützwirkung ausüben und schon kleine Kräfte im Punkte II genügen, die noch vorhandene Durchbiegung dort rückgängig zu machen. Vernachlässigt man die Pardune, so wird

$$Z_1 = 818\,\mathrm{kg}\,.$$

In der endgültigen Ausführung ist:

$f_1 = 0{,}478\,\mathrm{cm^2}$ $2\times 8\,\varnothing$ Stahldraht, 72drähtig, Drahtstärke 0,65 mm

$f_2 = 0{,}1415\,\mathrm{cm^2}$ $1\times 6\,\varnothing$ Stahldraht, 72drähtig, Drahtstärke 0,65 mm.

Eingesetzt ergibt sich:

$$\underline{\underline{Z_1 = 822\,\mathrm{kg}}}\,,\qquad \underline{\underline{Z_3 = 0\,\mathrm{kg}}}\,.$$

$$\text{Wantbeanspruchung } \sigma = \frac{822}{0{,}478} = 1720\,\mathrm{kg/cm^2}\,.$$

Die Pardune hätte demnach ruhig fortgelassen werden können!

Das größte Biegungsmoment tritt an Einspannstelle Deck auf:

$$M_{\max} = \frac{P_1\cdot l}{2} + P_2\cdot l_1 - Z_1\cdot\cos\alpha_1\cdot l_1$$

$$\underline{\underline{M_{\max} = 13\,900\,\mathrm{cmkg}\,.}}$$

Der Mastdurchmesser ist mit 13,5 cm ausgeführt:

$$\underline{k_b} = \frac{13\,900}{\frac{\pi}{32}\cdot 13{,}5^3} = \underline{57{,}7\,\mathrm{kg/cm^2}\,.}$$

Die auf den Mast wirkende Druckkraft ist:

$$Z_1 \cdot \sin\alpha_1 = 822 \cdot 0{,}9891 \qquad = 813\,\mathrm{kg}$$

$$\text{Mastgewicht} = 97{,}5 \cdot \frac{1{,}1^2\,\pi}{4} \cdot 0{,}6 = \ 56 \ \text{,,}$$

$$\text{Segel, Baum und Takelage} = \underline{\ 30 \ \text{,,}\ }$$

$$\text{Druckkraft} = 899\,\mathrm{kg} \sim 900\,\mathrm{kg}\,.$$

$$k_d = \frac{900}{\frac{13{,}5^2\,\pi}{4}} = 6{,}3\,\mathrm{kg/cm^2}.$$

Gesamtbeanspruchung = 64 kg/cm² (Material: Kiefer).

Wird für die Knickung der 1. Knickungsfall angenommen, so wird die Sicherheit:

$$\mathfrak{S} = \frac{\pi^2}{4}\,\frac{E_1 J}{l^2 P} = \frac{\pi^2}{4} \cdot \frac{100\,000 \cdot 13{,}5^4\,\pi}{702^2 \cdot 900 \cdot 64}$$

$$\mathfrak{S} = 0{,}905\,.$$

Die Annahme ist zu ungünstig, da einmal das Ausknicken des freien Endes durch die gezogenen Wanten auf ein bestimmtes Maß beschränkt wird und außerdem die Pardune mit abstützend wirkt. Rechnet man drehbare Lagerung, so wird

$$\mathfrak{S} = 3{,}62\,.$$

Der tatsächliche Wert liegt zwischen diesen Grenzwerten.

5. Deckbalken.

Die Deckbalken sind ein Teil des Querverbandes, haben aber nicht nur die Kräfte aufzunehmen, welche die normale Belastung des Querverbandes bilden, sondern außerdem Deckslast und örtliche Einzelkräfte, wie Stöße beim Laden nnd Löschen, Einzelgewichte, Mastdrücke, Vibrationen von Ladewinden, Seeschlag usw.

Eine Festigkeitsrechnung für die Deckbalken muß sich streng genommen unter Zugrundelegung dieser Kräfte über den ganzen Rahmenverband erstrecken, von dem der Deckbalken ein Teil ist. Die Grundlagen für eine solche statische Rechnung sind in Abschnitt 4 entwickelt.

Am Konstruktionstisch erfolgt die Dimensionierung des Deckbalkenprofils bei normaler Konstruktion nach den Tabellen der Klassifikationsgesellschaften. Diese Tabellen setzen voraus, daß die Abstände der Stützen von einander und von der Außenhaut gleich sind und daß normale Spantentfernung und normale Deckshöhe vorliegt.

Wird aus konstruktiven Gründen von dieser Normalkonstruktion abgewichen, so muß das erforderliche gleichwertige Deckbalkenprofil durch Rechnung ermittelt werden. Für eine Vergleichsrechnung (gleiche zulässige Beanspruchungen) ergibt sich folgender Rechnungsgang: Man betrachtet den Deckbalken für sich als Träger auf mehreren Stützen, berechnet mit Hilfe der tabellarischen Profile die zugelassene Biegungsspannung bei normaler Konstruktion und ermittelt dann mit Hilfe dieser Beanspruchung für den vorliegenden Sonderfall das entsprechend abgeänderte Profil. Das hierfür erforderliche Formelmaterial ist in nachstehender Tabelle 27 zusammengestellt, und zwar für freie Auflage, vollkommene und teilweise Einspannung. Den tatsächlichen Verhältnissen am nächsten kommt der Fall der teilweisen Einspannung.

Beispiel. Für den Balken des Hauptdecks eines Eindeckers von 12 m Breite, 2 Stützenreihen und Balken an jedem Spant, schreibt der G. L. das Profil ⌈ 160 × 70 × 9,5 vor. Welches Profil muß genommen werden, wenn die Stützenreihen von einander einen Abstand von 4,5 m haben?

Für halbe Einspannung an Seite Deck wird das maximale Biegungsmoment im Deckbalken bei normaler Konstruktion mit gleichen Sützenentfernungen entsprechend Tabelle 27

$$M_{\max} = -\frac{11\,p\,l^2}{1080}.$$

Für das Bulbprofil wird $W = 93$ cm³, also folgt als Biegungsbeanspruchung

$$k_b = -\frac{11\,p\,l^2}{1080 \cdot 93} = -\frac{p\,l^2}{9130}.$$

Für den neuen Stützenabstand ergibt sich nach Tabelle

$$\alpha = \frac{3\,\varepsilon^4 + 44\,\varepsilon^3 - 75\,\varepsilon^2 + 37\,\varepsilon - 5}{96\,\varepsilon^3 - 136\,\varepsilon^2 + 48\,\varepsilon}$$

und da

$$\varepsilon = \frac{l_1}{l} = 0{,}3125,$$

folgt

$$\alpha = \frac{0{,}6}{4{,}64} = 0{,}129.$$

Damit wird

$$\beta = \frac{1 - 2\alpha}{2} = 0{,}371.$$

Das Einspannmoment wird

$$M_0' = \frac{3\,\varepsilon^3 - 9\,\varepsilon^2 + 6\,\varepsilon - 1}{72\,\varepsilon - 48} \cdot p\,l^2 = -\frac{p\,l^2}{3000}.$$

Für $x = l_1 = \varepsilon \cdot l = 0{,}3125\,l$ wird

$$M_{l_1} = -0{,}0119\,p\,l^2 \quad \text{und für} \quad x = \frac{l}{2} \quad M_{\frac{l}{2}} = 0{,}0057\,p\,l^2.$$

Das größte Moment tritt also an der Stelle $x = l_1'$ auf.

$$M_{\max} = -0{,}0119\,p\,l^2.$$

Bei gleichen Beanspruchungen in den Balken folgt für das gesuchte Widerstandsmoment:

$$W = \frac{M_{\max}}{k_b} = 108{,}7 \text{ cm}^3.$$

Diesem Wert entspricht das Profil ⌈ 170 × 75 × 10 mit $W = 108{,}8$ cm³.

Ein für den Verband des Schiffes besonders wichtiger Deckbalken ist der Lukenendbalken; denn er erhält außer der normalen Belastung, die auf alle Spanten kommt, von den Längssüllen der Luken Auflagekräfte, die bei längeren Luken so groß werden können, daß die übrige Belastung ihnen gegenüber zurücktritt.

Wird der Lukenendbalken an den Ecken der Luke durch Unterzüge bzw. Stützen abgefangen, so braucht kein besonderes Profil errechnet zu werden, denn

Tabelle 27. **Belastungsfälle für Deckbalken mit gleichmäßiger Belastung $Q = p\,l$.**

(Für halbe Einspannung ist das halbe Moment der vollkommenen Einspannung genommen.)

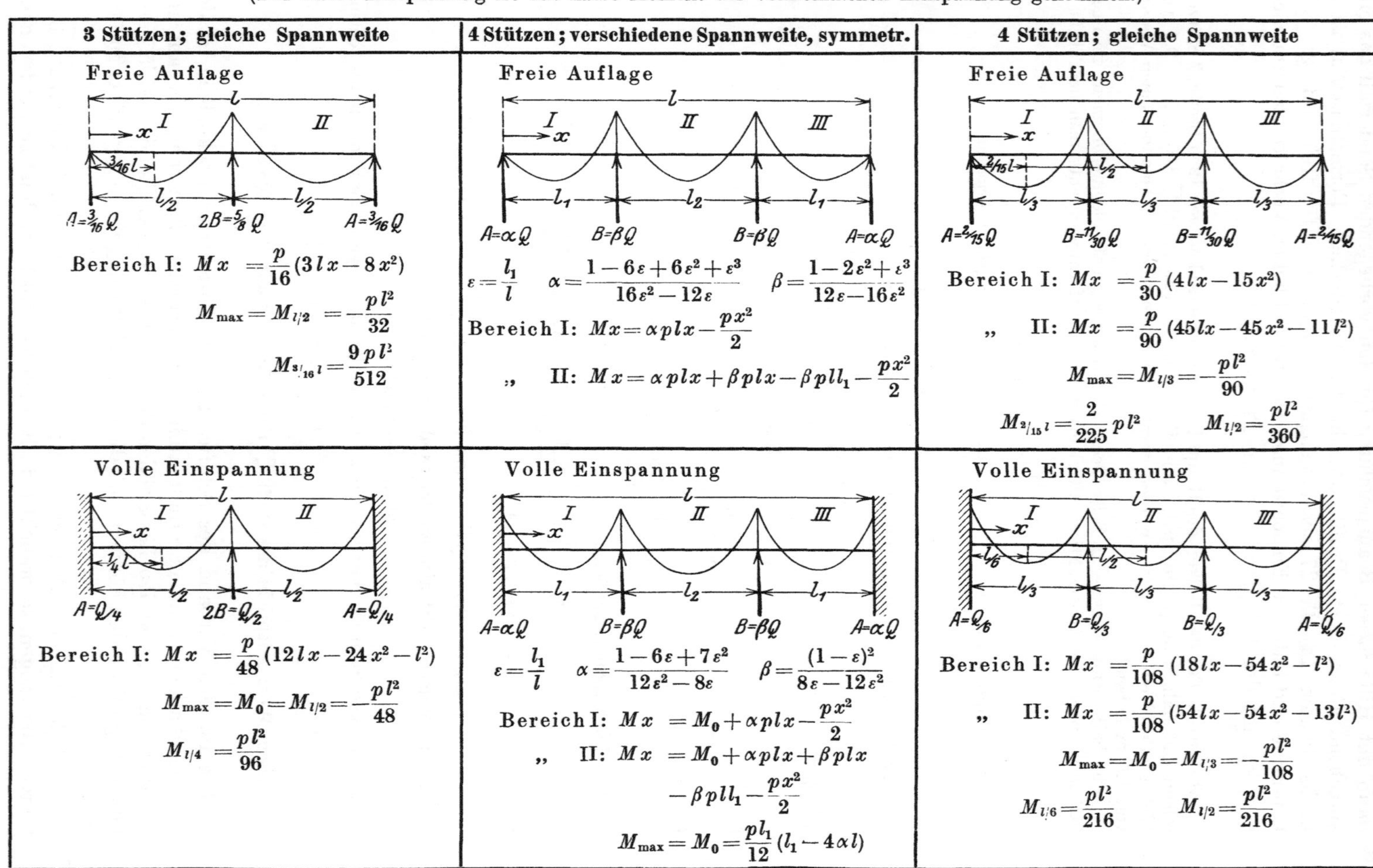

3 Stützen; gleiche Spannweite	4 Stützen; verschiedene Spannweite, symmetr.	4 Stützen; gleiche Spannweite
Freie Auflage $A = \frac{3}{16}Q$, $2B = \frac{5}{8}Q$, $A = \frac{3}{16}Q$ Bereich I: $Mx = \frac{p}{16}(3\,l\,x - 8\,x^2)$ $M_{max} = M_{l/2} = -\frac{p\,l^2}{32}$ $M_{3/16\,l} = \frac{9\,p\,l^2}{512}$	Freie Auflage $A = \alpha Q$, $B = \beta Q$, $B = \beta Q$, $A = \alpha Q$ $\varepsilon = \frac{l_1}{l}$ $\alpha = \frac{1 - 6\varepsilon + 6\varepsilon^2 + \varepsilon^3}{16\varepsilon^2 - 12\varepsilon}$ $\beta = \frac{1 - 2\varepsilon^2 + \varepsilon^3}{12\varepsilon - 16\varepsilon^2}$ Bereich I: $Mx = \alpha p l x - \frac{p x^2}{2}$ „ II: $Mx = \alpha p l x + \beta p l x - \beta p l l_1 - \frac{p x^2}{2}$	Freie Auflage $A = \frac{2}{15}Q$, $B = \frac{11}{30}Q$, $B = \frac{11}{30}Q$, $A = \frac{2}{15}Q$ Bereich I: $Mx = \frac{p}{30}(4\,l\,x - 15\,x^2)$ „ II: $Mx = \frac{p}{90}(45\,l\,x - 45\,x^2 - 11\,l^2)$ $M_{max} = M_{l/3} = -\frac{p\,l^2}{90}$ $M_{2/15\,l} = \frac{2}{225}\,p\,l^2$ $M_{l/2} = \frac{p\,l^2}{360}$
Volle Einspannung $A = Q/4$, $2B = Q/2$, $A = Q/4$ Bereich I: $Mx = \frac{p}{48}(12\,l\,x - 24\,x^2 - l^2)$ $M_{max} = M_0 = M_{l/2} = -\frac{p\,l^2}{48}$ $M_{l/4} = \frac{p\,l^2}{96}$	Volle Einspannung $A = \alpha Q$, $B = \beta Q$, $B = \beta Q$, $A = \alpha Q$ $\varepsilon = \frac{l_1}{l}$ $\alpha = \frac{1 - 6\varepsilon + 7\varepsilon^2}{12\varepsilon^2 - 8\varepsilon}$ $\beta = \frac{(1-\varepsilon)^2}{8\varepsilon - 12\varepsilon^2}$ Bereich I: $Mx = M_0 + \alpha p l x - \frac{p x^2}{2}$ „ II: $Mx = M_0 + \alpha p l x + \beta p l x - \beta p l l_1 - \frac{p x^2}{2}$ $M_{max} = M_0 = \frac{p l_1}{12}(l_1 - 4\alpha l)$	Volle Einspannung $A = Q/6$, $B = Q/3$, $B = Q/3$, $A = Q/6$ Bereich I: $Mx = \frac{p}{108}(18\,l\,x - 54\,x^2 - l^2)$ „ II: $Mx = \frac{p}{108}(54\,l\,x - 54\,x^2 - 13\,l^2)$ $M_{max} = M_0 = M_{l/3} = -\frac{p\,l^2}{108}$ $M_{l/6} = \frac{p\,l^2}{216}$ $M_{l/2} = \frac{p\,l^2}{216}$

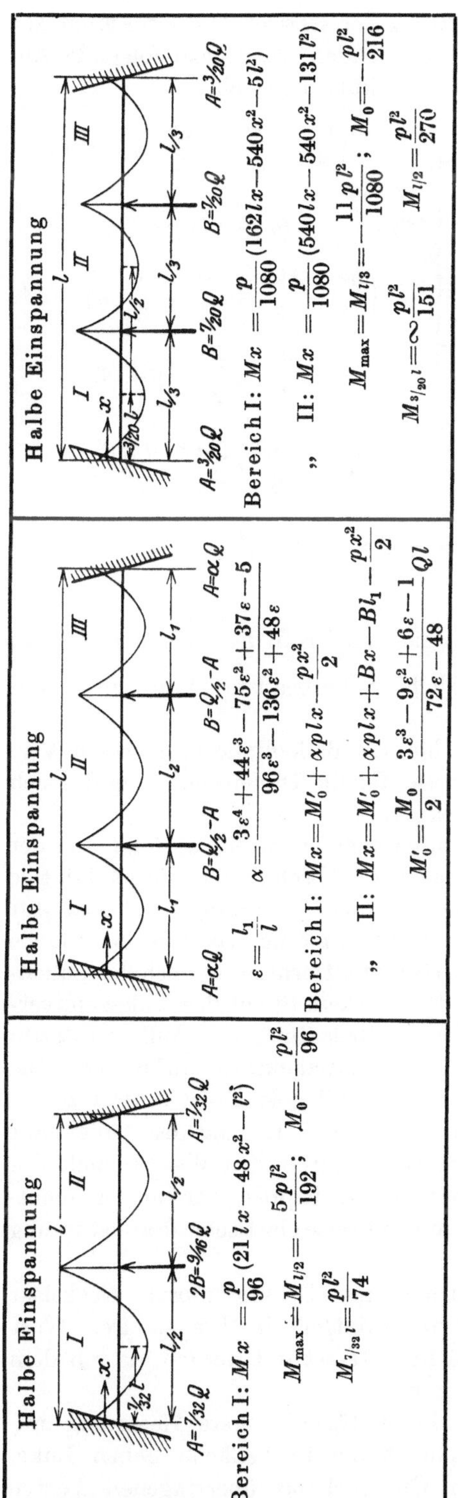

die Auflagekräfte aus der Belastung des Längssülls werden unmittelbar von der Stützung — die allerdings auch eine elastische sein kann — aufgenommen.

Ist dagegen eine Stützenreihe bzw. ein Längsschott (Schlagschott) mittschiffs vorhanden, so ist die Ausbildung des Balkens auf der Grundlage einer Festigkeitsrechnung durchzuführen. Dabei ist zu beachten, daß bei entsprechend konstruktiver Durchbildung das Quersüll mit seinem vollen Trägheitsmoment eingesetzt werden kann (Knickfestigkeit, Nietung). Der gefährliche Querschnitt des Balkens (nicht das maximale Biegungsmoment) liegt dann in der Lukenecke beim Übergang des Sülls in den eigentlichen — verstärkten — Deckbalken. Infolge des dort wirkenden konzentrierten Auflagedruckes der Längssülle ist auch die Scherkraft nicht zu vernachlässigen.

Streng genommen muß auch diese Rechnung für den ganzen Querverband, also auch für das zugehörige Spant, durchgeführt werden, und zwar unter Berücksichtigung der verschiedenen Trägheitsmomente der einzelnen Verbandteile.

Um für diese Rechnung über den ganzen Rahmen bezüglich des Lukenendbalkens eine konstruktive Grundlage zu erhalten, kann man in erster Annäherung, wie vorher den Deckbalken, auch den Lukenendbalken für sich als an den Schiffsseiten eingespannt bzw. halb eingespannt betrachten. Es ergibt sich alsdann bei vollkommener Einspannung das Belastungsschema der Abb. 112. Bei mittelgroßen Schiffen kann hierbei gesetzt werden

$$\eta = \frac{J_1}{J_2} = 100-120.$$

Führt man für die sich bei der Entwicklung der statisch Unbestimmten mit Hilfe der Gleichung der elastischen Linie ergebenden Ausdrücke folgende Abkürzungen ein:

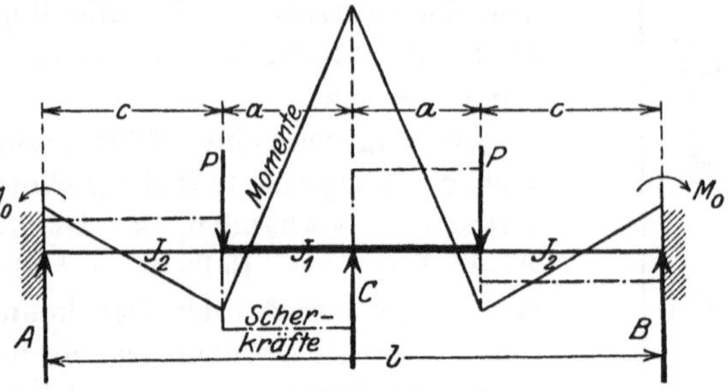

$$\left(\frac{b^2}{8} - \frac{c^2}{2} + \frac{c^2}{2} \cdot \eta\right) = \alpha\,,$$

$$(a + c \cdot \eta) = \beta\,,$$

$$\left(\frac{b^3}{24} - \frac{b^2 c}{8} + \frac{c^3}{6} - \frac{c^3}{6} \cdot \eta\right) = \alpha'\,,$$

$$\left(\frac{a^2}{2} - \frac{c^2}{2} \cdot \eta\right) = \beta'\,,$$

Abb. 112.

so folgt

$$M_0 = -\frac{P a^2}{6} \cdot \frac{2 a \alpha - 3 \alpha'}{\alpha' \beta - \alpha \beta'} \quad \text{und} \quad A = \frac{P a^2}{6} \cdot \frac{2 a \beta - 3 \beta'}{\alpha' \beta - \alpha \cdot \beta'}.$$

Damit wird

$$M_p = M_0 + A \cdot c = \frac{P a^2}{6} \cdot \frac{-2 a \alpha + 3 \alpha' + 2 a c \beta - 3 c \beta'}{\alpha' \beta - \alpha \beta'}.$$

Aus $W = \frac{M_c}{k_b}$ ergibt sich alsdann das angenäherte Profil des Lukenendbalkens. Für k_b ist mit Rücksicht auf die zusätzliche Scherbeanspruchung zu setzen etwa 600—800 kg/cm².

Das seitliche Einspannmoment M_0 ist für das Balkenknie und dessen Vernietung maßgebend sowie in erster Annäherung für die Dimensionierung des sich an den Lukenendbalken anschließenden Spants.

Hat man somit das Profil des Lukenendbalkens ermittelt, so folgt aus der genaueren Querfestigkeitsrechnung entsprechend Abschnitt 4 die endgültige Beanspruchung. In diese Rechnung setzt man für den Wasserdruck zweckmäßig das 1,5- bis 2fache des Druckes pro Spantentfernung je nach der Lukenlänge ein, da das stärkere Spant des Lukenendverbandes aus der Feldbelastung der Außenhautseite des Lukenbereiches Auflagekräfte aufnimmt. Die genaue Größe dieser Auflagekraft ist schwer zu ermitteln, da die statische Belastung der Außenhaut im Bereich der Luke durch den Wasserdruck der Belastung einer durch Rippen versteiften rechteckigen Platte mit teilweise elastischer Randstützung entspricht.

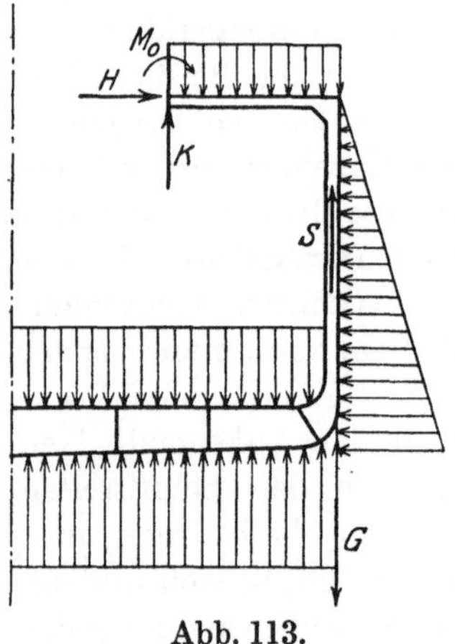

Abb. 113.

Als Belastung des Deckes durch Deckslast kommt im Mittel 1,5 t/m² in Frage. Der Wert hierfür darf nicht unterschätzt werden, da mit dem Seegang die Belastung stoßweise wirken kann.

Als Belastungsfläche des Längssülls kann für die erste Rechnung angenommen werden: halbe Lukenfläche plus halbe Decksfläche neben Luke. Die tatsächlich auf das Längssüll vom Querverband übertragenen Lasten ergeben sich wieder nur aus einer Berechnung des ganzen Rahmenverbandes (vgl. Abb. 113). K und H sind die Stützkräfte sowie M_0 das Moment, die vom Längssüll aufgenommen werden. Streng genommen ist die Stützung durch K eine elastische mit der größten Nachgiebigkeit in Mitte Luke. Ein erstes Maß für diese Nachgiebigkeit kann aus der Durchbiegung des Längssülls bei freier Endlagerung unter dem Einfluß der Deckslast (halbe Luke und halbes Deck) abgeleitet werden.

6. Unterzüge.

Betrachtet seien nur durchlaufende Unterzüge der Decks in Verbindung mit Stützen.

Die Beanspruchung dieser Unterzüge setzt sich zusammen:

1. aus der Beanspruchung des Längsverbandes,
2. aus der Beanspruchung des Querverbandes und
3. aus der Beanspruchung durch örtliche Belastung.

Zu 1. Der Unterzug wird ein tragender Teil der oberen Gurtung des Längsverbandes nur dann, wenn er sich in hinreichender Länge über das Mittelschiff erstreckt. Am wirksamsten ist er dann für das obere Gurtungsdeck. Die beste konstruktive Lösung wird erreicht, wenn die Unterzüge, mit den Süllen der Decksöffnungen fluchtend, geradlinig über die ganze Schiffslänge ausgebildet werden und dabei die Sülle mit ihren großen Widerstandsmomenten ausgenutzt werden.

Die Verstärkung der oberen Gurtung des Längsverbandes durch solche durchlaufenden Unterzüge hat außerdem den Vorteil, daß die neutrale Achse des ganzen Längsverbandes gehoben und damit das Material des Längsverbandes besser ausgenutzt wird.

Dieser konstruktiven Ausnutzungsmöglichkeit der Unterzüge und Längssülle muß schon beim ersten Entwurf des Schiffes Beachtung geschenkt werden. Es wird oft der Fehler gemacht, die Einrichtungen des Schiffes festzulegen, ohne sich um die Lage der Verbände zu kümmern. Diese müssen sich alsdann oft den Einrichtungen anpassen. Das Umgekehrte ist das konstruktiv Richtige. Die erste Zeichnung nach dem Linienriß und dem Hauptspant muß eine, wenn auch nur schematische, Zeichnung sein, welche den Verlauf und die Ausbildungsmöglichkeiten der Längs- und Querverbände ausschließlich nach konstruktiven Gesichtspunkten klar zum Ausdruck bringt.

Zu 2. Die Belastung aus dem Querverband ist im Gegensatz zu der aus dem Längsverband eine indirekte. Der Unterzug ist kein unmittelbarer Teil des Querverbandes. Jedoch bestehen zwischen Unterzug und Deckbalken bzw. Deck Reaktionen, welche den Unterzug belasten und entlasten können. Ihre Berechnung ergibt sich aus den Ausführungen des Abschnittes 4.

Zu 3. Als örtliche Belastung kommt in erster Linie Deckslast in Betracht. Die mit dieser gegebene spezifische Belastung der Decksfläche ist für Zwischendecks ohne weiteres durch die Höhe des Decks gegeben. Für ein spez. Gewicht von beispielsweise $\gamma = 0{,}6\ \mathrm{t/m^3}$ wird bei einer Deckshöhe von 2,5 m der spezifische Druck $1{,}5\ \mathrm{t/m^2}$. Für das freiliegende Gurtungsdeck kommt zu einer derartigen statischen Belastung noch die stoßweise Belastung durch übergehende Seen.

Bei Holzladung auf dem frei liegenden Hauptdeck ist als statische Belastung zu setzen etwa $\gamma = 1{,}0$, denn bei völliger Sättigung des Holzes mit Wasser steigt das spez. Gewicht bis auf etwa $\gamma = 1{,}1\ \mathrm{t/m^3}$.

Das Eigengewicht kann meist durch überschlägige Abrundung der Belastung berücksichtigt werden.

Die Belastung eines freiliegenden Decks ist daher mit mindestens 2,0 Tonnen pro m² Deckfläche in Rechnung zu setzen.

Schwierig ist eine Aussage darüber, wie sich diese Belastung auf die einzelnen Verbände verteilt, also auf Schotten, Deckbalken, Spanten und Unterzüge. Dies gilt vor allem hinsichtlich der Längssülle der Luken. Man rechnet zweifellos zu ungünstig, wenn angenommen wird, daß diese Längssülle die halbe Last der Luke plus der Last der halben Decksfläche neben der Luke aufnehmen.

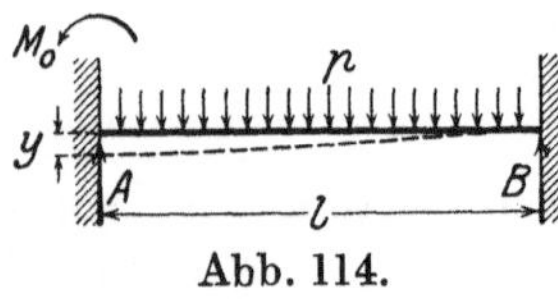

Abb. 114.

Einen Anhalt für die Lastverteilung in diesem Fall gibt folgende Rechnung. Die Deckbalken neben der Luke können als beiderseitig eingespannt, am Spant fest und am Längssüll mit diesem in vertikaler Richtung nachgiebig gelagert betrachtet werden. Abb. 114 zeigt das entsprechende Belastungsschema eines solchen kurzen Balkens. Nach der Gleichung der elastischen Linie folgt für die Einsenkung bei A:

$$y = \frac{1}{E \cdot J}\left\{\frac{M_0 l^2}{2} + \frac{A l^3}{6} - \frac{p l^4}{24}\right\}.$$

Die Bedingung der beiderseitigen vollkommenen Einspannung liefert die Gleichung

$$0 = M_0 + \frac{A l}{2} - \frac{p l^2}{6} \quad \left(\frac{dy}{dx} = 0 \text{ für } x = l\right).$$

Auf das Schiff übertragen, wirkt A belastend auf das Längssüll der Luke. Wird in erster Annäherung angenommen, daß alle Balken neben der Luke den Auflagedruck A annähernd gleichmäßig auf das Süll übertragen[1]), so wird die Belastung des Sülls $P + n \cdot A$, wenn P die Belastung von den Lukendeckeln mit der Deckslast und n die Anzahl Balken im Bereich des Sülls ist.

Das Längssüll ist in den Lukenecken als frei gelagert zu betrachten. In der Mitte wird die Durchbiegung des Längssülls, wenn die Last als gleichmäßig verteilt angenommen wird,

$$f = \frac{5(P + n \cdot A) l_s^3}{384 E \cdot J_s},$$

wenn l_s die freitragende Länge und J_s das Trägheitsmoment des Sülls ist.

Für den Deckbalken an gleicher Stelle folgt

$$f = \frac{1}{E J_b}\left\{\frac{M_0 l_b^2}{2} + \frac{A l_b^3}{6} - \frac{p l_b^4}{24}\right\},$$

wenn l_b die freitragende Länge und J_b das Trägheitsmoment des Deckbalkens ist.

[1]) Für die Balken unmittelbar neben der Lukenecke trifft diese Annahme nicht mehr zu. Man rechnet deshalb hinsichtlich dieser Belastung am einfachsten die Lukenlänge etwas geringer (vgl. das Beispiel nächste Seite).

Da an der Kreuzungsstelle beide Durchbiegungen gleich sein müssen, können aus den Gleichungen

$$M_0 + \frac{A l_b}{2} - \frac{p l_b^2}{6} = 0$$

und

$$\frac{(P + n \cdot A) \cdot 5 l_s^3}{384 J_s} = \frac{1}{J_b}\left\{\frac{M_0 l_b^2}{2} + \frac{A l_b^3}{6} - \frac{p l_b^4}{24}\right\}$$

die Unbekannten A und M_0 bestimmt werden. Für A folgt

$$A = \frac{3{,}2\, p \frac{l_b^3}{l_s^3} - \frac{J_b}{J_s} \cdot P}{6{,}4 \frac{l_b^3}{l_s^3} + n \frac{J_b}{J_s}}.$$

Für starre Lagerung des Deckbalkens, also $J_s = \infty$ und $P = 0$ liefert die Gleichung richtig $A = \frac{p \cdot l_b}{2}$.

Beispiel: Ein Eindeckschiff von 11,8 m Breite habe eine Luke von den Abmessungen $5 \times 8{,}4$ m (14 × 600 mm Spantentfernung). Die Deckslast sei 2 t/m². Welche Belastung erhält der Längssüll?

Nach dem G. L. wird das Profil des Deckbalkens ⌈ 190×75×10,5 (Balken an jedem Spant). Für normale Lukenkonstruktion wird dann

$$\frac{J_b}{J_s} = \sim \frac{1}{250}.$$

Ferner wird nach der Aufgabe:

$p = 0{,}6 \cdot 2 = 1{,}2$ t/m, $\quad l_s = 8{,}4$ m,

$n = 13$, $\quad l_b = 3$ m (0,4 m Abzug für das Balkenknie),

$P = 7{,}6 \cdot 2{,}5 \cdot 2 = 38$ t [1]).

Damit ergibt sich

$$A = \frac{3{,}8 \cdot \frac{81}{593} - \frac{38}{250}}{6{,}4 \cdot \frac{27}{593} + \frac{13}{250}} = 1{,}07 \text{ t}.$$

Für die 13 Deckbalken ergibt das einen Auflagedruck von 14 t. Die Hälfte der Druckbelastung neben der Lucke ist $\frac{8{,}4 \cdot 3{,}4 \cdot 2}{2} = 28{,}5$ t. Die Rechnung zeigt somit, daß unter den gemachten Annahmen nur etwa die Hälfte im Bereich des dieser Belastung von dem Längssüll aufgenommen wird.

Einwandfrei ist der Auflagedruck A auch nur zu bestimmen mit Hilfe einer Rechnung über den ganzen Rahmenverband.

Die Berechnung des Unterzuges selbst bei gegebener Belastung ergibt sich nach der Theorie des über mehrere Stützen laufenden Trägers, auf analytischem Wege am einfachsten mit Hilfe der Gleichung von Clapeyron.

---

[1]) Die Länge ist von 8,4 m auf 7,6 m gekürzt, da die Lukendeckel neben den Quersüllen Belastung an diese abgeben. Die genaue Verteilung der Last auf Längs- und Quersüll läßt sich nur von Fall zu Fall entsprechend der Anordnung der Schiebebalken und Lukendeckel ermitteln.

Tabelle 28.

Der durchlaufende Balken auf beliebig vielen Stützen.

Annahmen: Stützungen starr und gleich hoch, Trägheitsmoment des Balkens im Bereich einer Öffnung konstant und Belastung gleichmäßig verteilt.

Endfeld mit Einspannung:

Belastung und Seilkräfte:

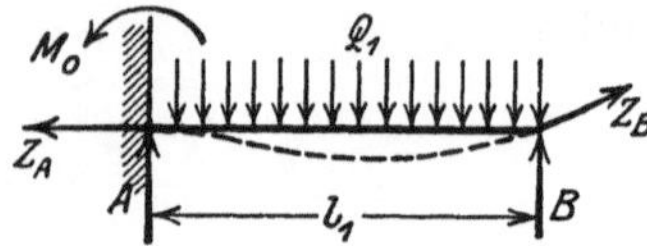

Biegungsmomente:

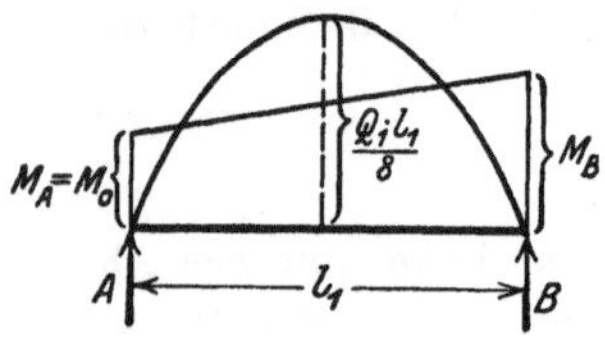

Biegungsmomente als Belastung und deren Resultierende:

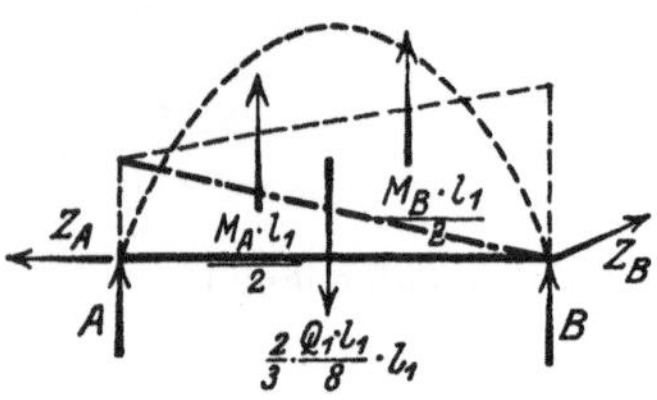

Gleichgewicht der zweiten Momente mit den Momenten der Seilkräfte.

Momentenpunkt B:

$$\frac{M_0 l_1}{2}\cdot\frac{2 l_1}{3}-\frac{2}{3}\frac{Q_1 l_1^2}{8}\cdot\frac{l_1}{2}+\frac{M_B\cdot l_1}{2}\cdot\frac{l_1}{3}=0\,.$$

Also ergibt sich die Bedingung:

$$2 M_0+M_B-2\frac{Q_1 l_1}{8}=0\,.$$

Die Gleichung gilt sinngemäß auch für das rechte Endfeld.

Zwei benachbarte Mittelfelder:

Belastung und Seilkräfte:

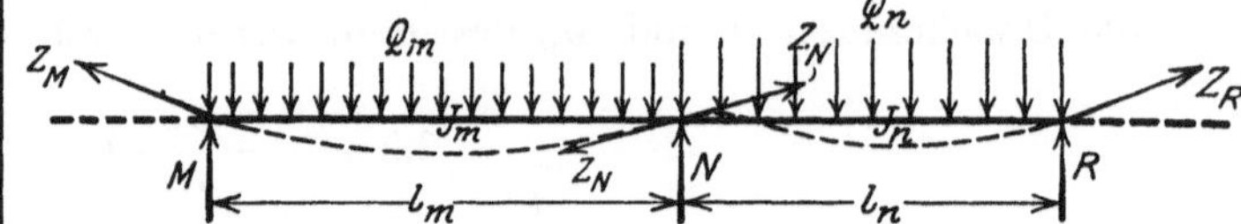

Biegungsmomente der Belastung:

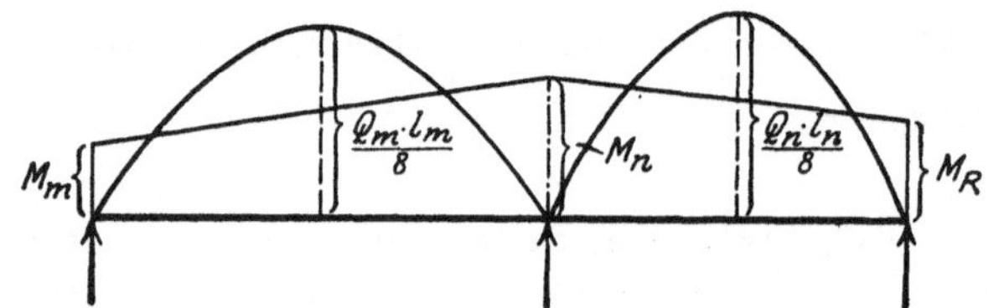

Biegungsmomente als Belastung und deren Resultierende:

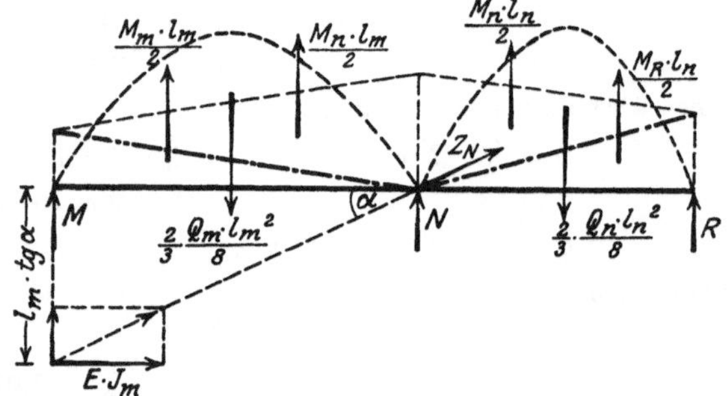

Gleichgewicht der zweiten Momente mit den Momenten der Seilkräfte:

Bereich l_m, Momentenpunkt M:

$$-E\cdot J_m l_m\cdot\operatorname{tg}\alpha-\frac{M_m l_m}{2}\cdot\frac{l_m}{3}+\frac{2}{3}\frac{Q_m l_m^2}{8}\cdot\frac{l_m}{2}-\frac{M_n\cdot l_m}{2}\cdot\frac{2\cdot l_m}{3}=0\,.$$

Bereich l_n, Momentenpunkt R:

$$-E J_n l_n\operatorname{tg}\alpha+\frac{M_R l_n}{2}\cdot\frac{l_n}{3}-\frac{2}{3}\cdot\frac{Q_n l_n^2}{8}\cdot\frac{l_n}{2}+\frac{M_n l_n}{2}\cdot\frac{2 l_n}{3}=0\,.$$

Aus beiden Gleichungen folgt:

$$M_m l_m+2 M_n\left(l_m+l_n\frac{J_m}{J_n}\right)+M_R l_n\frac{J_m}{J_n}-6\left(\frac{Q_m l_m^2}{24}+\frac{Q_n l_n^2}{24}\cdot\frac{J_m}{J_n}\right)=0\,.$$

(Gleichung von Clapeyron)

Die graphische Rechnung[1]) ist erheblich umständlicher und vor allem ungenau, wenn sie nicht peinlichst sorgfältig ausgeführt wird.

Die Ableitung der Gleichungen von Clapeyron ist in Tabelle 28 durchgeführt unter der Annahme, daß die Stützung in gleicher Höhe liegt, vollkommen starr ist und Belastung und Trägheitsmomente im Bereich der freitragenden Längen konstant sind.

Man benutzt am zweckmäßigsten die Beziehungen zwischen Seilkurve und elastischer Linie des gebogenen Balkens[2]). Die elastische Linie ist nämlich die Seilkurve, für welche der Horizontalzug $E \cdot J$ und die Biegungsmomentenfläche Belastung ist, denn:

Differentialgleichung der Seilkurve: $H \frac{d y^2}{d x^2} = -q$,

„ der elast. Linie: $E \cdot J \frac{d y^2}{d x^2} = -M_x$.

Die Gleichungen von Clapeyron ergeben sich dann für jeden freitragenden Bereich aus dem Gleichgewichtszustand zwischen den zweiten Momenten der Belastung und dem Moment der Seilzüge.

Beispiel: Von einem Motorschiff sind folgende Daten gegeben:

$L = 140$ m, Spantabstand 700 mm,
$B = 16{,}5$ „ Deckshöhe 2,4 m,
$H = 12{,}4$ „ spez. Gew. der Ladung $\gamma = 0{,}65$ t/m³.

Der Unterzug des 2. Decks im Bereich der Räume II und III soll nachgerechnet werden. Die Abb. 115a, b und c zeigen die allgemeine Anordnung.

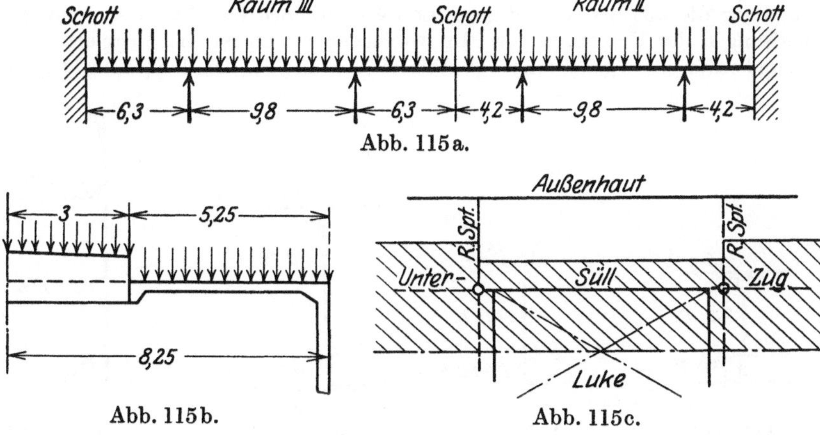

Abb. 115a.

Abb. 115b. Abb. 115c.

Für die Lastverteilung in den einzelnen Bereichen ist folgendes angenommen:

Bereich der Luke: Der Unterzug erhält Auflagedrücke von der Last auf der Luke und der Deckslast zwischen Luke und Außenhaut. Die genaue Verteilung der Auflagedrücke über die Randseiten dieser Felder ist nicht genau anzugeben, zumal die Auflagerung mehr oder wenig elastisch ist. Sie hängt auch von der konstruktiven Ausbildung der Luke ab.

---

[1]) Vgl. Lienau: Schiffbau. Jahrg. 1913/14.

[2]) Vgl. Föppl: Techn. Mechanik. Bd. II.

In Anlehnung an die vorhergehende Entwicklung (S. 180) wird gesetzt für die Längeneinheit:

$$q_L = 0{,}65 \cdot 2{,}4 \left(3 + \frac{5{,}25}{4}\right) = 6{,}7 \text{ t/m}$$

als gleichmäßig verteilte Belastung. Der genaue Wert wird etwas höher sein und außerdem wird die Belastung in Mitte Süll etwas größer sein als nach den Auflagern zu.

Bereich zwischen Luke und Schott: Die Auflagereaktion der Deckslast verteilt sich über Unterzug, Außenhaut, Schott und Lukenendbalken. Die Bestimmung der genauen Verteilung ist ebenfalls schwierig, vor allem da Unterzug und Lukenendbalken mehr oder weniger nachgiebig sind. Es wird gesetzt für die Längeneinheit:

$$q_D = 0{,}65 \cdot 2{,}4 \left(3 + \frac{5{,}25}{2}\right) = 8{,}7 \text{ t/m}$$

ebenfalls als gleichmäßig verteilte Last. Der genaue Wert wird etwas niedriger sein[1]).

Gang der Rechnung: Der Unterzug wird berechnet für folgende Bereiche:

Raum II	als Träger auf	4	Stützen,	Enden	eingespannt
Raum III	„ „ „	4	„	„	„
Raum II—III	„ „ „	7	„	„	„

Die Ergebnisse dieser verschiedenen Belastungsfälle sind zu vergleichen, insbesondere bezüglich des Biegungsmomentes am mittleren Schott.

Für die Rechnung werden die Clapeyronschen Gleichungen benutzt in der Form:

$$2\, M_A\, l_1 + M_B\, l_1 + \frac{q\, l_1^3}{4} = 0$$

und

$$M_A\, l_1 + 2\, M_B \left(l_1 + l_2 \frac{J_1}{J_2}\right) + M_C\, l_2 \frac{J_1}{J_2} + \frac{q}{4}\left(l_1^3 + l_2^3 \frac{J_1}{J_2}\right) = 0\,.$$

Die Stützmomente sind also positiv eingeführt. Ergibt die Rechnung +Werte, so war die Annahme der positiven Momente richtig, ergibt sie −Werte, sind die Momente tatsächlich negativ.

Die Trägheitsmomente der Unterzüge: Für die gegebene Deckbreite von 16,5 m und für die aus der Gesamtdisposition ersichtlichen Lastlängen schreibt der G. L. die Abmessungen der Unterzüge vor. Im vorliegenden Fall ist die Stegplatte um 1 mm verstärkt und dafür unten geflanscht (vgl. Abb. 116 a, b und c). Die Toppwinkel sind dagegen

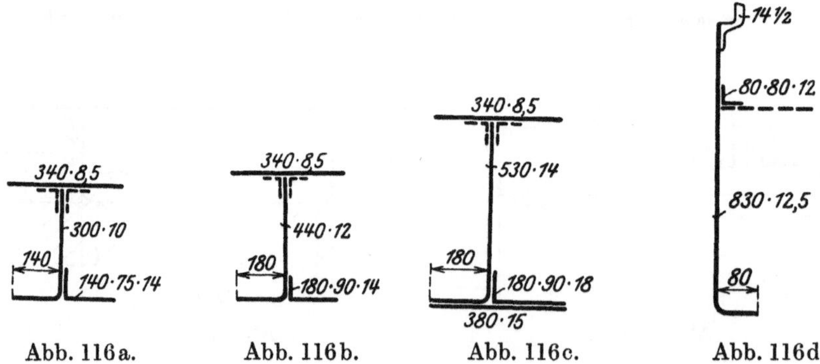

Abb. 116a. Abb. 116b. Abb. 116c. Abb. 116d.

doppelt genommen, werden aber beide bei der Berechnung des Trägheitsmomentes nicht berücksichtigt.

Im Bereich der Luke ist der Unterzug mit dem Lukenlängssüll vereinigt. Mit Rücksicht auf die Nietschwächung sind für die Sülle vom Trägheitsmoment 10% abgezogen. Die Deckbeplattung ist mit einer Breite gleich der 40-fachen Dicke in Rechnung gesetzt.

---

[1]) Mit gleicher Annäherung hätte auch mit der überall gleichmäßig verteilten Last $q = \frac{6{,}7 + 8{,}7}{2} = 7{,}7$ t/m gerechnet werden können.

Es ergeben sich dann für die Trägheitsmomente folgende Werte:

Feld I und III ($l = 6{,}3$ m).	Profil: Abb. 116 a	$J = 45\,500$ cm^4.
„ IV „ VI ($l = 4{,}2$ m).	Profil: „ 116 b	$J = 17\,200$ cm^4.
„ II „ III ($l = 9{,}8$ m).	Profil $\begin{cases}\text{nach G. L.: Abb. 116 c}\\ \text{Ausführung: „ 116 d}\end{cases}$	Mittelwert $J = 100\,000$ cm^4.

Unterzug Raum II.

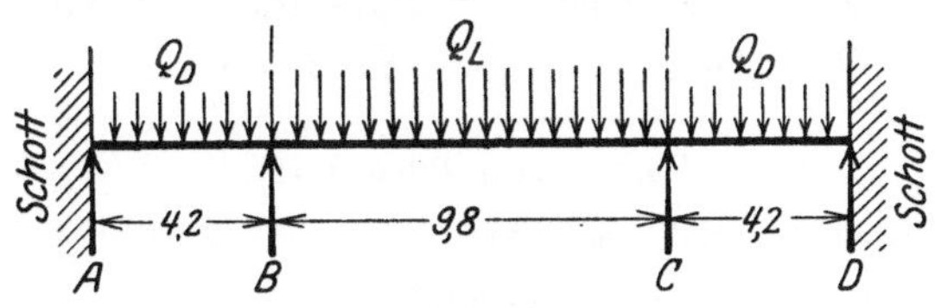

Abb. 117.

Nach Clapeyron gilt für die Stützmomente:

$$1.\quad 2\,M_A \cdot l_1 + M_B \cdot l_1 + \frac{q_D \cdot l_1^3}{4} = 0\,,$$

$$2.\quad M_A \cdot l_1 + 2\,M_B\left(l_1 + l_2 \cdot \frac{J_1}{J_2}\right) + M_C \cdot l_2 \cdot \frac{J_1}{J_2} + \frac{1}{4}\,q_D \cdot l_1^3 + \frac{1}{4}\,q_L \cdot l_2^3 \cdot \frac{J_1}{J_2} = 0\,,$$

$$3.\quad M_B \cdot l_2 + 2\,M_C\left(l_2 + l_3\frac{J_2}{J_3}\right) + M_D \cdot l_3 \cdot \frac{J_2}{J_3} + \frac{1}{4}\,q_L \cdot l_2^3 + \frac{1}{4}\,q_D \cdot l_3^3 \cdot \frac{J_2}{J_3} = 0\,,$$

$$4.\quad 2\,M_D \cdot l_3 + M_C \cdot l_3 + \frac{q_D \cdot l_3^3}{4} = 0\,.$$

Aus Symmetriegründen ist $M_A = M_D$ und $M_B = M_C$.

In diesen Gleichungen ist

$$q_D = 8{,}7 \text{ t/m},\quad \frac{J_1}{J_2} = \frac{17\,200}{100\,000} = 0{,}172\,,\quad l_1 = 4{,}2 \text{ m},$$

$$l_2 = 9{,}8 \text{ m},$$

$$q_L = 6{,}7 \text{ t/m},\quad \frac{J_2}{J_3} = \frac{100\,000}{17\,200} = 5{,}814\,,\quad l_3 = 4{,}2 \text{ m}.$$

Damit wird

$$M_A = M_D = -3{,}614 \text{ mt}$$

und

$$M_B = M_C = -30{,}97 \text{ mt}.$$

Berechnung der Stützdrücke:

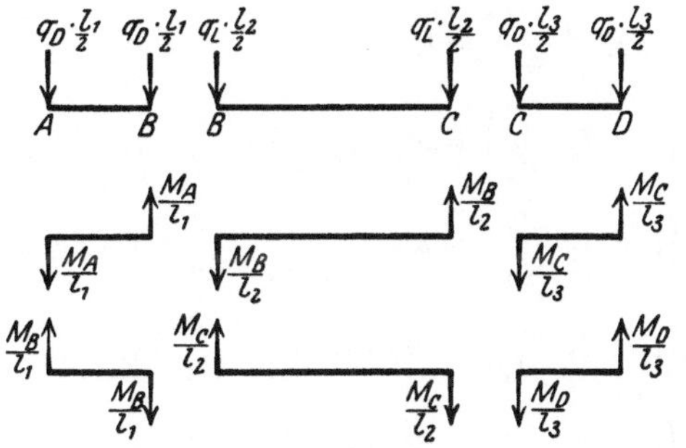

Abb. 118.

$$A = D = \frac{q_D \cdot l_1}{2} = \frac{M_A - M_B}{l_1}\,.$$

$$B = C = \frac{q_D \cdot l_1}{2} + \frac{q_L \cdot l_2}{2} + \frac{M_B - M_A}{l_1} + \frac{M_B - M_C}{l_2}\,.$$

Es folgt

$$A = D = 11{,}757 \text{ t},$$
$$B = C = 57{,}613 \text{ t}.$$

Für konstante Trägheitsmomente $\left(\frac{J_1}{J_2} = \frac{J_2}{J_3} = 1\right)$ würde sich ergeben:

$$M_A = M_D = +4{,}025 \text{ mt}, \qquad M_B = M_C = -46{,}416 \text{ mt},$$

und

$$A = D = 6{,}26 \text{ t}, \qquad B = C = 63{,}11 \text{ t}.$$

Unterzug Raum III.

In gleicher Entwicklung ergibt sich für:

$$q_D = 8{,}7 \text{ t/m}, \quad \frac{J_1}{J_2} = \frac{45\,500}{100\,000} = 0{,}455\,, \quad l_1 = 6{,}3 \text{ m},$$
$$l_2 = 9{,}8 \text{ m},$$
$$q_L = 6{,}7 \text{ t/m}, \quad \frac{J_2}{J_3} = \frac{100\,000}{45\,500} = 2{,}198\,, \quad l_3 = 6{,}3 \text{ m}.$$

$$M_A = M_D = -21{,}495 \text{ mt}, \qquad M_B = M_C = -43{,}336 \text{ mt}$$

und

$$A = D = 23{,}938 \text{ t}, \qquad B = C = 63{,}702 \text{ t}.$$

Für konstantes Trägheitsmoment würde folgen:

$$M_A = M_D = -19{,}364 \text{ mt}, \qquad M_B = M_C = -47{,}579 \text{ mt}$$

und

$$A = D = 22{,}926 \text{ t}, \qquad B = C = 64{,}714 \text{ t}.$$

Unterzug Raum II—III.

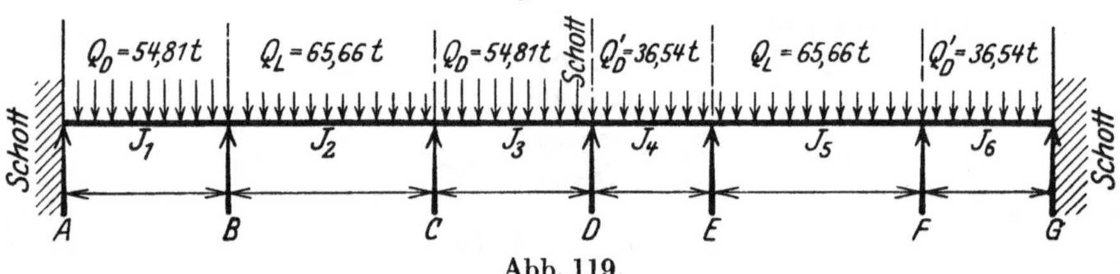

Abb. 119.

Nach Clapeyron ergeben sich die Gleichungen:

1. $2\,M_A \cdot l_1 + M_B \cdot l_1 + \frac{q_D \cdot l_1^3}{4} = 0\,,$

2. $M_A \cdot l_1 + 2\,M_B\left(l_1 + l_2 \cdot \frac{J_1}{J_2}\right) + M_C \cdot l_2 \cdot \frac{J_1}{J_2} + \frac{1}{4} \cdot q_D \cdot l_1^3 + \frac{1}{4}\,q_L \cdot l_2^3 \cdot \frac{J_1}{J_2} = 0\,,$

3. $M_B \cdot l_2 + 2\,M_C\left(l_2 + l_3 \cdot \frac{J_2}{J_3}\right) + M_D \cdot l_3 \cdot \frac{J_2}{J_3} + \frac{1}{4} \cdot q_L \cdot l_2^3 + \frac{1}{4}\,q_D \cdot l_3^3 \cdot \frac{J_2}{J_3} = 0\,,$

4. $M_C \cdot l_3 + 2\,M_D\left(l_3 + l_4 \cdot \frac{J_3}{J_4}\right) + M_E \cdot l_4 \cdot \frac{J_3}{J_4} + \frac{1}{4} \cdot q_D \cdot l_3^3 + \frac{1}{4}\,q_D \cdot l_4^3 \cdot \frac{J_3}{J_4} = 0\,,$

5. $M_D \cdot l_4 + 2\,M_E\left(l_4 + l_5 \cdot \frac{J_4}{J_5}\right) + M_F \cdot l_5 \cdot \frac{J_4}{J_5} + \frac{1}{4} \cdot q_D \cdot l_4^3 + \frac{1}{4}\,q_L \cdot l_5^3 \cdot \frac{J_4}{J_5} = 0\,,$

6. $M_E \cdot l_5 + 2\,M_F\left(l_5 + l_6 \cdot \frac{J_5}{J_6}\right) + M_G \cdot l_6 \cdot \frac{J_5}{J_6} + \frac{1}{4} \cdot q_L \cdot l_5^3 + \frac{1}{4}\,q_D \cdot l_6^3 \cdot \frac{J_5}{J_6} = 0\,,$

7. $2\,M_G \cdot l_6 + M_F \cdot l_6 + \frac{q_D \cdot l_6^3}{4} = 0\,.$

Nach Einsetzen der Zahlenwerte:

$$q_D = 8{,}7\ \text{t/m}\,,\quad \frac{J_1}{J_2} = 0{,}455\,,\quad \frac{J_3}{J_4} = 2{,}645\,,$$

$$q_L = 6{,}7\ \text{t/m}\,,\quad \frac{J_2}{J_3} = 2{,}198\,,\quad \frac{J_4}{J_5} = 0{,}172\,,$$

$$\frac{J_5}{J_6} = 5{,}814\,,$$

$$l_1 = 6{,}3\ \text{m},\quad l_4 = 4{,}2\ \text{m},\quad l_2 = 9{,}8\ \text{m},\quad l_5 = 9{,}8\ \text{m},\quad l_3 = 6{,}3\ \text{m},\quad l_6 = 4{,}2\ \text{m},$$

folgt aus:

1. $12{,}6\, M_A + 6{,}3\, M_B = -543{,}85\,,$
2. $6{,}3\, M_A + 21{,}518\, M_B + 4{,}459\, M_C = -1261{,}15\,,$
3. $9{,}8\, M_B + 47{,}295\, M_C + 13{,}847\, M_D = -2771{,}9\,,$
4. $6{,}3\, M_C + 34{,}818\, M_D + 11{,}109\, M_E = -970{,}08\,,$
5. $4{,}2\, M_D + 11{,}771\, M_E + 1{,}686\, M_F = -432{,}3\,,$
6. $9{,}8\, M_E + 68{,}438\, M_F + 24{,}419\, M_G = -2513{,}4\,,$
7. $8{,}4\, M_G + 4{,}2\, M_F = -161{,}14\,.$

$$M_A = -21{,}915\ \text{mt},\quad M_C = -46{,}793\ \text{mt},\quad M_F = -31{,}391\ \text{mt},$$
$$M_B = -42{,}496\ \text{mt},\quad M_D = -10{,}282\ \text{mt},\quad M_G = -\ 3{,}488\ \text{mt},$$
$$M_E = -28{,}561\ \text{mt}.$$

Damit ergeben sich folgende Stützdrücke:

$$A = 24{,}138\ \text{t},\quad C = 66{,}468\ \text{t},\quad E = 55{,}163\ \text{t},\quad G = 11{,}627\ \text{t}.$$
$$B = 63{,}064\ \text{t},\quad D = 35{,}528\ \text{t},\quad F = 58{,}032\ \text{t},$$

Für ein in allen Bereichen konstantes Trägheitsmoment würde sich ergeben:

$$M_A = -19{,}723\ \text{mt},\quad M_C = -49{,}642\ \text{mt},\quad M_E = -43{,}851\ \text{mt},\quad M_G = +4{,}697\ \text{mt}.$$
$$M_B = -46{,}881\ \text{mt},\quad M_D = -\ 9{,}908\ \text{mt},\quad M_F = -47{,}771\ \text{mt},$$

und

$$A = 23{,}094\ \text{t},\quad C = 66{,}824\ \text{t},\quad E = 58{,}783\ \text{t},\quad G = 5{,}778\ \text{t}.$$
$$B = 64{,}264\ \text{t},\quad D = 31{,}286\ \text{t},\quad F = 63{,}991\ \text{t},$$

Die graphische Darstellung der Biegungsmomente liefert folgende Schaubilder:

Unterzug Raum II. 1 cm = 20 mt.

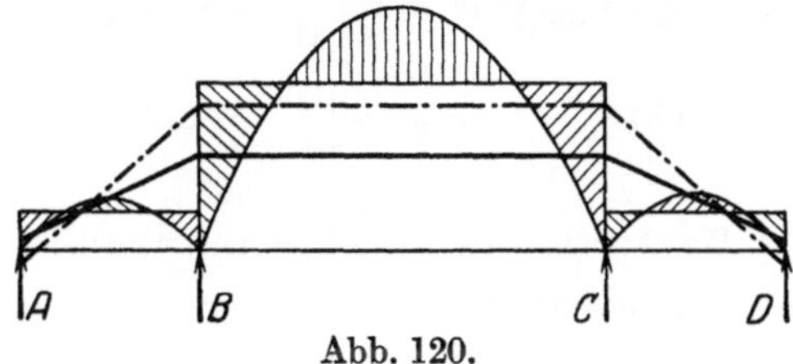

Abb. 120.

Unterzug Raum III. · 1 cm = 20 mt.

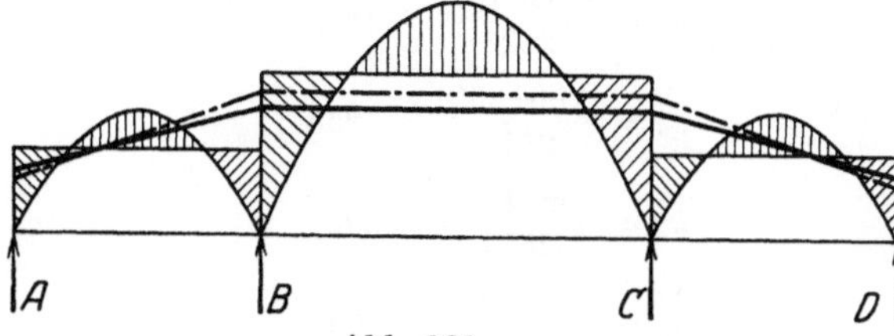

Abb. 121.

Unterzug Raum II—III. 1 cm = 7,5 mt.

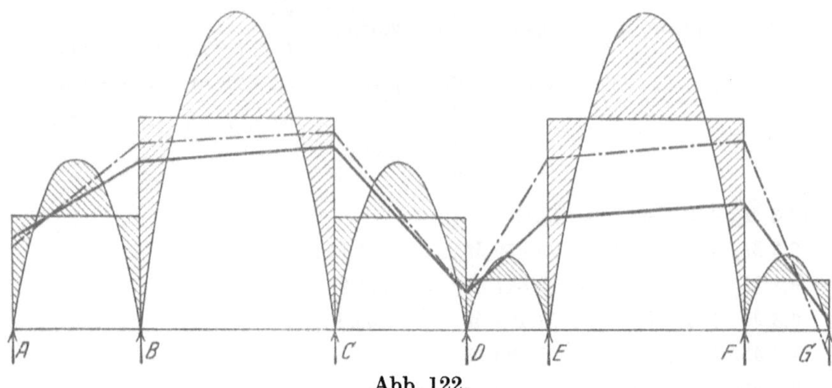

Abb. 122.

Die schraffierten Flächen sind die Momentenflächen bei vollkommener Einspannung jedes einzelnen Trägerteiles.

Die Schaubilder geben die Feldmomente und Stützmomente getrennt, und zwar gilt die ausgezogene Kurve für den tatsächlichen Verlauf und die gestrichelte für den Fall: Trägheitsmoment über alle Felder konstant. Das wirksame Biegungsmoment ist nach der Clapeyronschen Gleichung die Differenz zwischen Feldmoment und Stützmoment. Der Verlauf der Kurven zeigt, wie fehlerhaft es ist, in Annäherung einen Teil des Unterzuges zwischen zwei Stützstellen für sich als eingespannten Träger auf zwei Stützen zu betrachten. Dies ist als erste Annäherung nur bei ziemlich gleichen benachbarten Feldlängen möglich. Der Einfluß eines benachbarten größeren Feldes kann das Stützmoment um das Vielfache steigern (z. B. bei F um über 250%).

Bestimmung der Widerstandsmomente.

Feldlänge $l = 4{,}2$ m $\quad W = \frac{17\,200}{17{,}34} = 992\ \text{cm}^3$,

„ $l = 6{,}3$ m $\quad W = \frac{45\,500}{26{,}68} = 1700\ \text{cm}^3$,

„ $l = 9{,}8$ m (neben der Luke) $\quad W = \frac{96\,700}{38{,}31} = 2525\ \text{cm}^3$,

„ $l = 9{,}8$ m (Längssüll) $\quad W = \frac{116\,000}{42} = 2760\ \text{cm}^3$.

Bestimmung der Spannungen.

a) Über den Stützen bei konstantem $W = 2525\ \text{cm}^3$.

Über Stütze A: $\quad k_b = \frac{1\,972\,300}{2525} = 782\ \text{kg/cm}^2$.

„ „ B: $\quad k_b = \frac{4\,688\,100}{2525} = 1855$ „

„ „ C: $\quad k_b = \frac{4\,964\,200}{2525} = 1965$ „

„ „ D: $\quad k_b = \frac{990\,800}{2525} = 392$ „

„ „ E: $\quad k_b = \frac{4\,385\,100}{2525} = 1735$ „

Über Stütze F: $k_b = \dfrac{4\,777\,100}{2525} = 1890\ \text{kg/cm}^2$

„ „ G: $k_b = \dfrac{469\,710}{2525} = 186$ „ .

Für die tatsächlichen Widerstandsmomente folgt:

Über Stütze A: $k_b = \dfrac{2\,191\,500}{1700} = 1290\ \text{kg/cm}^2$,

„ „ B: $k_b = \dfrac{4\,249\,600}{2525} = 1680$ „

„ „ C: $k_b = \dfrac{4\,679\,300}{2525} = 1850$ „

„ „ D: $k_b = \dfrac{1\,028\,200}{1700} = 605$ „

„ „ E: $k_b = \dfrac{2\,856\,100}{2525} = 1130$ „

„ „ F: $k_b = \dfrac{3\,139\,100}{2525} = 1240$ „

„ „ G: $k_b = \dfrac{348\,840}{992} = 348$ „ .

b) Zwischen den Stützen (Größtwerte).

α) Bestimmung der Lage von $M_{\max}$.

Bei gleichmäßig verteilter Feldlast verlaufen die Scherkraftkurven in den Bereichen gradlinig (vgl. Abb. 123).

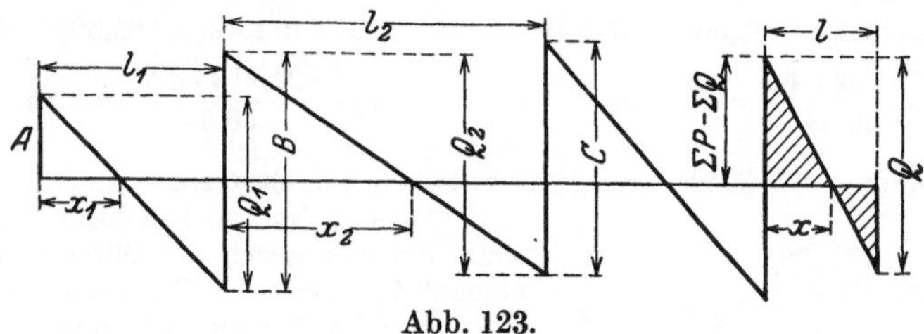

Abb. 123.

Für einen beliebigen Trägerabschnitt folgt aus den schraffierten ähnlichen Dreiecken:

$$\frac{x}{l} = \frac{\Sigma P - \Sigma Q}{Q} \quad \text{also} \quad x = \frac{\Sigma P - \Sigma Q}{Q} \cdot l$$

$\Sigma P - \Sigma Q$ ist die Scherkraft am Anfang des betrachteten Feldes, Q ist der Zuwachs im Bereich dieses Feldes. Demnach ergibt sich:

Trägheitsmomente konstant	Trägheitsmomente verschieden (tatsächliche Werte).

Feld I.

x_1 Abstand von Stütze A.

$x_1 = \dfrac{23{,}094 \cdot 6{,}3}{54{,}81} = 2{,}65\ \text{m}$	$x_1 = \dfrac{24{,}138 \cdot 6{,}3}{54{,}81} = 2{,}78\ \text{m}$

Feld II.

x_2 Abstand von Stütze B.

$\Sigma P = 23{,}094 + 64{,}264 = 87{,}358$	$\Sigma P = 24{,}138 + 63{,}064 = 87{,}202$
$\Sigma Q = \qquad 54{,}81$	$\Sigma Q = \qquad 54{,}81$
$x_2 = \dfrac{32{,}548 \cdot 9{,}8}{65{,}66} = 4{,}85\ \text{m}$	$x_2 = \dfrac{32{,}392 \cdot 9{,}8}{65{,}66} = 4{,}82\ \text{m}.$

Feld III.

x_3 Abstand von Stütze C.

J konstant	J veränderlich
$\Sigma P = 87{,}358 + 66{,}824 = 154{,}182$	$\Sigma P = 87{,}202 + 66{,}468 = 153{,}67$
$\Sigma Q = 54{,}81 + 65{,}66 = 120{,}47$	$\Sigma Q = 54{,}81 + 65{,}66 = 120{,}47$
$x_3 = \frac{33{,}712 \cdot 6{,}3}{54{,}81} = 3{,}87$ m	$x_3 = \frac{33{,}2 \cdot 6{,}3}{54{,}81} = 3{,}82$ m.

Feld IV.

x_4 Abstand von Stütze D.

J konstant	J veränderlich
$\Sigma P = 154{,}82 + 31{,}286 = 186{,}11$	$\Sigma P = 153{,}67 + 35{,}528 = 189{,}198$
$\Sigma Q = 120{,}47 + 54{,}81 = 175{,}28$	$\Sigma Q = 120{,}47 + 54{,}81 = 175{,}28$
$x_4 = \frac{10{,}83 \cdot 4{,}2}{36{,}54} = 1{,}2$ m	$x_4 = \frac{13{,}918 \cdot 4{,}2}{36{,}54} = 1{,}60$ m.

Feld V.

x_5 Abstand von Stütze E.

J konstant	J veränderlich
$\Sigma P = 185{,}468 + 58{,}783 = 244{,}251$	$\Sigma P = 189{,}198 + 55{,}163 = 244{,}361$
$\Sigma Q = 175{,}28 + 36{,}54 = 211{,}82$	$\Sigma Q = 175{,}28 + 36{,}54 = 211{,}82$
$x_5 = \frac{32{,}431 \cdot 9{,}8}{65{,}66} = 4{,}84$ m	$x_5 = \frac{32{,}541 \cdot 9{,}8}{65{,}66} = 4{,}85$ m.

Feld VI.

x_6 Abstand von Stütze F.

J konstant	J veränderlich
$\Sigma P = 244{,}251 + 63{,}991 = 308{,}242$	$\Sigma P = 244{,}361 + 58{,}032 = 302{,}393$
$\Sigma Q = 211{,}82 + 65{,}66 = 277{,}48$	$\Sigma Q = 211{,}82 + 65{,}66 = 277{,}48$
$x_6 = \frac{30{,}762 \cdot 4{,}2}{36{,}54} = 3{,}53$ m	$x_6 = \frac{24{,}913 \cdot 4{,}2}{36{,}54} = 2{,}86$ m.

β) Bestimmung der Größe von $M_{\max}$ zwischen den Stützen.

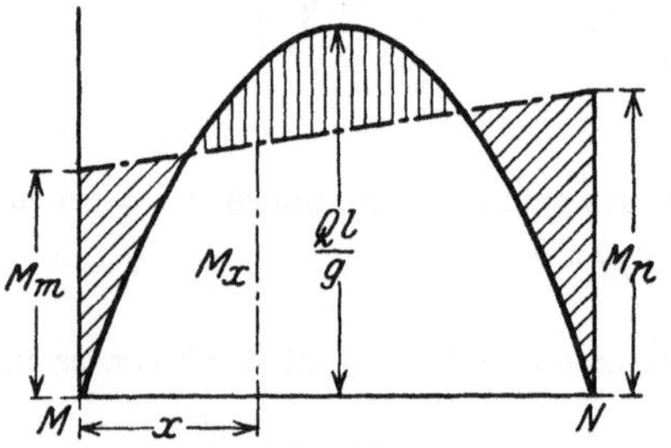

Abb. 124.

Allgemein ist an beliebiger Stelle das wirkende Moment gleich der Differenz aus dem Feldmoment M_F und den Stützmomenten M_S. Aus Abb. 124 folgt für die beliebige Stelle x

$$M_x = M_F - M_S.$$

Es ist:

$$M_S = M_m - \frac{M_m - M_n}{l} \cdot x.$$

Für gleichmäßige Belastung folgt M_F einer Parabelgleichung 2. Grades:

$$M_F = \frac{Q}{2}\left(x - \frac{x^2}{l}\right).$$

Also wird das wirksame Moment an der Stelle x:

$$M_x = \left(\frac{Q}{2} + \frac{M_m - M_n}{l}\right) \cdot x - M_m - \frac{Q}{2 \cdot l} \cdot x^2.$$

Damit ergeben sich für die Größtwerte der Biegungsmomente im Bereich der freitragenden Längen:

J konstant	J veränderlich
Feld I.	
$M_{AB} = 11$ mt,	$M_{AB} = 11{,}7$ mt,
Feld II.	
$M_{BC} = 32$ mt,	$M_{BC} = 36{,}3$ mt,

J konstant		J veränderlich
	Feld III.	
$M_{CD} = 15{,}7$ mt,		$M_{CD} = 16{,}5$ mt,
	Feld IV.	
$M_{DE} = -3{,}94$ mt,		$M_{DE} = 0{,}9$ mt,
	Feld V.	
$M_{EF} = 34{,}7$ mt,		$M_{EF} = 50{,}4$ mt,
	Feld VI.	
$M_{FG} = 6{,}5$ mt,		$M_{FG} = 4{,}31$ mt.

Das Ergebnis der ganzen Rechnung ist in folgender Tabelle zusammengefaßt. Die Scherkräfte sind nicht berücksichtigt.

Position	J konstant				J veränderlich			
	x in m Abstand von der linken Stütze	M cmkg	W cm³	σ_{max} kg/cm²	x in m Abstand von der linken Stütze	M cmkg	W cm³	σ_{max} kg/cm²
A	0	1 972 300	2525	782	0	2 191 500	1700	1290
AB	2,65	1 100 000	2525	435	2,78	1 170 000	1700	688
B	0	4 688 100	2525	1855	0	4 249 600	2525	1680
BC	4,85	3 200 000	2760	1160	4,82	3 630 000	2760	1315
C	0	4 964 200	2550	1965	0	4 679 300	2525	1850
CD	3,87	1 570 000	2550	622	3,82	1 650 000	1700	588
D	0	990 800	2550	392	0	1 028 200	1700	605
DE	1,17	394 000	2550	156	1,60	90 000	1700	53
E	0	4 385 000	2550	1735	0	2 865 100	2525	1130
EF	4,84	3 470 000	2760	1260	4,85	5 040 000	2760	1825
F	0	4 777 100	2550	1890	0	3 139 100	2525	1240
FG	3,53	650 000	2550	258	2,86	431 000	992	435
G	0	469 710	2550	186	0	348 840	992	348

Graphisch dargestellt liefern diese Ergebnisse folgende Schaubilder:

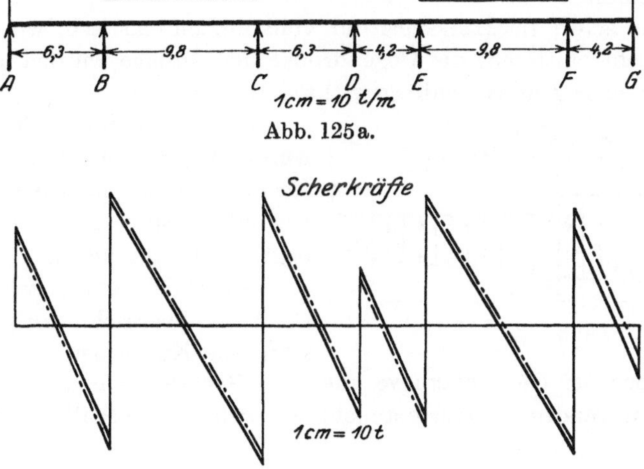

Abb. 125a.

Abb. 125b.

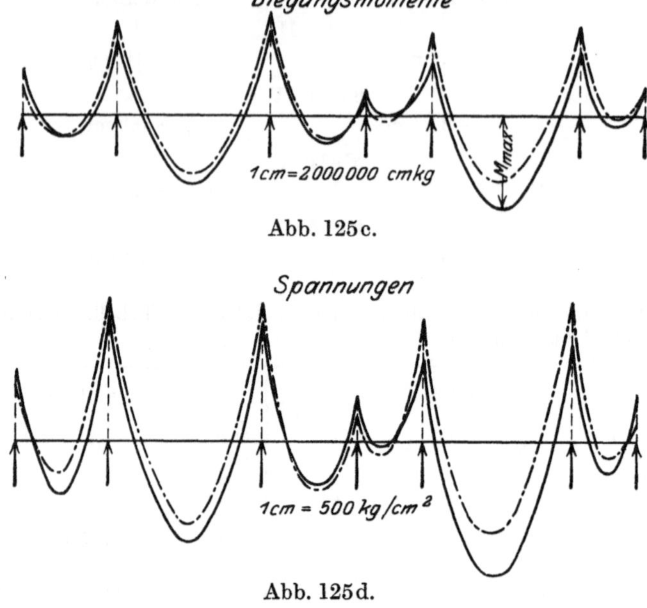

Abb. 125c.

Abb. 125d.

7. Festigkeit beim Docken.

Beim Docken wird das Schiff mit dem Kiel auf eine elastische Auflage gesetzt, wobei die Schiffsenden mehr oder weniger überhängen. Um für die Rechnung den ungünstigsten Fall zu fassen, werde die Unterstützung durch Kimmpallen nicht berücksichtigt.

Die elastische Auflage besteht aus Weichholz von etwa 5—10 cm Dicke und liegt auf der Stapelung, welche wie das Dock selbst als starr angenommen werde.

Die Weichholzlage hat die Aufgabe, die ungleichmäßige Gewichtsverteilung des Schiffes in der Längsrichtung nach Möglichkeit auszugleichen, so daß an Stellen großer Schiffsgewichte die Auflagedrücke die zulässige Flächenbelastung nicht überschreiten.

Wäre das Schiff im Längsverband vollkommen elastisch, würde ein solcher Ausgleich nicht eintreten, die Gegendrücke der Auflage würden an jeder Stelle den über ihnen liegenden Schiffsgewichten entsprechen.

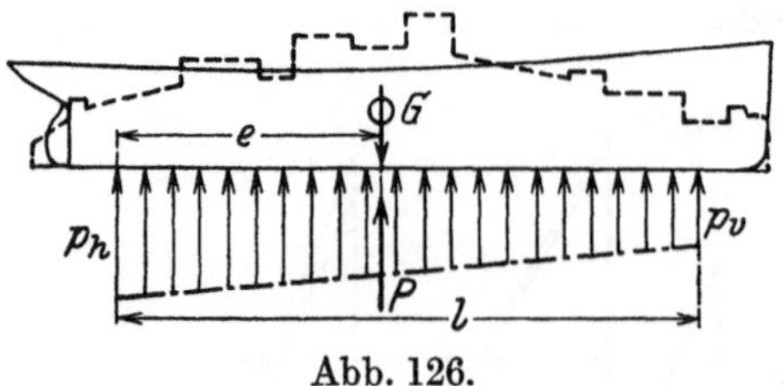

Abb. 126.

Wäre das Schiff vollkommen starr, würde die Kurve der Gegendrücke ein Rechteck, bzw. wenn das Schiff in bezug auf die Stapelung nicht symmetrisch liegt, ein Trapez bilden [1]) (vgl. Abb. 126).

Tatsächlich ist das Schiff weder vollkommen elastisch noch vollkommen starr, die Kurve der Gegendrücke liegt somit zwischen der Gewichtskurve und dem Rechtecks- bzw. Trapezdiagramm. Solange die Gegendrücke Werte annehmen, welche unterhalb der Proportionali-

[1]) Vgl. Schiffbau Jg. 1, S. 14.

tätsgrenze des Materials der Weichholzunterlage liegen, wird die Kurve der Gegendrücke einen stetigen Verlauf nehmen. Unter der gleichen Voraussetzung kann in erster Annäherung ferner der Gegendruck an jeder Stelle der dort eintretenden Einsenkung proportional gesetzt werden.

Für Eichenholz besteht diese Proportionalität bis etwa 600 t/m² und die Zusammendrückung ist bei dieser Belastung etwa 4% der Dicke der elastischen Unterlage[1]).

Der von der Unterlage in Reaktion auf das Schiff übertragene Gegendruck sei für die Längeneinheit p, das über ihm in gleicher Längeneinheit lagernde Teilgewicht des Schiffes g. Die Belastung des Längsverbandes ist alsdann an jeder Stelle $(g - p)$. Da $(g - p)$ als Funktion von x variabel ist, tritt eine Biegung im Längsverband ein, und zwar ähnlich wie bei dem schwimmenden Schiff. Bei diesem sind jedoch die p-Werte bekannt, denn es sind die Auftriebskräfte pro Einheit der Schiffslänge.

Wie bei dem schwimmenden Schiff gelten auch für das gedockte Schiff die Gleichgewichtsbedingungen (vgl. Abb. 127):

$$\int_{x=0}^{x=l} (g - p) \cdot dx = 0 \qquad \text{(Gesamtdruck = Schiffsgewicht)},$$

$$\int_{x=0}^{x=l} (g - p) \cdot x \cdot dx = G \cdot l \qquad (\odot \text{ des Gegendrucks unter } \odot \text{ des Schiffes}).$$

Ist an beliebiger Stelle x die Einsenkung y, so besteht entsprechend der vorausgesetzten Proportionalität zwischen Druck und Einsenkung die Gleichung:

$$p = k \cdot y .$$

Die Konstante k hängt von dem Elastizitätsmodul der Weichholzlage ab.

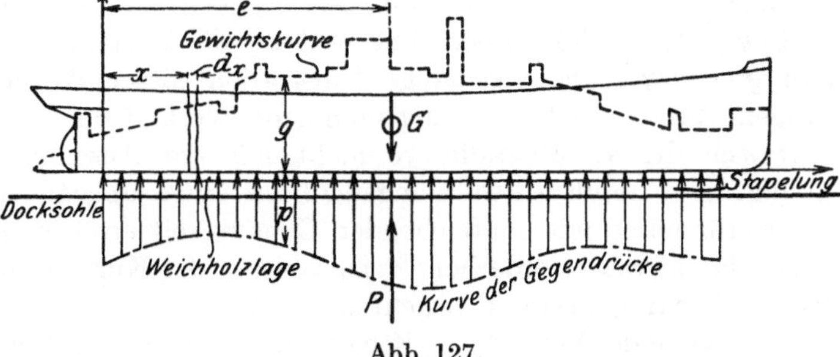

Abb. 127.

Geht man von der Stelle x (vgl. Abb. 127) zur Stelle $x + dx$, so verändert sich die Scherkraft V_x um dV_x entsprechend der Differenz $g \cdot dx - p \cdot dx$. Mithin folgt:

$$\frac{dV}{dx} = g - p .$$

Für den schwachgebogenen Stab gilt allgemein:

$$\frac{dM_x}{dx} = V_x ,$$

also wird

$$\frac{dV_x}{dx} = \frac{d^2 M_x}{dx^2} = g - p = g - k \cdot y .$$

[1]) Vgl. Pietzker, Festigkeit der Schiffe, S. 95.

Die Gleichung der elastischen Linie des Schiffes ist:

$$E_s \cdot J_x \cdot \frac{d^2 y}{d x^2} = -M_x .$$

J_x ist das wirksame Trägheitsmoment des Längsverbandes.
Zweimalige Differentiation ergibt:

$$E_s \cdot \frac{d^2\left(J_x \frac{d^2 y}{d x^2}\right)}{d x^2} = -\frac{d^2 M_x}{d x^2} = k \cdot y - g .$$

Die Einsenkungen und damit die Gegendrucke und Biegungsmomente sind somit gegeben durch die Differentialgleichung:

$$E_s \cdot \frac{d^2\left(J_x \cdot \frac{d^2 y}{d x^2}\right)}{d x^2} = k y - g .$$

Allgemein ist diese Gleichung nicht integrierbar, da J_x und g Funktionen von x sind, die mathematisch nicht darstellbar sind. Die Lösung der Aufgabe ist daher nur graphisch mit Hilfe eines Annäherungsverfahrens möglich. Der dann einzuschlagende Weg ist durch folgende Überlegung gegeben:

Nach viermaliger Integration geht die Differentialgleichung der elastischen Linie über in

$$y = \iiiint_{x=0}^{x=x} (k y - g)\, d x \cdot d x \cdot d x \cdot d x .$$

Wird also ein Verlauf der Einsenkung angenommen, so ist damit ein proportionaler Verlauf der Gegendrucke gegeben entsprechend der Bedingung $p = k \cdot y$. Weiter folgt aber ohne weiteres die Belastungskurve mit den Ordinaten $g - k \cdot y$. Die viermalige Integration dieser Kurve muß alsdann bei richtigem Ansatz wieder den angenommenen Verlauf der Einsenkungen ergeben. Deckt sich die 4. Integralkurve nicht mit der Ausgangskurve für die Einsenkungen, so muß diese sinngemäß so lange abgeändert werden, bis die Übereinstimmung mit hinreichender Genauigkeit erreicht ist.

Um das hierzu erforderliche Ausprobieren der Kurven zu vereinfachen, sind folgende Anhaltspunkte zu beachten.

Der allgemeine Verlauf der Kurve für die y- bzw. p-Werte ist von der Verteilung der Schiffsgewichte abhängig und von dem Maße des Überhangs vorn und achtern. Die in erster Annäherung zu erwartenden charakterischen Verlaufe der y-Kurve sind in Abb. 128 und 129 wiedergegeben. Abb. 128 stellt den Fall dar, bei welchem das Schiff keine nennenswerte Überhänge hat und die Schiffsgewichte vornehmlich in Mitte Schiff liegen. Abb. 129 zeigt den Fall der Dockung mit großen Schiffsüberhängen und großen Gewichten an den Schiffsenden bzw. nicht so ausgeprägt in Schiffsmitte wie im Fall der Abb. 128.

Man zeichnet zunächst die Kurve des Gegendrucks (die der Einsenkung entspricht) für den Fall, daß das Schiff vollkommen starr wäre. Liegt der System ⊙ des Schiffes nicht in Mitte Stapelung, so ist das Druckdiagramm ein Trapez mit den Endordinaten p_h und p_v. Entsprechend den Bezeichnungen der Abb. 126 ergeben sich für p_h und p_v die Bestimmungsgleichungen:

1. $$\frac{p_h + p_v}{2} = \frac{G}{l},$$

und als Momentengleichung bezogen auf Hinterkante Stapelung:

2. $$G \cdot e = \frac{p_h \cdot l}{2} \cdot \frac{l}{3} + \frac{p_v \cdot l}{2} \cdot \frac{2\,l}{3}.$$

Aus beiden Gleichungen folgt:

$$p_v = \frac{2 \cdot G}{l^2}(3\,e - l) \qquad \text{und} \qquad p_h = \frac{2\,G}{l^2}(2\,l - 3\,e).$$

Dieses Druckdiagramm ist zunächst gefühlsmäßig in das der Abb. 128 bzw. Abb. 129 umzuwandeln, aber so, daß der Flächeninhalt und die Schwerpunkts-

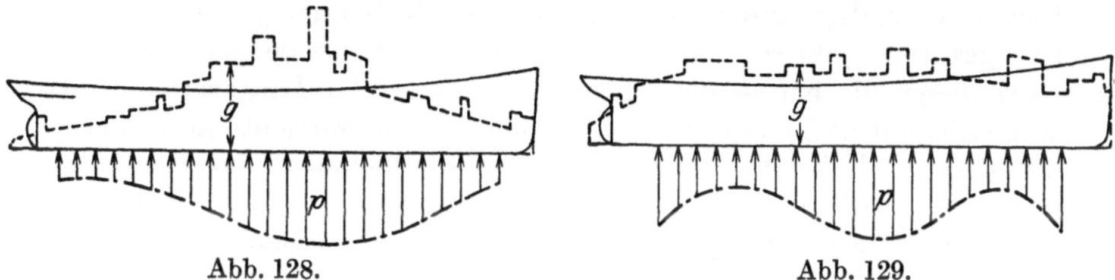

Abb. 128. Abb. 129.

lage gewahrt bleibt. Einen Anhaltspunkt für den Verlauf dieser Kurve gibt der Verlauf der Gewichtskurve.

Nach zweimaliger Integration geht die Differentialgleichung der elastischen Linie über in:

$$E_s \cdot J_x \cdot \frac{d^2 y}{d x^2} = \iint\limits_{x=0}^{x=x} (k \cdot y - g)\, dx \cdot dx = -M_x$$

und wird die Kurve der $\frac{M_x}{E_s \cdot J_x}$-Werte noch zweimal integriert, so ergibt sich

$$y = \iint\limits_{x=0}^{x=x} \frac{M_x}{E_s J_x} \cdot dx \cdot dx.$$

Wird diese vierte Integralkurve noch mit dem Proportionalitätsfaktor k multipliziert, so folgt:

$$k \cdot y = k \cdot \iiiint\limits_{x=0}^{x=x} (k \cdot y - g) \cdot dx \cdot dx \cdot dx \cdot dx.$$

Die vier Integrationskonstanten, welche graphisch die Lage der Integralkurven bestimmen, ergeben sich aus den Grenzbedingungen wie folgt:

Die erste Integralkurve liefert die Scherkräfte. Diese werden an den Enden Null bzw. bei überhängenden Schiffsenden gleich den an den Enden der Stapelung durch die Gewichtskurve gegebenen Werten.

Das gleiche gilt für die zweite Integralkurve, welche die Biegungsmomente liefert.

Die dritte Integralkurve ist den Scherkräften proportional, denn es ist:

$$V = \frac{d\,M}{dx} = E \cdot J \cdot \frac{d^3 y}{d x^3}.$$

Diese Kurve muß also dort den Wert Null haben, wo die vorhergehende Kurve (Biegungsmomente) ihr Maximum hat.

Die vierte Integralkurve ist durch ihr Maximum festgelegt. Dieses liegt an der Stelle, wo die vorhergehende Kurve der $\frac{dy}{dx}$-Werte den Wert Null hat. Von dieser Stelle aus wird nach beiden Enden integriert.

Ist nach diesen Gesichtspunkten die Kurve der Einsenkungen ermittelt, ergeben sich die Gegendrucke nach der Gleichung:

$$p = k \cdot y$$ [1]).

Durch zweimalige Integration der mit den Ordinaten $g - k \cdot y$ gegebenen Belastungskurve ergibt sich dann ohne weiteres die Kurve der Biegungsmomente und aus dieser die Kurve des Spannungsverlaufes im Längsverband. Dabei fragt es sich, welche Teile des Längsverbandes diese Momente aufnehmen.

Zunächst wird der Kiel die Gegendrücke aufnehmen und mit Hilfe des Spantwerkes auf die außen liegenden Längsverbände, also insbesondere auf die Außenhaut übertragen. Andrerseits entlastet der Längsverband die Querschotte. welche mit den an ihnen hängenden Gewichten bestrebt sind, einen großen örtlichen Gegendruck am Kiel hervorzurufen. Nach Pietzker wird bei Kriegsschiffen ungefähr $75^0/_0$ des Schiffsgewichtes durch die Querschotte auf den Kiel übertragen, der Rest liegt direkt auf dem Kiel bzw. wird durch die Bodenwrangen auf den Kiel übertragen.

Streng genommen darf auch bei dieser Betrachtung der Kiel nicht für sich als eine vom Schiffsverband losgelöste Einzelkonstruktion betrachtet werden. Die Festigkeitsverhältnisse im Kiel im Rahmen der gesamten Bodenkonstruktion sind in den Grundzügen vielmehr wie folgt gekennzeichnet:

Der Schiffsboden bildet zwischen den Querschotten und der Außenhaut (Kimm) eine gebaute rechteckige Platte, welche an den Schotten vollkommen, an der Außenhaut weniger vollkommen eingespannt ist. Beim schwimmenden Schiff ist diese Platte von unten von dem Wasserdruck belastet, von oben von Gewichten, die teils verteilt, teils konzentriert wirken (Ladung, Schiffsgewicht). Beim gedockten Schiff tritt an die Stelle des bekannten Wasserdrucks der auf den Kiel konzentrierte und in seiner Längsverteilung unbekannte Auflagedruck.

Ist der Kieldruck nach vorstehend angegebenem Annäherungsverfahren errechnet, so kommt für die örtliche Biegungsbeanspruchung des Kiels nur ein Teil dieses Druckes in Frage. Zunächst wirken die unmittelbar auf den Kiel übertragenen Gewichte (Stützen, Längsschotte, Ladung) entlastend, vor allem wird aber in der Rechnung mit J_x das Trägheitsmoment des ganzen Längsverbandes eingesetzt. Der Kiel als Teil dieses Längsverbandes mit verhältnismäßig großen freitragenden Längen ist aber erheblich weicher als der ganze Längsverband, gibt also dem Kieldruck gegenüber nach und belastet die Schotten.

Tatsächlich werden also die Auflagedrucke am Kiel zwischen den Schotten kleiner und im Bereich der Schotten größer als nach der Rechnung.

---

[1]) Für nasses Eichenholz wird nach Pietzker $k = 350$ t/m² ($y = 1$ m/m).

Schnellaufende Dieselmaschinen. Beschreibungen, Erfahrungen, Berechnung, Konstruktion und Betrieb. Von Professor Dr.-Ing. **O. Föppl,** Marinebaurat a. D., Braunschweig; Dr.-Ing. **H. Strombeck,** Obering., Leunawerke, und Professor Dr. techn. **L. Ebermann** in Lemberg. Dritte, ergänzte Auflage. Mit 148 Textabbildungen und 8 Tafeln, darunter Zusammenstellungen von Maschinen von AEG, Benz, Daimler, Danziger Werft, Deutz, Germaniawerft, Görlitzer M.-A., Körting und MAN Augsburg. (246 S.) 1925. Gebunden 11.40 Goldmark

---

Ölmaschinen, ihre theoretischen Grundlagen und deren Anwendung auf den Betrieb unter besonderer Berücksichtigung von Schiffsbetrieben. Von Marine-Oberingenieur a. D. **Max Wilh. Gerhards.** Zweite, vermehrte und verbesserte Auflage. Mit 77 Textfiguren. (168 S.) 1921. Gebunden 5.80 Goldmark

---

Schiffs-Ölmaschinen. Ein Handbuch zur Einführung in die Praxis des Schiffsölmaschinenbetriebes. Von Direktor Dipl.-Ing. Dr. **Wm. Scholz** in Hamburg. Dritte, verbesserte und erweiterte Auflage. Mit 188 Textabbildungen und 1 Tafel. (276 S.) 1924. Gebunden 13.50 Goldmark

---

Kleinschiffbau. Schiff, Maschine, Propeller, Gewichte und Montagedaten. Von Privatdozent Dr.-Ing. **Ewald Sachsenberg** in Berlin. Erster Teil. Mit 166 Textabbildungen. (272 S.) 1920. 16 Goldmark

---

Bemastung und Takelung der Schiffe. Von Direktor **F. L. Middendorf.** Mit 172 Figuren, 1 Titelbild und 2 Tafeln. (410 S.) 1903. Unveränderter Neudruck. 1921. Gebunden 31.50 Goldmark

---

Die großen Segelschiffe. Ihre Entwicklung und Zukunft. Von Professor **W. Laas** in Berlin. Mit 77 Figuren im Text und auf Tafeln. (135 S.) 1908. 6 Goldmark

---

Grundzüge der maritimen Meteorologie und Ozeanographie. Mit besonderer Berücksichtigung der Praxis und der Anforderungen in Navigationsschulen. Von **J. Krauß** in Lübeck. Mit 60 Textfiguren. (233 S.) 1917. Gebunden 6 Goldmark

---

Hilfstafeln zur terrestrischen Ortsbestimmung nebst einer Erklärung der Tafeln. Von **R. Karbiner,** Kapitän der Hamburg Amerika Linie. (166 S.) 1922. Gebunden 20 Goldmark

---

Jahrbuch der Schiffbautechnischen Gesellschaft. Erscheint alljährlich seit 1900. Mit einer Heliogravüre und zahlreichen Abbildungen im Text und auf Tafeln.

22. Band. 1921. Gebunden 12.60 Goldmark
23. Band. 1922. Gebunden 12.60 Goldmark
24. Band. 1923. Gebunden 12.60 Goldmark

Die Bände 25 und 26 werden im Frühjahr 1925 erscheinen, Band 26 bringt das Gesamtregister der Bände 1—25. Von den früher erschienenen Bänden sind noch einzelne vorrätig, die zum Preise von je gebunden 21 Goldmark abgegeben werden.

Werft — Reederei — Hafen. Organ der Schiffbautechnischen Gesellschaft, des Handelsschiff-Normen-Ausschusses H. N. A., der Hafenbautechnischen Gesellschaft sowie des Archivs für Schiffbau und Schiffahrt e. V. Herausgegeben von Dr.-Ing. **E. Foerster** in Hamburg. Enthält: a) Allgemeinen Teil; b) Das Motorschiff; c) Handelsschiff-Normen-Ausschuß (HNA). Erscheint zweimal monatlich. Vierteljährlich 6 Goldmark